普通高等教育"十一五"国家级规划教材

—— 高等学校遥感科学与技术系列教材 ——

遥感图像解译

（第二版）

黄昕　李家艺　编著

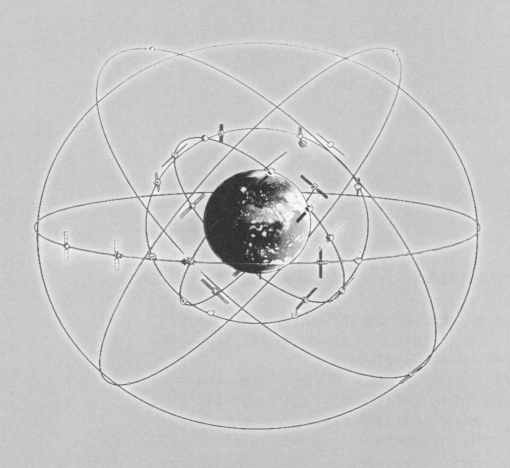

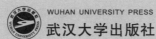

WUHAN UNIVERSITY PRESS

武汉大学出版社

图书在版编目(CIP)数据

遥感图像解译/黄昕,李家艺编著.—2版.—武汉:武汉大学出版社,
2023.9(2024.3重印)
普通高等教育"十一五"国家级规划教材　高等学校遥感科学与技术系
列教材
ISBN 978-7-307-23902-9

Ⅰ.遥…　Ⅱ.①黄…　②李…　Ⅲ.遥感图像—图像解译—高等学
校—教材　Ⅳ.TP75

中国国家版本馆 CIP 数据核字(2023)第 146158 号

责任编辑:杨晓露　　　责任校对:李孟潇　　　版式设计:韩闻锦

出版发行:**武汉大学出版社**　(430072　武昌　珞珈山)
(电子邮箱:cbs22@whu.edu.cn 网址:www.wdp.com.cn)
印刷:武汉中科兴业印务有限公司
开本:787×1092　1/16　印张:21　字数:443 千字
版次:2007 年 1 月第 1 版　　2023 年 9 月第 2 版
2024 年 3 月第 2 版第 2 次印刷
ISBN 978-7-307-23902-9　　定价:69.00 元

高等学校遥感科学与技术系列教材

编审委员会

序

 遥感科学与技术本科专业自 2002 年在武汉大学、长安大学首次开办以来，截至 2022 年底，全国已有 60 多所高校开设了该专业。2018 年，经国务院学位委员会审批，武汉大学自主设置"遥感科学与技术"一级交叉学科博士学位授权点。2022 年 9 月，国务院学位委员会和教育部联合印发《研究生教育学科专业目录（2022 年）》，遥感科学与技术正式成为新的一级学科（学科代码为 1404），隶属交叉学科门类，可授予理学、工学学位。在 2016—2018 年，武汉大学历经两年多时间，经过多轮讨论修改，重新修订了遥感科学与技术类专业 2018 版本科人才培养方案，形成了包括 8 门平台课程（普通测量学、数据结构与算法、遥感物理基础、数字图像处理、空间数据误差处理、遥感原理与方法、地理信息系统基础、计算机视觉与模式识别）、8 门平台实践课程（计算机原理及编程基础、面向对象的程序设计、数据结构与算法课程实习、数字测图与 GNSS 测量综合实习、数字图像处理课程设计、遥感原理与方法课程设计、地理信息系统基础课程实习、摄影测量学课程实习），以及 6 个专业模块（遥感信息、摄影测量、地理信息工程、遥感仪器、地理国情监测、空间信息与数字技术）的专业方向核心课程的完整的课程体系。

 为了适应武汉大学遥感科学与技术类本科专业新的培养方案，根据《武汉大学关于加强和改进新形势下教材建设的实施办法》，以及武汉大学"双万计划"一流本科专业建设规划要求，武汉大学专门成立了"高等学校遥感科学与技术系列教材编审委员会"，该委员会负责制定遥感科学与技术系列教材的出版规划、对教材出版进行审查等，确保按计划出版一批高水平遥感科学与技术类系列教材，不断提升遥感科学与技术类专业的教学质量和影响力。"高等学校遥感科学与技术系列教材编审委员会"主要由武汉大学的教师组成，后期将逐步吸纳兄弟院校的专家学者加入，逐步邀请兄弟院校的专家学者主持或者参与相关教材的编写。

 一流的专业建设需要一流的教材体系支撑，我们希望组织一批高水平的教材编写队伍和编审队伍，出版一批高水平的遥感科学与技术类系列教材，从而为培养遥感科学与技术类专业一流人才贡献力量。

2023 年 2 月

前　　言

遥感图像解译既是一门学科，又是图像处理的一个过程。作为一门学科，遥感图像解译是为了从遥感图像上得到地物信息所进行的基础理论和实践方法的研究。作为一个过程，它完成地物信息的传递并起到解释遥感图像内容的作用，其目的是取得地物各组成部分和存在于其他地物的内涵的信息。面向应用，遥感解译技术能服务于众多的行业与领域，包括：地理、地质、大气、海洋、农业、林业、交通、城市等。

遥感图像解译的基础是遥感数据。随着遥感技术的发展，取得空间和环境信息的手段越来越多，数据也就越来越丰富。党的十八大以来，我国遥感卫星呈快速发展态势，形成了资源、环境、气象、海洋、高分等多种卫星体系，遥感观测能力呈现出"三全"（全天候、全天时、全球观测）、"三高"（高空间分辨率、高光谱分辨率、高时间分辨率）、"三多"（多平台、多传感器、多角度）的发展特点与趋势。目前已经实现了空-天-地-人全谱段、广覆盖、高重访的全球一体化观测网，遥感图像解译的大数据时代已经到来。新时代、新使命、新征程，我们要立足世界发展时代特征、中国特色发展道路和新发展阶段特点，打造开放协同的多源多模态遥感解译技术创新，以科技创新为内驱力持续推动遥感应用高质量发展，为国民经济和社会发展及国际社会提供高质量的遥感解译技术保障。

最初的遥感图像解译主要根据特定时段的遥感数据，利用简单技术手段（甚至主要利用人本身的功能）对观测目标作定性分析，或确定其空间分布规律。随着软硬件技术的发展，特别是人工智能第三次浪潮的到来，带动遥感解译技术向大规模、智能化、实时化、业务化方向发展，使得遥感技术有可能作为生产管理和动态监测的手段，对象信息的传递也为遥感图像解译增添了许多新的内容。党的二十大对加快实施创新驱动发展战略作出部署，要求加快实现高水平科技自立自强和核心技术的国产化替代，逐步摆脱关键领域核心环节对国外技术的依赖。目前，我国在空-天-地基遥感解译领域都处于国际领先水平，在全球的地位不断攀升。立足世界发展的时代特征、中国特色发展道路和新发展阶段特点，我们要进一步打造遥感解译原创技术"策源地"，赢得战略主动，走出一条中国特性自主创新道路。我们注意到，随着人工智能的发展和落地应用，以地理空间大数据为基础，利用人工智能技术对遥感数据进行智能分析与解译成为未来的发展趋势。

综合对遥感图像解译的各种认识，本书大致分为四个部分：

第一部分，地物信息的传递过程，在本书的第 1 章~第 3 章阐述。遥感技术系统所代表的过程是一个从地表实体原型到遥感信息模型，再到地表实体模型的过程，并受到许多因素的影响。该部分介绍了这些因素的变化造成遥感信息本身具有不同的物理属性，以及相应于这些属性遥感研究对象也存在一些重要的特性，同时说明了它们与遥感图像解译的关系。

第二部分，遥感数据的信息性能及其特征，在本书的第 4 章~第 6 章阐述。图像的信息性能可理解为图像的一种能力，这种能力是指在可理解的形式中反映地物和现象的详尽程度。该部分从遥感观测的时-空-谱-角特性出发，介绍如何从地物的先验出发，用计算机理解图像的视角将所传递目标的信息（包括质量和数量）提取出来。

第三部分，遥感图像计算机解译的方法研究，在本书的第 7 章中进行系统介绍。经典的机器解译是指将遥感图像所代表的地物的语义用分类的方式识别出来。因此，该部分从遥感解译对象的尺度和过程出发，分别介绍监督-非监督的计算机分类方法，介绍亚像素-像素-对象层次的解译技术，介绍分类后处理的技术方法。

第四部分，基于人工智能的遥感图像解译的实践，在本书的第 8 章中进行系统介绍。该部分从神经网络的基础理论出发，将计算机视觉的三大基本问题与大规模遥感图像解译相关联，从地块场景分类、像素级地表语义分割、时序动态遥感的变化检测、目标识别几个方面分别进行阐述。

遥感解译要在高水平科技自立自强上不断迈出新步伐，归根到底要靠高水平创新人才。培育新时代科技创新人才，需要立足教学、科研、实践三位一体这一根本途径，充分利用遥感科技创新的广阔天地，为科技人才成长创造更多机会；加强对破解"卡脖子"技术科技人才的全周期、全链条培育，深耕原始创新；增强"创新科技、服务国家、造福人民"的责任感和使命感。

本书为关泽群和刘继琳编著《遥感图像解译》教材的第二版。第一版成书于 2007 年，以遥感图像的目视解译为主。随着近年来软硬件的飞速发展，机器解译和人工智能在遥感图像解译中承担着重要的任务。因此，在第一版的基础上，我们继续坚持"保证基础，突出应用，由浅入深，利于自学"的原则，对教材的内容进行了修改和增删，形成了面向人工智能时代遥感图像解译本科教学的新版本教材。考虑到遥感图像解译课程对计算机视觉、模式识别、应用数学、地学知识的要求较高，我们在教材中加入了大量的遥感图像智能解译等前沿技术方法的应用案例，以期增强理论结合实践的认识和理解。为了使课程学习生动化，书中配有二维码，有些案例和微视频放在二维码中，读者可扫描二维码学习和观看。此外，为了方便教师的PPT实验教学和学生自学，我们配套制作了《遥感图像解译教学平台 V1.0》软件，以供师生实践使用。

遥感图像解译是一门正在快速发展的学科。为了紧跟前沿，本书的撰写参考了文大为、许明明、刘纯、张涛、陈卉君、管雪华、孙晓伟、郭诗韵等人的硕/博士论文，在此一并予以感谢。同时感谢在本书的编辑校订过程中，付出辛勤劳动的农雪莹、韩阳、鲁文豪、胡宇平、余贝贝、左仁祥、田新纪、王文蕊、张雪婷、朱芙瑶、张淑蕾、文大为、李茜铭等人。

由于个人水平和视野的局限性，书中难免存在不足和缺陷，欢迎读者批评指正。

编　者

2023 年 12 月

目　　录

第1章　遥感图像解译的一般问题

随着卫星遥感技术的发展，不断延伸了视觉器官的功能，使人们不受视力的限制就可以看得更深、更远，甚至可以把肉眼看不到的地物目标或其所具有的某些特征信息变成可视图像而被感知，这正是遥感这门现代技术的特点与优势，与此相关的遥感图像解译成了遥感技术发展的目标。

1.1　信息传递与图像解译

信息传递现象对人们来说并不陌生。生活中常用的即时通信 App 就是一种信息传递系统：说话者的思想通过声波传递到通信设备进行电磁波编码，经过电磁波传输，在听者的通信设备中又将电磁波信号解码成发声者的语音。为了传送和记录有用的信息，人们已经研究出各种有用的方法和技术。其中，通过图像进行信息传递(即图解法)也是重要的方法之一，它包括从遥感图像到绘制的图画、图形和图表等。所有的图解法都有一个区别于其他传递技术的共同点，即用二维空间来表示概念和思想。当然，遥感图像有别于一般的图像、图画和图表，它是传感器所获取的客观地物信息的载体，并不直接包含主观人造信息。

一种信息传递系统的基本结构包括信息源、传递信息的信道和收者三部分。将这种信息传递系统引进遥感领域里，形成了如图 1.1.1 所示的地物信息的传递过程。

从图 1.1.1 可以看出，地物信息的传递过程主要由 7 个部分组成，并同时受到多因素影响。这些因素包括地物信息获取的目的、图像处理人员的知识和经验、图像处理的外部条件、数据获取和图像处理的方法、地学信息处理人员的知识、经验和思维过程、地学信息处理人员的兴趣和需要、地学信息处理方法和手段等。图 1.1.1 展示的 7 个主要部分和上面提到的各种影响因素共同构成了复杂的地物信息传递过程，可概括为下面几个主要环节。

1. 任务驱动的观测地学环境

地物信息传递过程以数据获取为开端。数据获取实质上是由传感器代替人直接观测地学环境，通常情况下是围绕某项任务，有计划、有目的地开展，因而也可叫作任务驱动的

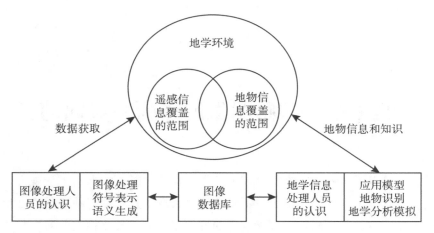

图 1.1.1　地物信息的传递过程

观测地学环境。例如，卫星遥感已逐渐成为支撑自然资源检查监测、基础测绘、执法督查等业务的科技主力军，是我国自然资源管理信息化、现代化的重要组成部分。因此，这一环节的关键，主要是运用相关专业知识和技能确定实物、现象与图像信息之间的关系。

在遥感解译中，地物是实物和现象的统称，其中实物指地面实况，如土地、水体、植被、岩石、城镇、道路等；现象指自然、社会在发展、变化过程中的存在形式和联系，如台风、环境污染等。遥感图像是以电磁波的形式记录地面实况，但电磁波传输存在噪声干扰和能量消耗。因此，遥感图像是信息而不是实物或现象本身。图 1.1.2 大致表达了图像信息与地物(实物或现象)的关系。如图所示，遥感图像解译就是通过分析对地表的记录来揭示地物的几何位置、属性和数量。

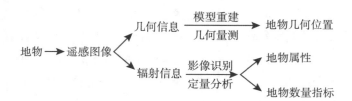

图 1.1.2　遥感图像信息与地物(实物或现象)的关系

其中，光谱信息是遥感的基础。地物波谱特征是复杂的，它受到多种因素的控制，而且地物波谱特征本身也往往因时因地在变化。同时，地物内外的空间排列关系也是确定属性的重要因素。所以实物、现象与遥感图像信息之间的关系确定是一个困难的过程。

2. 数据驱动的局部概念模型

通过上一环节，遥感图像处理人员得到了记录部分地学环境的影像。需要注意的是，遥感影像提供的是一种综合数据，不仅表现在它综合反映多地学要素(如：地质、地貌、水文、土壤、社会生态等)及其互相关联的自然及社会现象，而且表现在遥感信息本身就是不同空间、波谱、时间分辨率下遥感影像的综合。随着研究对象和研究任务各有不同，图像处理人员从各自角度运用不同的方法从这一"综合信息"中各取所需。换句话说，在同一图像数据下会形成图像处理人员各自理解的局部概念模型，产生图像处理人员脑中的信息内容。

在这一环节中，图像处理人员的知识、经验、能力和思维方式对提取地学环境观测的信息量具有直接影响。举例来说，给定同一景包含农村居民点的高空间分辨率遥感图像，有的图像处理人员会产生复杂的人类活动对环境影响的概念，有的则只会产生简单的居民点概念，有的甚至不知道此处包含居民点。这种差别对地物信息的传递有着至关重要的影响。

3. 将遥感图像数据转变成遥感图像信息

运用遥感解译技术来解决某些专题任务必须经历一个复杂的过程——数学处理(即计算机处理)、物理处理、地学处理过程。也就是说，在数据驱动的局部概念模型的指导下，原始遥感观测数据经过一系列处理过程，如纠正(例如大气校正)、符号表示、语义生成(例如建筑提取)等，逐步转化为感兴趣的地物信息，同时数据量则随之逐步压缩。在此环节中，图像处理人员的角色至关重要，越是缺乏经验的图像处理人员越难以控制数据转化为信息的过程，很容易在某个处理过程中出现偏差，也不太可能去纠正它们，使错误在地物信息传递中被继承。

4. 遥感图像信息的组织和管理

地物数据转变成图像信息后可能有多种存在形式，如图像、符号表示和语义描述等，后续的传递和使用也可能有多种形式。因此，需要对遥感图像信息进行有效的组织和管理，这涉及将图像处理、符号表示、语义生成的结果送入图像数据库。这是一个重要的中间环节，是图像处理人员与地学信息处理人员发生交互的重要场所。

5. 在地学知识支持下将图像信息转变为地物信息

经过遥感图像信息的组织和管理，地学信息处理人员可以进一步获得图像信息与地学信息的关系，也就是要由图像的几何和辐射信息得到地物的几何位置、属性、数量指标等信息。这一环节的重要特征是图像处理人员在地物信息传递中的主导地位被地学信息处理人员所取代，更多的地学语言将被用来描述被传递的地物信息。

在地学知识的支持下，两个重要的工作在该阶段展开：一是把遥感图像上未体现的信息补充上去，即补充其他地学相关信息；二是依赖原有的图像信息以及这些信息相关的地学信息，来分析推断出上面未反映的信息。

6. 地学知识驱动的局部概念模型

与数据驱动的局部概念模型类似，当地学信息处理人员面对来自图像数据库的图像信息时，也会产生自己所理解的局部概念模型。在地学信息处理人员的知识、经验、能力和思维方式下，这种局部概念模型的基础不是图像及其符号表示和语义描述，而是表述地物的几何位置、属性、数量指标等信息的点、线、面标记和关系表等。因此，同一图像信息经过不同的地学信息处理人员传递，会产生差异化的结果，即不同的地学知识驱动的局部概念模型。例如，经验丰富的地学信息处理人员可以很容易地从油罐的分布和相邻水体的温度来确定遥感图像中工厂的开工、产能等信息，而缺乏此类经验的处理人员可能无法获取该信息。

同时，值得注意的是，图像上同类地物的表现形式可能随其地理区位差异而有所不同；而表现形式相同的也未必是同一地物，这就是遥感图像上常存在的"同物异谱、异物同谱"现象。这个问题使解译结果具有不是唯一性、不确定性。因此，在遥感地物解译时应将其与区域环境联系起来，进行综合分析，探索地物本身的规律以及研究周围环境条件，从而揭示地物发生、发展和空间分布规律，找出地物的内在联系。

7. 面向地学应用需求的信息深加工

经过上述多个环节，地物信息最终将会传递到使用者。这些信息或丰富了使用者的知识和经验，或成为他们实际生产生活的一部分。当然，也可以对这些地物信息进行进一步加工，以便在更深层次上加以利用。不管是上面哪一种情形，有一点特别重要，就是地物信息的使用和加工必须面向具体地学应用、对接其具体需求。

从上述过程可见，从地学环境的综合性、复杂性，以及遥感信息本身的综合性可见，遥感信息单纯的数学、物理、计算机处理结果具有不确定性或多解性。为了提高解译结果的正确性与可靠性，地学知识的接入是十分重要的。实际上，地物遥感信息涉及面十分广泛，它与地学、生物学、数学、物理、人工智能、计算机技术都有不同程度的关联。因而，地物信息与具体应用的结合会涉及各种相关知识的运用。

1）地学方法的应用

遥感图像解译的对象主要是各种地物或地学现象，在解译时一般会有相关的专业人员配合。因此，解译者若想得到比较满意的解译结果，在解译时了解相关的地学知识是十分有利的。例如，掌握类似图1.1.3的知识将有助于解译与地质构造相关的空间对象。

2）物候学的应用

物候是指生物长期适应光照、降水、温度等条件的周期性变化的特殊性现象。物候形成与此相适应的生长发育节律，主要指动植物的生长、发育、活动规律与非生物的变化对节候的反应，是与时间和空间相关联的特殊地学现象，因而解译与生命现象有关的动、植

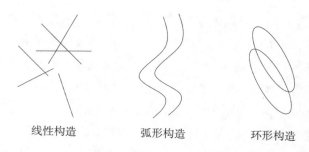

线性构造　　　　　　弧形构造　　　　　　环形构造

图 1.1.3　与地质构造有关的空间对象示意图

物时，对物候的了解程度可能决定解译工作的好坏。例如，利用物候信息使农作物的播种期提早或延迟若干天，往往能减轻或避免害虫的侵害，增加作物的产量。例如，我国北方核桃树曾经历 2006 年 4 月 16 日、2010 年 4 月 12—15 日、2013 年 4 月 5—8 日、2018 年 4 月 6—7 日几次倒春寒，均造成了长江以北核桃产区严重减产。其中，尤以 2006 年和 2013 年最为严重，均为绝产；2010 年、2018 年减产则在 85% 以上。以上历次倒春寒霜冻的发生都曾伴随有累计 5~6 天最高气温在 20℃ 以上的所谓"春来早"。对此，在倒春寒危害频繁发生的地区，可在物候图指导下利用早春多次灌溉、树体涂白等措施，降低地温和树温，延迟萌芽和开花期 2~3 天，可躲过倒春寒危害。

　　3）生物学知识的应用

　　农业、林业、海洋、生态等调查都与生物相关，在遥感信息方面也有重要的概念对应，如植被指数、热惯量等。例如，植被光合作用的关键参与者是植物细胞内部的叶绿体，其中发生光反应的光系统由多种色素组成，如叶绿素 a、叶绿素 b、类胡萝卜素等。如图 1.1.4 所示，叶绿素 a、叶绿素 b 和类胡萝卜素的主要吸收光谱集中在 450nm 和 660nm。根据叶绿素

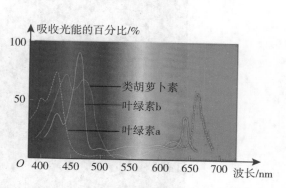

图 1.1.4　叶绿素与类胡萝卜素的吸收光谱

与光谱反射率之间的关系所派生出的植被指数可以直观地监测植被的生长状态。可见，生物学方面的一些常识会给许多遥感应用提供便利。

　　4）物理方法的应用

　　地学空间现象通常会涉及一些物理过程。将物理方法与遥感信息相结合，能够形成独特的物理-遥感信息模型。例如，河床演变模型、土壤侵蚀模型、波浪运动模型等。以中分辨率成像分光辐射计（Moderate-Resolution Imaging Spectroradiomete，MODIS）观测的白天温度分布图为底图，图 1.1.5 中所展示的是一次极端天气"热穹顶"事件。这次事件指的是

在北美 2021 年 7—8 月,由于极端天气"热穹顶",多地接连打破当地的历史最高气温纪录。底图为用 MODIS 观测的白天温度分布图,这是一个利用数学物理方法研究"热穹顶"(即极端高温)的例子。在该示例中,所谓"热穹顶",就是大气中的高压循环产生的热量与周围的低压形成了一个热穹,相当于一大团热气被困在一个隔热罩中,如同加热的高压锅一样。而这个巨大的"锅盖"会吸收越来越多的热空气并排斥冷空气,导致这一区域气温越来越高,从而引发热浪或超级热浪事件。Wang 等(2022)利用第六次国际耦合模式比较计划(CMIP6)中的检测归因模式比较计划(DAMIP),通过极端事件的检测与归因方法,探究自然外强迫和人为外强迫对本次极端事件的影响。该研究发现,从物理机制角度来说,局地"热穹顶"的形成是本次超级热浪事件发生的最关键原因,而引发"热穹顶"的异常大气环流信号则主要来自北太平洋和北极,并与北极极涡的异常活动有关。实际的气候变化可以由自然内部变率、自然外强迫(例如太阳、火山)和人为外强迫三部分引起。除了异常大气环流这一自然内部变率以外,研究发现,人为外强迫对这次北美热浪事件也具有重要影响。

图 1.1.5　极端天气"热穹顶"示意图

5)计算机视觉与人工智能方法的应用

党的十八大以来,党和国家高度重视并大力扶持新一代信息技术发展,《中华人民共和国国民经济和社会发展第十四个五年规划和 2035 年远景目标纲要》将新一代人工智能中的"前沿基础理论突破、专用芯片研发、深度学习框架等开源算法平台构建、学习推理与决策、图像图形、语音视频、自然语言识别处理等领域的创新"作为一项需要重点突破的科技前沿领域。遥感图像作为一种特型的图像，采用计算机视觉和人工智能方法对其进行解译是新时代遥感解译的鲜明特点。自然资源部也在 2018 年印发的《自然资源科技创新发展规划纲要》中明确提出"要加强基于多源调查与监测成果的自然资源全要素信息快速提取与智能解译能力"。此外，《自然资源调查监测体系构建总体方案》也已经将遥感影像信息提取作为关键技术与难点。AI 与大数据技术赋能于遥感应用，成为行业以及学术界广泛关注和研究的课题，而如何利用人工智能手段辅助挖掘这些丰富的信息也成为遥感图像分析与理解的重要内容。

6）数学物理方法

此外，考虑到遥感影像特有的时间、空间、物理属性，数学物理方法也被用于某些特殊的遥感图像解译问题中。例如，常用的高空间分辨率卫星影像（如 IKONOS、WorldView-

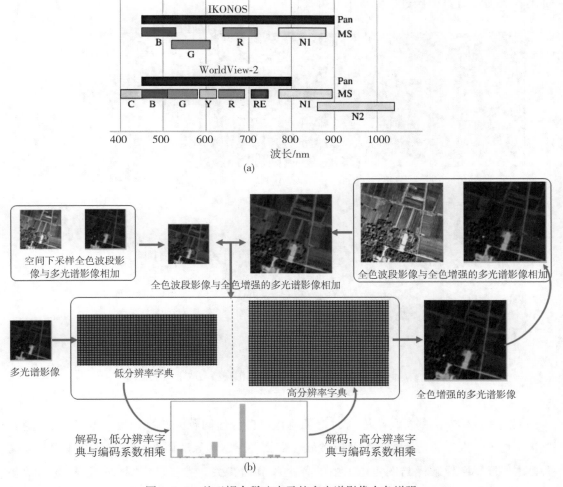

图 1.1.6　基于耦合稀疏表示的多光谱影像全色增强

2）中同时搭载了米级分辨率的多光谱影像和比多光谱影像空间分辨率高 4 倍的全色影像，可利用数学物理方法将二者融合在一起，使其既具有较好的光谱特性，又具有较好的空间特征。图 1.1.6 列举了一种基于耦合稀疏表示算法的全色增强方法。图（a）中，IKONOS 和 WorldView-2 影像中全色谱段的光谱范围大致包括多光谱的各个谱段。因此，在图（b）中，建立高空间分辨率的全色+多光谱影像与低分辨率的全色+多光谱影像之间的耦合稀疏表示关系，可迭代地实现多光谱波段影像的空间分辨率增强，即全色增强。

7）各种可视化方法的应用

遥感图像解译的主要对象是图像，其解译过程和成果展示大多与图表、图形或图像有关。因此，选择合适的可视化方法也是遥感图像解译的重要一环。例如，各种三维图、多光谱影像的真彩色、假彩色和伪彩色显示、专题图（见图 1.1.7）、光谱反射、辐射曲线等都是各类地物对象解译过程中常用的可视化表达方式。

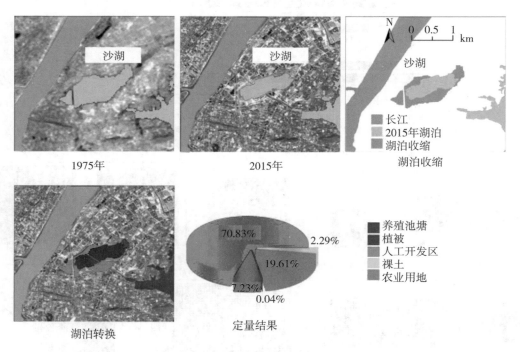

图 1.1.7　1975—2015 年间武汉沙湖湖泊转换与收缩可视化结果

综上，我们在大的学科范围内讨论了地物信息传递问题，并且知道它与地学、生物、数学、物理、人工智能等多门学科有关联。那么，遥感图像解译在其中起什么作用呢？简而言之，遥感图像解译与图 1.1.1 中的各个环节均有关，主要是将图像信息转变为地物信息。

1.2　遥感图像解译的任务与实施

从 1.1 节可以看出，遥感图像解译既是一门学科，又是图像处理的过程。作为一门学科，遥感图像解译是为了从遥感图像上得到地物信息所进行的基础理论和实践方法的研究。作为一个过程，它完成地物信息的传递并起到解释遥感图像内容的作用，其目的是取得地物各组成部分和存在于其他地物的内涵的信息。从以上两方面出发，可以引出遥感图像解译的任务和实施方法。

1.2.1　遥感图像解译的任务

1. 根据应用领域划分

按应用领域划分，遥感图像解译的任务主要分为普通地学解译和专业解译。

普通地学解译的目的是获取一定地球圈层范围内的综合性信息，主要包括地理基础信息解译和景观解译。地理基础信息一般由地形信息、居民地、道路、水系、独立地物、植被、地貌和土质等构成。其中，地形解译(包括其他三维地物的识别)的数据广泛用于编制普通地理地图。景观一般指多个地学要素有规律的组合，景观解译的主要目的是为区域性规划地表提供基础数据，对地球表面的研究有重要意义。

专业解译可以分为很多类，主要是为了完成各部门的任务，用于提取特定要素或概念的信息，主要包括：地理、地质、大气、海洋、农业、林业、交通、城市等。

2. 根据应用范围划分

各种遥感目的对空间分辨率的要求不同，因此遥感图像解译的任务又可分为对巨型、大型、中型、小型地物与现象的解译。其中巨型地物与现象，虽然要求的图像空间分辨率相对较低，但涉及的范围很大，例如采用千米级分辨率的葵花 8 号遥感数据进行气象监测。大型地物与现象涉及的范围也比较大，对图像空间分辨率的要求也不是很高，主要用于较大范围内的区域调查，例如采用 MODIS 和 Landsat 影像监测 2022 年欧洲经历的近 500 年来最严重的干旱。中型地物与现象与人们的生产、生活关系已经比较密切，特别是与各种资源调查关系密切，因而对图像空间分辨率的要求也较高。例如，采用 Landsat 和 Sentinel 卫星影像进行耕地、建成区监测。至于小型地物与现象通常会涉及各种人工地物或较小的人类活动范围，因而对图像空间分辨率的要求很高(从米级到厘米级不等)，目前主要是商业卫星图像或航拍数据能够支撑这方面的应用。面向建设航天强国的目标，我们要加速建设技术先进、全球覆盖、高效运行的商业卫星运营服务体系，形成世界一流数据获取能力，打造高精度、规模化增值产品产能。要主动拥抱数字经济蓝海，坚持系统观念，构建快速更新、精准定位、全球覆盖、自主可控的数字基座，建设高效触达的"四维云"，加快商业遥感卫星应用产业互联网化创新发展，加快打造遥感数字新基建。

1.2.2 遥感图像解译的实施

遥感图像解译的组织方式可分为四种：

1）野外解译

野外解译直接在实地完成，可以揭示所有指定的地物，包括图像上没有显示的地物。这种解译方式可靠性最高，但获取成本大。

2）飞行器解译

这种方式主要是指在飞机或卫星上快速识别影像中的目标地物，主要应用于军事、灾害监测等瞬时信息获取中。

3）室内解译

通过研究遥感图像来识别地物并取得地物特性的方法。随着传感器分辨率的提升，室内解译可以在很大程度上替代野外解译，使解译代价大幅下降。

4）综合解译

综合解译是以上两种或两种以上方式的结合。一般情况下，找出和识别地物的主要工作是在室内条件下完成的，而在野外或飞行中，查明或识别那些在室内不能揭示的地物或者它们的特性。

以上方式无一例外地都需要至少采用下述三种方法之一实施并完成工作：目视法、计算机解译法和人机交互法。

遥感图像解译目视方法的特点是人工作业。在目视解译中，图像信息的认识和分析，是由执行者——解译员的眼睛(也包括利用一些增强视觉的技术手段)和大脑来完成的。这种方式的解译效果与解译员的知识、经验直接相关。因此，虽然理论上这是目前最可靠的解译方式，但在实际过程中解译结果受解译员的主观影响较大，不同解译员可能得出相悖的解译结果。此外，受限于人力成本，目视解译往往难以对大范围地物进行识别，它主要服务于：①为机器解译提供专家先验；②对计算机难以识别的少量关键地物进行判读；③为精度评定提供可靠的测试样本。

遥感图像解译的计算机解译法是指在计算机上利用计算机视觉和机器学习算法获取遥感图像信息的方法。该类方法由解译员根据待解译任务的先验信息(包括已有类别属性的样本和对待解译任务的了解情况等)设计算法，将其部署在计算机上，能够实现快速的大范围的遥感图像解译。一般来讲，给定了解译算法，其解译结果往往是确定的，不受解译员主观偏好所影响。随着人工智能的发展，遥感图像的计算机解译已经成为主流的解译技术。在先验信息丰富的情况下，计算机解译已经能取得与目视解译相当的性能。然而，由于大量地物与地学现象的复杂性和难以实现样本的大规模采集，遥感图像计算机解译仍有待进一步发展。

现有图像处理系统还很难完全满足解译任务在精度和功能上的需求，主要是由于计算机解译还缺少灵活性，因此使其解译结果与目视解译结果相结合，或者利用目视解译辅助计算机解译，也是重要的解译技术。这就需要在遥感图像信息解译过程中，在发挥计算机处理大规模遥感图像信息快速、无偏等优势的同时，加入目视解译具有灵活性的特点，即：通过人机交互的操作来降低计算机解译对样本、计算负担的需求和计算机解译的不确定性。

1.3 遥感信息的利用方式和支撑技术

1.3.1 遥感信息的利用方式

按照遥感解译技术的发展历程，遥感信息的利用方式主要包括如下几种：

1. 瞬时信息的定性分析

在这个阶段，主要根据特定的遥感仪器，确定相关的专题或目标是否存在。一般情况下，当目标大小达到传感器空间分辨率就可能被探测到。该阶段的重点是利用波段信息进行显示和目视解译。也就是说，图像记录、显示和分析方法都比较单一。例如，林火监测、确定海冰范围（图 1.3.1(a)）、雾霾监测（图 1.3.1(b)）、地震灾害等。

（a）渤海湾海冰监测　　　　　　　　　（b）华北平原上空的雾霾

图 1.3.1 确定海冰范围和雾霾监测

2. 空间信息的定位

在这个阶段,遥感技术主要作为一种资源与环境分析手段,用以进一步确定目标内部的变异规律,它要求更丰富的遥感信息量。该阶段的重点是研究物质与能量的空间分布规律,例如,资源调查、地质填图、农业区划、森林普查。值得注意的是,遥感影像的空间信息定位包括两部分:真实地表达影像的位置信息和确定地物在影像中的位置。对于前者而言,多视角观测的航拍影像往往以共线方程为基础,建立严格的传感器模型,中等分辨率卫星遥感影像(如 Landsat 系列)采用星历数据对影像进行几何校正,而近年来的高空间分辨率卫星遥感数据(如 WorldView 系列、高分系列)则采用具有传感器独立、物理坐标系独立、误差均衡及形式简单等特性的有理函数模型(Rational Function Model,RFM)系数来进行影像的几何位置的确定。在获取影像的几何位置之后,通过解译地物在影像中的行列号,结合影像空间分辨率,即可定位出地物的位置信息。

3. 瞬时信息的定量分析

遥感信息定量化是指通过模型将遥感信息与观测目标参量联系起来,将遥感信息定量地反演或推算为某些地学、生物学及大气等观测目标参量(Cavender-Bares et al.,2022;Wessman et al.,1988;Campbell et al.,2022)。遥感信息定量化研究涉及遥感器性能指标的分析与评价、大气参量的计算与大气校正方法和技术、计算机视觉与算法实现、地辐射和几何定标场的设置、各种遥感应用模型和方法、观测目标物理量的反演和推算等多种学科及领域。遥感器定标、大气校正和目标信息的定量反演是遥感信息定量化的三个主要研究方面,其中目标信息的定量反演主要依托遥感物理模型和计算机视觉方法。

4. 时间信息的趋势分析

遥感作为主要的对地观测手段,已经实现了数十年来的重复观测,可以监测地表半个多世纪以来的变化,并进一步分析未来的趋势(Huang et al.,2022)。党的二十大报告提出中国式、现代化是人与自然和谐共生的现代化,为生态文明建设提供了根本遵循。遥感图像趋势分析的重点是研究地球表面物质与能量的迁移规律,利用周期性的遥感图像和数据,通过时间序列的对比,反映研究对象不同时间轨迹的动态变化。例如,自然环境变迁、城市扩张、灾情调查等。图 1.3.2 展示了我国 1990—2019 年地表覆盖产品 CLCD(Yang et al.,2021)中代表性地区的动态变化示例,包括湖泊扩展、林地砍伐、草地增加等。推动绿色发展,促进人与自然和谐共生,就是要深入贯彻落实习近平生态文明思想,牢固树立和践行绿水青山就是金山银山理念,坚持尊重自然、顺应自然、保护自然、生态优先、保护优先,就需要遥感提供可靠的时序监测。

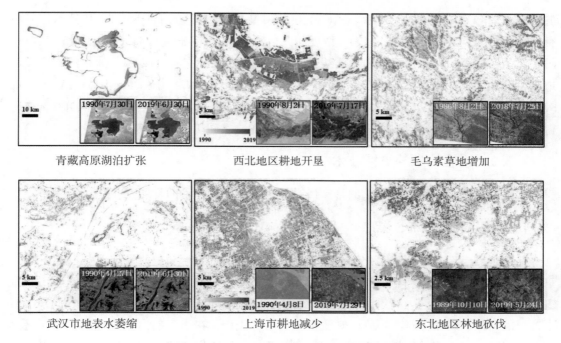

青藏高原湖泊扩张　　西北地区耕地开垦　　毛乌素草地增加

武汉市地表水萎缩　　上海市耕地减少　　东北地区林地砍伐

图 1.3.2　CLCD 中代表性地区的动态变化示例

5. 多源信息的综合分析

随着遥感技术的发展，获取环境信息的手段越来越多，信息也越来越丰富。它们包括了各种空-天-地-人传感网以及情报资料系统等所获取的各种资源与环境信息数据。这些数据的迅速积累，为多种来源的信息进行复合处理和综合分析提供了可能，同时还促使建立起全面收集、整理和检索这些数据的空间数据库及管理系统，建立一些地学分析模型、计量分析模型或进行其他相关研究的综合分析。如图 1.3.3 所示为 2010 年北京市 $PM_{2.5}$ 污染

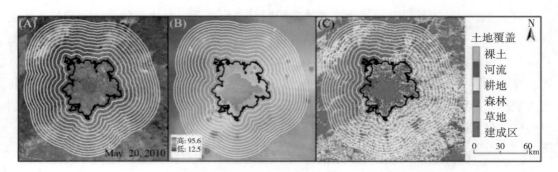

图 1.3.3　北京市 $PM_{2.5}$ 污染的空间格局与其土地覆盖关联性

的空间格局与其土地覆盖关联性。图(A)为 2010 年 5 月 20 日的 Landsat TM 传感器假彩色影像；图(B)为 2010 年年平均 $PM_{2.5}$ 浓度；图(C)为 2010 年 30m 分辨率的土地覆盖分布。图中黑色实线表示城区边界，白色实线表示沿城区边界逐渐外扩 1/2 城区面积的周围缓冲地带。利用 Landsat 卫星观测及其制图所得土地覆盖产品和利用 Goddard Earth Observing System Chemical(GEOS-Chem)模型将多源遥感卫星反演所得气溶胶光学厚度(AOD)转换所得年度 $PM_{2.5}$ 浓度来分析城市发展和土地覆盖对 $PM_{2.5}$ 空间扩散的影响。

1.3.2　遥感信息的支撑技术

伴随遥感信息利用方式变化的是解译产品和各种支撑技术的发展。

1. 观测与测量仪器的改变

遥感观测已经进入全数字化、大数据时代，遥感卫星平台和载荷呈现出"三多、三高、三全"的发展趋势。与此同时，遥感观测已经进入空-天-地-人多维度监测时代。天：卫星遥感数据能够以大幅面、高重访、全谱段的形式实现对地观测。其中，由于成本低、组网下覆盖能力强、时空分辨率精细、观测模式灵活等优势，在当下的商业化遥感时代，遥感小卫星星座如雨后春笋，发展迅猛。空：航空平台(包括热气球、航空飞机、无人机等上可以灵活地搭载各种传感器)。其中无人机遥感具有机动、快速、经济等优势，已经成为世界各国争相研究的热点课题，现已逐步从研究开发发展到实际应用阶段，将成为未来的主要航空遥感技术之一(张继贤，2021)。地：地面遥感主要包括地面(无人)遥感车、遥感塔、"远洋测量船"和地面遥感监测网。人：是指众源地理信息(如 Open Street Map (OSM)，百度地图 POI 数据，带地理坐标的社交媒体数据，如地铁刷卡数据)。值得注意的是，广义遥感是指非接触的感知。因此，近年来"以人为本"的众源地理数据结合"以地为本"的遥感传感器观测数据能够深化遥感提取的信息和产品适用的深度和广度，正逐渐成为热点。

与此同时，应当注意到，虽然十八大以来我国遥感发展迅速，但仍然存在少数极具代表性的技术水平与国外最高技术水平相比差距明显：我国重力对地观测设备、推扫式航空摄影装备处于空白；民用遥感测绘卫星精度指标等与国外最高科技水平仍有不小差距。面对差距，遥感应用要在高水平科技自立自强上不断迈出新步伐，培育新时代科技创新人才，加强对破解"卡脖子"技术科技人才的全周期、全链条培育，深耕原始创新；加强对科技人才的政治引领，聚焦"国之大者"，弘扬爱国奋斗精神和新时代科学家精神，增强"创新科技、服务国家、造福人民"的责任感和使命感。

2. 产品形式的改变

随着人工智能的快速发展，遥感图像解译产品从最初的模拟表达方式全面转换为全数字形式。模拟表达阶段产品形式单一，一般为纸质地图。数字化测绘阶段产品以数字栅格地图 DRG(纸制地形图栅格形式的数字化产品)、数字正射影像 DOM(将航空像片、遥感影像经像元纠正后按图幅范围裁切生成的影像数据)、数字线划地图 DLG(在地形图上将基础地理要素分层存储的矢量数据集)和数字高程模型 DEM(用高程表达地面起伏形态的数字集合)4D 产品为主。进入信息化测绘阶段后，基于航空航天遥感影像、LiDAR 点云数据等多源遥感数据，运用先进的测绘地理信息技术得到地理实体、实景三维模型等多元化的地理信息产品。

经过三个阶段的发展，测绘地理信息产品初步实现从抽象到真实、从平面到立体、从静态到时序、从尺度到粒度、从人理解到人机兼容理解、从陆地到全空间的提升，逐步形成实景、实体、实时的新型基础测绘产品。

3. 生产工艺的改变

遥感图像产品的生产工艺也随着处理方法、产品形式和规模的发展而发生重大变化。

从形式上看，模拟产品生产中的一个重要缺陷是解译结果不能有效利用，从解译原图到生产必须重复标描多次，而在数字产品生产中就不存在该问题，且图像解译与制图无明确分界。数字产品经历了从以目视解译为主向目视辅助计算机解译的阶段，数字遥感图像解译技术的自动化程度正在不断提高。

从规模上看，遥感数据的空间、时间、光谱分辨率不断提高，数据量猛增，遥感图像已经越来越具有大数据特征。遥感大数据的出现为相关研究提供了前所未有的机遇，同时，对如何处理好这些数据也提出了巨大的挑战。传统的工作站和服务器已经无法胜任大区域、多尺度海量遥感数据处理的需要。地理云计算平台(如谷歌公司开发的 GEE，航天宏图公司开发的 PIE-engine)能够存储和同步遥感和相关地学领域的数据，同时依托全球上百万台超级服务器，提供足够的运算能力来处理这些数据，已成为遥感图像解译领域的一次革命。

4. 人工智能驱动的技术支撑

面对海量遥感数据，传统的人工判读和半自动化软件难以完成快速、高效、准确的解译。多元遥感数据量的激增，遥感数据分析市场的巨大前景和传统遥感技术的瓶颈三者之间的沟壑急需一种全新的高效、精准、便捷的技术手段来填平。人工智能是计算机学科的一个分支，20 世纪 70 年代以来与空间技术、能源技术被并称为世界三大尖端技术。如今，空间技术的前沿应用之一——遥感技术与人工智能技术的结合，将人工智能赋能遥感技术，贯穿海量多源异构数据从处理分析到共享应用的全链路，在大幅缩短遥感图像解译周期、提高解译精准度的同时催生新的遥感应用领域，促进遥感技术应用的变革。

伴随着人工智能技术近年来的蓬勃发展和广泛应用，遥感技术对新型解译能力的迫切需求，越来越多的高科技公司和科研院校已着手尝试利用深度学习解决海量遥感影像的解译问题，并取得了一些阶段性进展，付诸遥感行业应用上。随着人工智能的发展和落地应用，以地理空间大数据为基础，利用人工智能技术对遥感数据进行智能分析与解译成为未来发展的趋势(龚健雅，2018)。

5. 遥感应用模型的深化

遥感应用模型是遥感的一种定量化手段，通常在遥感领域有一个更广为人知的名词——定量遥感。随着应用研究人员对地学规律、图像特征及其成像机理这三者的深刻认识和有机的结合，对遥感应用模型的研究已从单一传感器数据分析，发展到多种数据来源的综合分析应用；从定性、定位解译和调查制图，发展到定量统计分析；从人工目视判读、统计回归，发展到结合辐射传输模型、机器学习算法和多源信息融合的定量反演方法；从资源与环境的静态分布，发展到动态过程分析；从各种事物和过程的表面现象描述，发展到对内在规律的探求，为地理要素监测提供关键数据支撑。

1.4　遥感图像解译的质量要求

遥感图像解译的质量应保证能解决1.2节提到的任务。对各种任务下解译质量的要求都写在国家统一的或各部门的规范这类工作的文件中。但是，不管这些要求如何纷繁复杂，对解译质量的要求总体上可以归纳成四个标准：解译结果的完整性(详细性)、可靠性、及时性和明显性。上述这些标准可体现为数量和质量两方面的指标。

1.4.1　解译的完整性

解译的完整性标志着所得出的结果与给定任务的符合程度。它提供关于在解译当中得到的地物特性细节的概念。例如，所描绘复杂地物要素的数量、要素状态的描述深度、细节的特性等。

与对解译完整性的要求有关，地物应分为一定的类型、类、亚类或种。对分类要求的水平(完整性)越高，图像就应该有越多的信息性能。

对解译完整性的评价一般以质量指标来表示，即所获得的信息是否满足给定的任务。在个别情况下，也会进行数量的评价，即所获信息占完整信息的百分比。此时应该求出由已揭示细部数量与总数量的比值。很明显，被揭示的地物性质是已知时，这种比值才能找到。

1.4.2　解译的可靠性

解译的可靠性是指解译结果与实际的符合程度。对可靠性的评价要借助于质量和数量的指标来完成。对于遥感图像解译来说，经常会遇到多种地物解译可靠性的问题，通常采用基于混淆矩阵的指标来进行评价。

表 1.4.1 中即为混淆矩阵，其中横行和纵列分别表示解译结果和参考样本中的类别。混淆矩阵中，对角线方向上的数值为各个类别正确识别的数目，Num_{ij} 表示结果中为第 i 类但是在参考样本中为第 j 类的数目，Num 表示样本总数，Sum_{Ri} 和 Sum_{Di} 分别表示在参考样本和解译结果中为第 i 类的数目。根据表 1.4.1 可以计算混淆矩阵的百分比。进一步，基于混淆矩阵可以计算各个类别的用户精度（User Accuracy，UA，也叫作精准率或查准率，见式（1.4.2））和生产者精度（Producer Accuracy，PA，也叫作召回率或者查全率，见式（1.4.3））以及总体精度（Overall Accuracy，OA）和 Kappa 系数。

表 1.4.1　混淆矩阵（像元数）

类别	1	2	…	k	总计
1	Num_{11}	Num_{21}	…	Num_{k1}	Sum_{R1}
2	Num_{12}	Num_{22}	…	Num_{k2}	Sum_{R2}
…	…	…	…	…	…
k	Num_{1k}	Num_{2k}	…	Num_{kk}	Sum_{Rk}
总计	Sum_{D1}	Sum_{D2}	…	Sum_{Dk}	Num

总体精度 OA 的计算方式是正确分类的像素综合除以像素总数。即表 1.4.1 中各类对角线元素之和除以 Num。总体精度能够直接反映正确分类像素的比例，同时计算非常简单。但是在实际的地物分类问题中，各个类别的样本数量往往不太平衡。在这种不平衡数据集上如不加以调整，模型很容易偏向大类别而放弃小类别。例如，对于某个二类地物分类问题而言，类别 A 与类别 B 的样本比例为 1∶9，直接全部预测为类别 B，OA 也有 90%。但类别 A 就完全被"抛弃"了。此时总体精度挺高，但是部分类别完全不能被召回。

针对这个问题，这时需要一种能够惩罚模型的"偏向性"的指标来代替 OA。Kappa 系数是一种衡量分类精度的指标，如式（1.4.1）所示，它利用 P_e 来对总体精度 OA 进行类别不平衡的调整：

$$\text{Kappa} = \frac{\text{OA} - P_e}{1 - P_e}, \quad \text{其中} \ P_e = \frac{\sum_i \text{Num}_{Di} \times \text{Num}_{Ri}}{\text{Num}^2} \tag{1.4.1}$$

其中，P_e 即所有类别分别对应的"实际与预测数量的乘积"之总和，除以"样本总数的平方"。

表 1.4.2　混淆矩阵(百分比)

类别	1	2	...	k	总计	UA
1	P_{11}	P_{21}	...	P_{k1}	P_{R1}	UA_1
2	P_{12}	P_{22}	...	P_{k2}	P_{R2}	UA_2
...	...	...	...	...	...	...
k	P_{1N}	P_{2N}	...	P_{kk}	P_{Rk}	UA_k
PA	PA_1	PA_2	...	PA_k	—	—
总计	100	100	...	100	100	—

注：$P_{ij} = \text{Num}_{ij}/\text{Sum}_{Di}$。

从式(1.4.1)可见越不平衡的混淆矩阵，P_e 越高，Kappa 值就越低，正好能够给"偏向性"强的解译结果打低分。

用户精度 UA，又称作精确率(precision)、查准率，表示类别 i 被正确预测的数量与所有被预测为类别 i 的像素数量的比值，如表 1.4.2 中所示，即

$$\text{UA}_i = \text{Num}_{ii}/\text{Sum}_{Ri} \tag{1.4.2}$$

生产者精度 PA，即召回率(recall)，又称查全率，表示类别 i 被正确预测的数量与实际属于类别 i 的像素数量的比值，如表 1.4.2 中所示，即

$$\text{PA}_i = P_{ii} = \text{Num}_{ii}/\text{Sum}_{Di} \tag{1.4.3}$$

F1 score(F1)，代表精确率和召回率的调和平均数，能够综合评估提取精度，因而广泛适用于单类地物提取精度评价。

交并比(Intersection over Union，IoU)是地物像素级精度评定中常用的评价指标，表示某一类别中属于该类别的像素与被预测为该类别的像素之间相交集与并集之间的比：

$$\text{IoU} = \frac{P_{ii}}{\sum\limits_{j=0}^{k} P_{ij} + \sum\limits_{j=0}^{k} P_{ji} - P_{ii}} \tag{1.4.4}$$

在多类综合评价时，均值交并比(Mean Intersection over Union，MIoU)代表 k 类 IoU 的平均值：

$$\mathrm{MIoU} = \frac{1}{k+1} \sum_{i=0}^{k} \frac{P_{ii}}{\sum_{j=0}^{k} P_{ij} + \sum_{j=0}^{k} P_{ji} - P_{ii}} \tag{1.4.5}$$

对于单类地物检测，一般可以采用受试者操作特性曲线（Receiver Operating Characteristic，ROC）分析方法进行精度评价。ROC 的相关概念源自信号检测，设计之初是为了区分噪声和非噪声，在遥感影像处理领域对单类地物检测模型（如是否地物发生变化的判断）的评价具有较好的表现性能。例如，对于变化检测而言，针对变化概率的结果设置合理的阈值即可得到最终的变化检测结果，比较理想的变化检测结果是在保证误检率较小的同时正检率较大。其中，正检率表示真实参考数据中未变化且检测算法正确探测为变化类别的像素/对象数目，误检率表示真实参考数据中未变化但检测算法错误地探测为变化类别的像素/对象数目。但是，在不同的阈值下，正检率与误检率会相互影响，调整阈值以增大正检率的同时误检率也会增加。因此为了避免不同阈值设定对于不同方法比较的影响，可以使用不同的阈值，统计一组不同阈值下的正检率和误检率以对变化程度结果进行精度分析。这里以误检率为横轴、正检率为纵轴所得到的曲线，我们称之为 ROC 曲线。ROC 曲线下的面积称为 AUC（Area Under Curve），AUC 可以用来评价检测算法的整体性能，AUC 值越大，则该算法性能越优。图 1.4.1 为常见的 ROC 曲线。其中图中的曲线表示 ROC 曲线，灰色区域的面积即为 AUC。

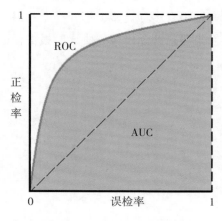

图 1.4.1　常见的 ROC 曲线

1.4.3　解译的及时性

解译的及时性包括图像资料的及时使用。如果被获取的图像数据长期不能交付解译使用，实地地物与图像之间变化太多会造成数据的浪费。另一方面，解译的及时性是指在指定的期限内工作的完成情况。这对于所有种类的解译都是重要的，而对于气象、农业、灾害调查及其他一些部门的解译来讲尤为重要。

为了实现对地球的实时监测，"即时遥感"从 2021 年以来成为热点。"即时遥感星座"是指能实现全球任意目标分钟级重访，任意地区遥感数据小时级获取的遥感卫星星座，包含可见光、SAR、热红外、高光谱、微光等多种类型载荷，通常融合了星上智能处理、星间链通信等多种高精尖技术，具有准实时、多载荷、多谱段、高智能等特点，在人类生活、灾害应急、生态环保、交通运输、国家安全、监测全球变化等方面有着巨大的应用价值。"即时遥感"的特点之一准实时与热点的强时效性具有很高的重合度。利用准实时的遥感数据进行热点追踪，让那些不能够亲临现场的人，足不出户就能了解这个世界正在发生的事情并进行互动。"即时遥感"收集人类生活、全球环境和安全变化的信息，可辅助个人、公司和国家以及全人类的决策，改变人类生活，促进人类共同体的快速美好发展。

1.4.4　解译的明显性

遥感解译的最终结果归结于人的认知，遥感解译结果在不同专业背景的研究人员头脑里形成的综合认知结果往往有所差异，这就是认知的"最后一公里"。遥感解译的结果按照一般认知规律能让绝大多数一线的研究者和工程师得到一致的认知，必须要有一套合理的认知方法体系及视觉表达方法，这样才能降低"遥感解译的不确定性"中"人为不确定性"的因素干扰。遥感信息的解译结果有多种类型，不同类型的遥感解译应当针对不同的视觉展示方法。解译结果的明显性是要求解译出来的成果应根据任务的目标，使其尽可能可视化，以便人们理解和应用。

第2章 遥感研究对象的特性

遥感信息是多源的。它由平台的高低、视场角的大小、波段的多少、时间频率的长短等多种因素决定。这些因素的变化造成遥感信息本身具有不同的物理属性。相对于遥感信息本身的这些属性,遥感研究对象也存在相应的属性:空间分布、波谱反射和辐射特征、时相变化。

2.1 空间特性——空

2.1.1 地理单元

地理综合体是一个相对封闭的自然地段,它通过发生在内部的诸自然过程和地理组成成分的相互依存性而构成一个整体。其成分有同质与异质(图2.1.1)之分。所有高级地理综合体,它们的异质程度随等级的升高和单元规模的扩大而增大。地理综合体从低级到高级单元,其内部相似性逐渐减少。

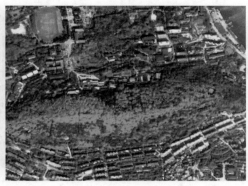

图2.1.1 异质影像

2.1.2　空间分布

任何地学研究对象，均有一定的空间分布特征。根据空间分布的平面形态，把地面对象分为三类：面状、线状、点状。可以从以下几个方面来确定其空间分布特征：①位置；②大小(对于面状目标而言)；③形状(对于面状或线状目标而言)；④相互关系。前面三个特征是就单个目标而言，可以通过一些数据来表示。

1. 面状对象

面状对象的空间位置由表示界限的一组 x，y 坐标确定，并可以相应地求得其大小形状参数。图2.1.2所示为以赣州市土地覆盖为例的面状地物图。面状对象又可分为：

(1)连续而布满整个研究区域，如高度、地物类型、地貌、地质、气温等；

(2)间断而成片分布于大片区域上，如森林、湖泊、沙地、各类矿物分布区等；

(3)在研究区域较大面积上分散分布，如果园、石林、残丘等。

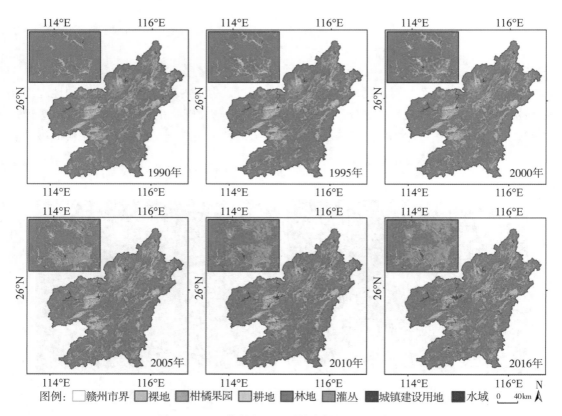

图2.1.2　以赣州市土地覆盖为例的面状地物图

2. 线状对象

线状对象的空间位置由表示线形轨迹的一组 x，y 坐标确定，在空间上呈线状或带状分布，如道路、河流、海岸等。如图 2.1.3、图 2.1.4 所示。

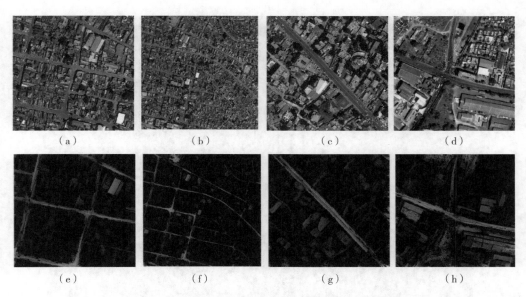

（a）　　　　　　（b）　　　　　　（c）　　　　　　（d）

（e）　　　　　　（f）　　　　　　（g）　　　　　　（h）

图 2.1.3　线状地物提取前

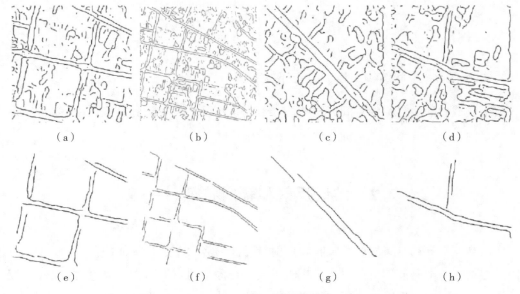

（a）　　　　　　（b）　　　　　　（c）　　　　　　（d）

（e）　　　　　　（f）　　　　　　（g）　　　　　　（h）

图 2.1.4　线状地物提取后

3. 点状对象

点状对象的空间位置由其实际位置或中心位置的 x，y 坐标确定，实地上分布面积较小或呈点状分布的有独立树(图 2.1.5)、单个建筑等。

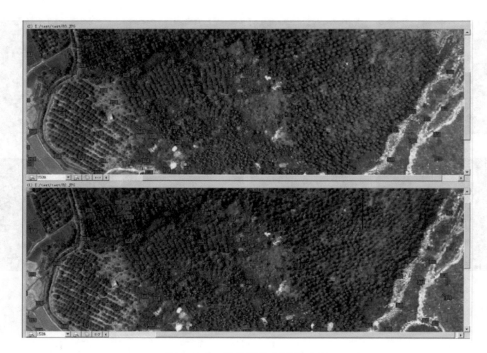

图 2.1.5　呈点状分布的独立树

4. 相互关系(空间结构，语义，上下文)

某个区域内地物目标的空间分布特征。地面目标受某种空间分异规律的影响，其分布呈现一定的空间组合形式，仅通过单一目标难以反映。

2.2　波谱反射和辐射特征——谱

任何物体本身都具有发射、吸收和反射电磁波的能力，这是物体的基本特征。相同的物体具有相同的电磁波谱特征，由于物质组成和结构不同，不同物体的电磁波谱特征也是相异的，因而能够以遥感仪器所接收到的电磁波谱特征的差异为依据来对不同的物体进行识别——这就是遥感的基本出发点。

2.2.1　水体的电磁辐射特性

1. 反射波谱特性

太阳辐射到达水面后，首先一部分被水面直接反射回空中，从而形成强度与具体水面状况有关的水面反射光，一般镜面反射仅占入射光的 3.5% 左右，除发生镜面反射外，其余光透射进入水中，其中大部分会被水体所吸收，部分被水中的有机物和悬浮泥沙散射，从而构成水中散射光，这一过程中返回水面的光被称为后向散射光。部分透过水层，到达水底后再发生反射，从而构成水底反射光。水中光由后向散射光与水底反射光两部分组成，之后回到水面再折向空中，因此遥感器接收到的光主要包括水面反射光和水中光，还有部分天空散射光。

水体自身的光学性质与水的状态是影响水体反射光谱特征的主要因素。由于清水的反射主要集中在蓝绿光波段，而其他波段吸收都很强，尤其是近红外波段吸收更强，因此水体在遥感影像上（特别是近红外影像上）呈黑色。水的低反射率特性使得水体的图像特征不论在哪一波段，均表现为深色调，其和周围地物相比色调反差大，并且不随时相与区域而变化，这种特性为遥感识别水体提供了方便。

水的状态是指水体中所含有机、无机悬浮物质的类型、浓度和粒度大小。纯洁的水体在自然状态下是不存在的，入射光会被水体中各种悬浮的杂质散射和吸收。作为一种重要的水体悬浮物，泥沙会造成水的浑浊，使得可见光区的反射率提高，提高的幅度与悬浮泥沙的粒径和浓度呈正相关，同时使最高反射率由蓝绿光区向红光和近红外区移动。近年来受水体富营养化的影响，我国大部分水域中的水生生物如藻类等大量繁殖，清水在近红外波段的强吸收性被水生生物体中的藻胆素和叶绿素等改变，从而使曲线呈现出近红外的"陡坡"效应，其程度则由水生生物的数量多少决定。

2. 发射波谱特性

水体表面的温度是保持相对均衡的，其原因是水体的比热大、热惯量（即 $\sqrt{k\rho c}$，k 为热传导系数，ρ 为密度，c 为比热）也相对大，自身辐射发射率高，几乎可以完全吸收红外线，同时水体内的温度传递形式是对流交换形式，使得流动水体的温度变化较慢。

由于辐射通量与绝对温度的四次方成正比（$M = \varepsilon\sigma T^4$），因而水体与周围地物之间即使存在微小的温度差异，辐射通量都会发生很大的变化，因此水体在红外图像上的反映就特别清晰。水在白天摄制的红外图像上呈黑色，即冷色调，原因是白天太阳辐射的热能可以被水大量吸收并且进行储存，导致其辐射通量低于周边环境；而水在夜间摄制的红外图像上呈现暖色调(亮白色),原因在于夜间水温相较于周围地物的温度更高,辐射发射能力更强(图2.2.1)。一旦河流入海,或者有污水或热水排入河流,此时温度不同的水体之间会进行热交换,因此水温度结构的所有细节能够在白天的红外图像中得到显示,呈现出不同等级的灰色调。即使是冷水,在夜间也会具有高于背景环境的温度,因此夜间凡是水体均呈现白色,可利用这一特性在夜间红外图像上对难以在同区域可见光图像上发现的小溪、泉眼或水塘等水体进行寻找。水的辐射无论是在白天或是夜间均具有明显的特征,从而为红外技术找水体提供了理论依据(图2.2.2和图2.2.3)。

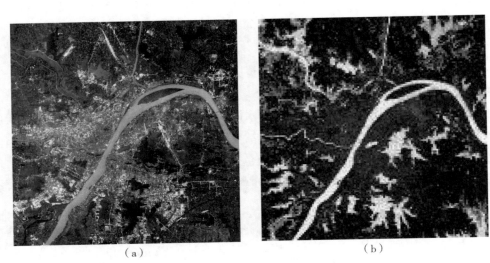

(a)   (b)

图2.2.1 水体的高分辨率影像((a)真彩色显示)及其夜间红外图像(b)

3. 微波特性

在微波波长 1mm~30cm 这一范围,水的亮度、温度比较低,发射率也较低,约为0.41,其中海水发射率为 0.371~0.404,淡水发射率为 0.372~0.405。水面粗糙度相较于微波辐射信号的波长小得多时,将被视为平坦地面,此时主要发生镜面反射,后向散射较弱,在雷达图像上呈现黑色。因此微波能获取的只是水面状况和水面下约 1mm 深度的盐度、水温等信息。

2.2.2 植被的电磁辐射特性

1. 反射波谱特性

植被是遥感图像反映最直接的信息之一。健康植物具有如下明显特点的波谱曲线:由

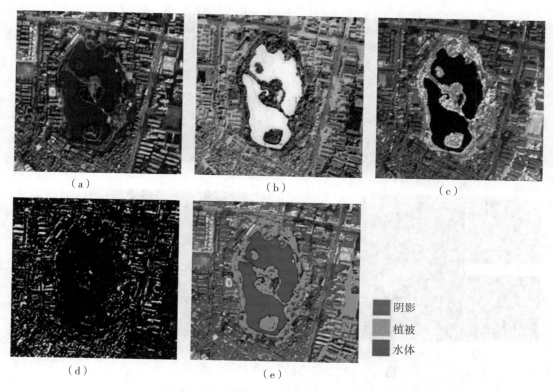

■	阴影
■	植被
■	水体

图 2.2.2 水体的高分辨率影像及其红外图像

于叶绿素对红光和蓝光吸收作用强，而对绿光反射作用强的特性，使得波谱曲线在可见光的 $0.45\mu m$（蓝光）和 $0.65\mu m$（红光）附近有两个明显的吸收谷，在 $0.55\mu m$（绿光）附近有一个反射率为 10%～20% 的小反射峰。由于植被叶细胞结构的影响而形成的高反射率，使得波谱曲线在 $0.7～0.8\mu m$ 产生一个反射"陡坡"，反射率急剧增加，至 $1.1\mu m$ 附近处呈现出一个峰值，从而形成植被的独有特征。由于绿色植物含水量的影响，在 $1.3～2.5\mu m$ 中红外波段的吸收率大大增加，而反射率大大下降，尤其以 $1.45\mu m$、$1.95\mu m$ 和 $2.6～2.7\mu m$ 为中心是水的吸收带，形成三个吸收谷。

生长阶段和物候期也是影响植物光谱反射特性的重要因素。处于生长期的绿色植物较为健壮，相较于其他附加色素，此时叶绿素在叶片中占据压倒优势；而对于进入衰老或休眠期的植物，由于其绿叶转变为黄叶、红叶或枯萎凋零，因此它们所特有的波谱特征都会随之发生变化。不同环境下的植物，或不同种类的植物，其反射率差异也较为明显。

此外，健康状况不同的植物的反射率也是不同的。例如，健康的榕树在近红外波段其反射率高于有病虫害的榕树，而在可见光波段内其反射率则稍低于有病虫害的榕树。

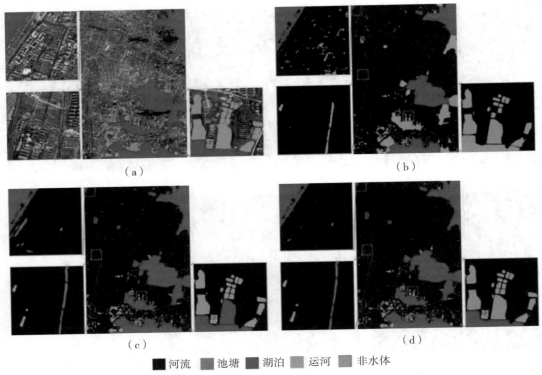

■河流　■池塘　■湖泊　■运河　■非水体

图 2.2.3　不同种类水体与非水体图像

2. 发射波谱特性

植物的发射率在 $8\sim14\mu m$ 波段内,与黑体的发射率是相接近的。植物株体从太阳和地面辐射获得和储藏热量的多少决定了各类植物间的差异。树木具有高大的枝干,使得白天相较于周围地面温度,树林的温度更低。原因首先在于树叶对红外波段($>2\mu m$)的吸收作用,其次是树叶表面存在的水汽蒸腾作用带走了树叶表面的热量;夜间,具有很高发射率且储有大量热量的树木和地面都会进行辐射,树木在白天辐射温度相对较低,而夜间辐射温度则相对较高,这是因为相较于地面,树的发射率更强,导致其相较于地面的温度更高。而草株体较小,从太阳或地面辐射取得热量少,储藏热量的能力也更弱,因而它会随着地面温度的增高而增温;夜间,它很快把热量随着地面辐射的加强而辐射出来,夜间近地面层空气温度倒置状况也会随之逐渐形成。

草地和树木的具体生态功能是不同的,不同的房屋高度也有类似的规律(图 2.2.4 和图 2.2.5)。其中图 2.2.4(a)表示武汉市内典型城市街区内部的地面温度伪彩色显示,其中越暖色表示温度越高,越冷色表示温度越低。图 2.2.4(b)表示各街区的城市功能属性。

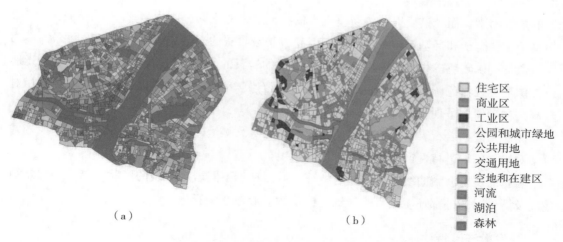

（a）   （b）

图 2.2.4 武汉市内不同的土地利用类型

住宅区
商业区
工业区
公园和城市绿地
公共用地
交通用地
空地和在建区
河流
湖泊
森林

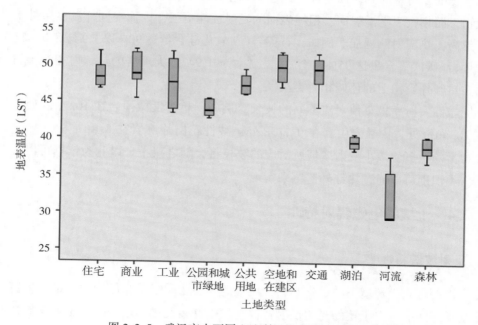

图 2.2.5 武汉市内不同土地利用类型的地表温度

2.2.3 岩石和矿物的电磁辐射特性

1. 反射波谱特性

不同岩石各自的物质组成，即具体矿物类型和化学成分，是决定它们的光谱反射率差异的主要因素。而光谱反射曲线所呈现出的特征谱带的不同,则由岩矿中的水分子、碳酸根离子、铁离子和羟基等含量的高低所引起,其吸收谷的光谱位置、宽度和深度都各不相同。通常,以暗色矿物(如镁、锰、铁等)为主的岩石的光谱反射率总体较低,在可见光遥感影像上呈现深色调;而以浅色矿物(如长石、石英等)为主的岩石的光谱反射率必然相对较高,在影像上呈现浅色调。

此外,诸如岩石表面风化程度、温度、颜色以及测量的时间、季节等一系列环境因素也会对岩石的波谱特性产生影响。

岩石的反射波谱曲线没有统一的特征,原因在于不同岩矿类型的产状、结构、化学组成以及测量时的外部环境因素,导致光谱反射的形态产生变化。

2. 发射波谱特性

岩矿物的发射率与其表面特性,即色调和粗糙度有关。通常,暗色地物的发射率高于浅色地物,而相较于平滑表面,粗糙表面的发射性能更强,因而在同样温度条件下物体的发射率越高,热辐射就越强。例如,石英岩(二氧化硅含量达90%以上)具有0.627的发射率,大理岩(碳酸钙含量达95%以上)的发射率为0.942,大理岩的热辐射相对于石英岩更强,其在热红外影像上的色调相对更浅。

不同岩性发射率极小值对应不同的波长,例如,超基性橄榄岩在 $10.7\mu m$ 处,基性玄武岩在 $10.4\mu m$ 处,中性安山岩在 $9.7\mu m$ 处,酸性花岗片麻岩在 $8.8\mu m$ 处,随着二氧化硅百分含量的增多,最小发射率值所对应的波长将会随之减小。以此为依据可以推断,岩浆岩的岩类识别可以通过热红外遥感来实现。

2.2.4 土壤的电磁辐射特性

1. 反射波谱特性

作为岩石在表生环境下的风化产物,土壤的主要物质组成和母岩的光谱反射特性在整体上是基本一致的。但土壤的光谱反射特性会发生许多变化,这是因为土壤是岩矿经历不同的风化过程,又是在人类长期耕作活动和不同的生物气候因子的共同作用下形成的,因此其类别多样。此外,土壤的反射特性也在很大程度上受土壤湿度的影响。

2. 发射波谱特性

土壤的温度状况决定了土壤的发射辐射,土壤温度与有机质的分解速度、风化和化学溶解、微生物活性以及水分的蒸腾散失有关,同时和种子萌发、植物生长有关。土壤空气温度和土壤水分是影响土壤热特性的最重要因素。土壤剖面热量的传导、增加和散失较为复杂，然而遥感测量的主要是土壤表层温度，当表层土比地下土层干时，将由土壤热惯性确定表层土壤温度；当地表潮湿时，将由蒸发控制表层土温度。与热惯性较小的物质相比较，热惯性较大的物质昼夜之间具有较为均一的表面温度。

3. 微波特性

土壤的电特性(导电率和介电常数)和土壤的表面结构(粒度和粗糙度)主要决定了土壤微波辐射特性。水分含量(而不是土壤类型)是土壤微波复介电常数的主要影响因素。在微波波段上，干燥土壤的介电常数约为 5，而水的复介电常数却特别高，故含有少量水的土壤的介电常数性质将会大大改变。

2.2.5　人工地物目标的电磁辐射特性

1. 反射波谱特性

人工地物目标主要包括各种建筑物、广场、道路以及人工林与人工河等。各种道路由于建筑材料的不同，反射率存在一定的差异，如水泥路的反射率最高，沥青路、土路等次之，但波谱曲线形状大体相似。人工河与人工林的光谱反射特征和自然状态下的水体与植被大体相同。图 2.2.6 呈现了不同路面的反射波谱特征。

2. 发射波谱特性

建筑材料的热特性决定了人工建筑物的红外发射特征。当物体接受天空、太阳辐射或地下热流补给时温度上升，物体的热惯性会对温度上升的速度产生影响。例如，铁路凌晨时辐射温度比周围的低，这是因为铁路线条平直，转弯圆滑，其金属的温度传导系数大，易增温的同时也易散热，相较于其他物体，铁路自身辐射红外线的能力和辐射能量更低；而混凝土路面和沥青路在黎明前的热红外图像上呈现为白色网络，原因在于其温度传导系数小，白天增温慢，而晚上其发射辐射更强，温度也比周围地物更高。

3. 微波特性

表面结构是决定建筑物微波特征的主要因素。城市街道的路面较为平滑，通过镜面方式反射雷达波，其后向反射几乎为零；城里高建筑群的侧面集中对雷达波进行反射，可呈现"闪烁"的亮点；城镇建筑物表面极端粗糙，高低不齐差异较大，雷达回波反射较强。

同一个地物，可能处于不同状态，如含水量不同，密度不同，对太阳光相对角度不同，等等，会呈现出不同的谱线特征，这是同物异谱，即类内变化增大。而两个不同地物在某一个谱段区可能会呈现出相同的谱线特征，这是同谱异物，即类间差异减小(图

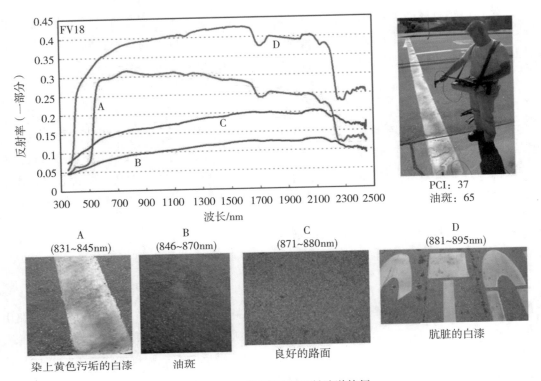

PCI: 37
油斑: 65

A
(831~845nm)

B
(846~870nm)

C
(871~880nm)

D
(881~895nm)

染上黄色污垢的白漆

油斑

良好的路面

肮脏的白漆

图 2.2.6　不同路面的反射波谱特征

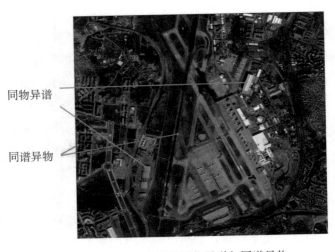

同物异谱

同谱异物

图 2.2.7　高分辨率影像同物异谱与同谱异物

2.2.7)。对不同的研究对象要掌握其波谱特性,这是遥感的基础。

　　同物异谱与同谱异物现象给图像解译带来困难,从而引申出遥感中绝对定标(absolute

calibration)的困难性这一问题。如果定标，可以通过寻找典型地物的光谱特征（即其他地物的光谱）与之对比的方式做相对定标。

地物波谱特征的研究，能够直接为传感器的研制、频道选择提供科学依据，也是在具体应用中选择合理的波段、波段组合以及在遥感图像处理中建立图像分析的定量标准，同时也为有效地提取专题信息与进行成像机理分析提供了重要依据。

2.3　时间特性——时

地面对象的时间特性包括以下两方面的含义：一是自然变化过程，即其发生、发展和演化；二是节律，即事物的发展在时间序列上呈现出某种周期性重复的规律。任何一个遥感对象都处于一定的时态之中，存在其时相变化过程。遥感信息是瞬间记录，因此，在分析遥感资料时不能超越一个瞬时信息能反映的范围，必须考虑研究对象本身所处的时态。

例如，在对库区边岸的稳定性进行判别时，必须选择相应时间的遥感图像。作为陆地与水体相互作用的界面，边岸能够充分反映库区的动态变化。因此对不同边岸类型进行区别，对于研究水陆相互作用的性质和库区工程都有重要的意义。以不同时间的水位差数据和图像为依据，可以对边岸的坡度进行定性估算，并对淤积和侵蚀类型进行解译。如果是由多方面原因所造成的图像提取的岸带变化信息，如河口地区与淤积关系密切，但与此同时也存在次要影响，即成像期水位差引起的非淤积变化，此时需分清主次原因，从而选择最适合的图像序列。

遥感研究时相变化，主要反映在地物目标光谱特征随时间的变化而变化上。处于不同生长期的作物所对应的光谱特征不同，故可以通过动态监测了解光谱响应时间效应的变化范围和变化过程。充分认识地物的时间变化特征以及光谱特征的时间效应，对于确定识别目标的最佳时间是有利的，可以进一步提高识别目标的能力。

在对水果进行估产时，可以利用不同季节的葡萄及其叶子的反射光谱，以此来对葡萄果实的最佳季节进行寻找识别。在 $0.5\sim0.75\mu m$ 的可见光部分，光会被果实与叶子的叶绿素色素强烈吸收，因而果实与叶子的反射率在 6 月下旬、7 月下旬、8 月下旬均低，至 10 月、11 月、12 月果实的反射率逐渐增加，而叶子的反射率依然保持稳定。在 $0.75\sim0.9\mu m$ 的近红外部分，果实与叶子的反射率在上述 6 个时间中均较为稳定。因此，在对果实产量进行预报时，可以通过选择后 3 个时期的可见光图像，因为此时的图像对葡萄的叶子和果实更容易进行区分。

物候是指生物长期适应气候条件的周期性变化，其三个关键指标为：生长季起始

(Start of the Growing Season, SOS)、生长季结束(End of the Growing Season, EOS)和生长季长度(Length of the Growing Season, LOS)(LOS=EOS−SOS)。遥感方法计算物候主要是利用增强植被指数(Enhanced Vegetation Index, EVI)或者归一化植被指数(Normalized Vegetation Index, NDVI),先作出植被指数随时间变化的曲线,曲线经过平滑后,计算SOS 和 EOS,如图 2.3.1 所示。以城市化对植被物候的影响为例,一般情况下,如果春天温度过高的话,植被就有可能更早发芽,从而使 SOS 提前。同样,秋天温度过高会使 EOS 延后。当然 SOS 和 EOS 还受其他多种因素的影响,例如,在城市地区由于城市热岛效应,城市的温度一般要比乡村或者郊区高,因此某些城区的植被可能会更早发芽,更晚落叶,也就是 SOS 提前,EOS 延迟,从而导致 LOS 延长。

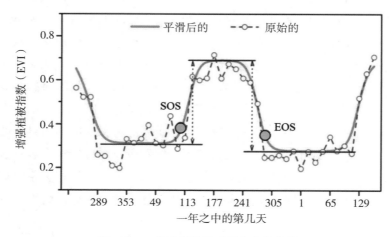

图 2.3.1　植被指数随时间的变化曲线

2.4　解译对象的划分

解译对象的划分会考虑地物的组成成分,也会考虑地物具有的性质,且划分结果会因观察的角度而截然不同。因此,衍生出了多种解译对象的划分方法(见表 2.4.1)。

最常见的解译对象划分方法是基于解译对象的专题特性。该划分方法将解译过程分为地理基础信息的提取与专题信息的提取两大部分(见图 2.4.1、图 2.4.2)。其中,地理基础信息包括所有的地表要素:居民点、水系、高程、道路等。注意,此处涉及的各种要素的解译,一般是作为地理基础信息的一部分进行的,并不深入各个要素内部完整的特性(如森林树种组成、路面覆盖种类等)。

表 2.4.1　解译对象的划分与组成

序号	解译对象划分原则	地物组成	地物举例
1	按照解译对象的专题特性	地理基础信息	居民点、水系、高程、道路等
		景观	沙漠、草原
		地质地貌	地层、断层、滑坡等
		土地利用	工业、商业、农田等
		其他	工程设施等
2	按照解译对象的形成状态	自然形成地物	森林、沼泽、湖泊等
		人工构成地物	居民点、道路、桥梁等
3	按照解译对象线性尺寸的绝对值和相对值	密集(点状)地物	房屋、独立树、飞机等
		线状(延伸)地物	道路、河流、飞机跑道等
		面状地物	湖泊、林地、飞机场等
4	按照地物要素的组成和用途	简单地物	房屋、独立树、飞机、跑道等
		复杂地物	城市、林地、飞机场等
5	按照电磁波谱特性	可见光地物反射	不同反差的地物
		近红外地物反射	植被等
		地物热辐射	热岛等
		地物微波特性	土壤含水量等
6	按照地物位置的稳定性	活动地物	海洋中的冰、天上的云
		固定地物	水系、道路网等

　　专题信息与特定的要素和任务有关，在此情况下的图像解译将会涉及相关要素内部完整的特性。例如，对农田的调查，除了要通过遥感图像指出作物的组成外，还要指出它们的质量、植物病虫害区域等。

　　人工地物和人类对环境的影响在许多领域的研究中意义重大，因而有时需要按地物的形成状态划分解译对象，如划分成自然形成地物、人工构成地物等。

　　对自然形成的地物而言，其在轮廓形成上具有随意性，并且在空间分布上不存在严格的次序性。但是，同一自然地物的表面外观是相当类似的。

　　对人工构成的地物而言，物体形状(外部轮廓)成为主要直接的标志，它们的特征一般是规则的几何外形(见图 2.4.3)。

　　形状要素对自然地物来说也是固有的，如河床、湖盆、森林界限等。但这些形状一般而言并非固定的规则形状，因此在识别中价值较小(见图 2.4.4)。

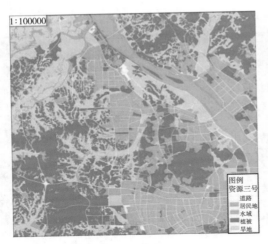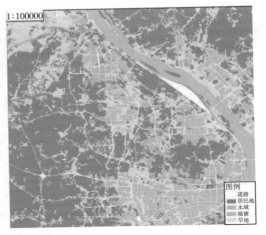

图 2.4.1　地理基础信息的提取

图 2.4.2　景观信息提取

　　自然地物的光谱变化相对较大，人工地物的光谱变化则更稳定(见图 2.4.5)。但在一定光谱范围内，随着遥感图像性质的变化，地物图像形状改变很小。例如，在缩小比例尺时，如果仅仅是一些形状碎部的消失，不会改变识别结果，但这并不包括大面积的成像以及在冬天获取的图像。因为在前一种情况下，由于投影和地形引起的形变，会使形状产生变化；在后一种情况下，雪的覆盖会改变地物的几何轮廓，使其形状产生不规则变化。

　　人工形成的地物有时具备一些特点，甚至常常出现标准的外形、组成的不变性、典型

图 2.4.3　规则形状的房屋

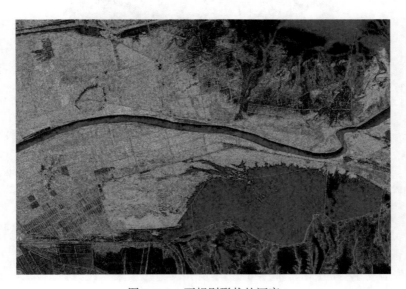

图 2.4.4　不规则形状的河床

的尺寸，以及与周围环境清晰明确的相互关系等。

当物体形状接近相同时，尺寸具有区分不同地物的指示作用。例如，在已知地物尺寸后，可用于区分不同种类的道路、居民地中建筑物的性质等（见图 2.4.6）。无论是尺寸的绝对值，还是它们之间的关系，对识别地物均有意义。从此角度出发，地物线性尺寸的绝对值和相对比可将所有地物分成三个类别：密集（点状）的、线状（延伸）的和面状的。

密集地物的尺寸往往特别小，小到可与高空间分辨率的图像像元相比。大部分密集地

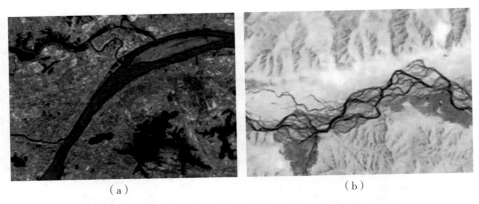

（a） （b）

图 2.4.5　自然地物光谱变化大，人工地物光谱稳定

图 2.4.6　不同种类道路的地物尺寸不同

物是另外一些地物组合的细部，包括独立建筑和设施、水泉、纪念碑、不大的桥梁等。将地物归纳至线状地物时，线性尺寸的绝对值起着重要的作用。该类型包括长度比宽度大三倍以上的物体，如河流、道路、街道、长的桥梁等。面状地物则有着大的尺寸，包括林地、草地、居民点、飞机场等。

对于图像解译的理论和实践来说，根据地物要素的组成和复杂程度分类有着特别的意义，据此可将解译对象大致分为简单地物和复杂地物。

简单地物通常是复杂地物的一部分，它是复杂地物的个别要素，如建筑物、设施、树木、起落跑道等。此处的复杂地物是指以统一的用途或按照地域联合起来的简单地物的有次序的总和，如城市、林地、飞机场等。图 2.4.7 展示了简单地物是复杂地物的个别要素，复杂地物是简单地物有次序的总和。

图 2.4.7　简单地物与复杂地物

应该指出的是，在不同的情形下，同样一个地物可能表示成简单地物，也可能表示成复杂地物。例如居民点中的住房，在 1∶25000 比例尺的图上，它被表示成居住房屋的综合体(复杂地物)，而在 1∶100000 比例尺的图上，则仅用简单的长方形表示，而不再区分建筑物的细部结构(简单地物)。

物体细部(图案)的性质和数量提供了有关复杂地物的概念，并能将该物体与其他相似者区别开来。诸如路堤、路堑、桥梁和道口等的性质资料有助于判断道路的种类，而生产厂房和辅助建筑、原料库和成品库等的数量和组成有助于判断企业的种类。此外，一些物体(简单物体)的细部可能是带有自己细部的独立的物体，例如，居民点的此类要素是小区、街区、公园等(见图 2.4.8)。总的来说，物体细部是直接的解译标志。

物体表面的结构(纹理)和它的图像是一些标志(形状、尺寸、色调、相互位置等)的组成要素表象的总和。例如，树冠组成了森林表象的外部形态，因此，在图像上，森林呈颗粒结构的形态主要取决于树冠的形状、尺寸和密集程度(见图 2.4.9)。

物体图像的结构是许多没有典型形状的地表自然要素的重要标志。该标志很稳定，所获取的遥感图像的性质对它的影响，比对其他直接标志的影响要小得多。例如，比例尺变化几乎不改变树林图像结构的颗粒性质。其原因可能是，随着图像解像力绝对值的减小，突出的不是作为结构组成要素的单个树冠，而是以树冠闭合的自然缝隙为边界的它们的总合体。最终作为结果，树林图像结构颗粒度的尺寸还是比其他一些结构，如灌木丛的颗粒

图 2.4.8   学校操场跑道可视化

图 2.4.9   树冠使得树林呈颗粒结构形态

尺寸要大。

遥感图像结构可按几何、电磁波谱特性、自然形成状态等原则分类。几何分类基于物体点、线、面的组织及其在图像上的相互位置,根据结构的几何种类不同(点的、线的、面的、综合的),采用相应的结构名称(颗粒状的、条纹状的、斑点状的、斑点-颗粒状的等)。电磁波谱特性分类以组成结构的辐射特性(如树冠、灌木丛、草丛等)为基础。自然形成状态分类则强调结构的自然起源特性,如果园、人工林、天然林等。

　　将解译对象的种类与电磁波谱特性联系在一起，是不断丰富遥感图像解译内容和用途的重要途径。目前常见的遥感波段有可见光、近红外、热红外和微波等四种，其揭示的地物信息各有不同。

　　物体图像的色调对目标能否从周围背景中被分辨出来起重要作用。此标志并非固定不变的，同一物体的图像，由于光照、气候、季节等的不同，可能有不同的色调。例如，夏天获取的道路成像为亮的条带，而冬天可能比较暗。色调之间的关系(色调反差)在解译中有着重要的意义，且具备相对的稳定性。

　　并且，物体图像的颜色不论是在真彩色图像和假彩色图像上都是重要的解译标志。在真彩色图像上，地面要素和地表物体均以近似天然的色彩呈现，且在高质量的图像上，同一种类物体图像的颜色可以保持相同。在假彩色图像上，地面要素和其他物体以假定的(人为的)颜色表示，但同一物体在不同的图像上可能有完全不同的颜色，这与每一个波段的图像在显示时出现的次序有关。因此，在假彩色图像上，颜色之间的关系有着重要的意义，特别是在植被解译、小面积水网解译等情形中更突出(见图 2.4.10)。

图 2.4.10　植被在特定波段组合下呈现红色

　　图像上的物体及其阴影，在识别尺寸小、反差低的立体物体时，有着决定性作用。根据阴影，可较容易地判断物体的形状和高度。对反射辐射而言，阴影分为本影和落影：本影是物体表面未接受辐射的部分，位于背向辐射源的一面；落影是物体投向其他物体的影子。根据阴影的尺寸可以确定物体的高度,有一些物体(如高压线支架、电线杆、油罐等)经常只能靠阴影识别(见图 2.4.11)。但是,落影常常将其他地物的图像遮盖起来,致使对它们的解译很困难,这一点在城市地区显得尤为突出。

图 2.4.11 油罐需要靠阴影识别

物体的位置(配置)作为一个间接解译标志,在一些物体对另一些物体的依附性中有所体现。这种依附性的原因是物体间的相互关系,有时甚至是一些物体与另一些物体之间的相互依赖。有时,在图像上解译某物体时,往往必须寻找出另外一些"伴生"的地学要素和专门物体。

物体的相互关系是一种高层的解译标志,可以人工设定,也可以机器学习。并且作为一个解译标志,在物体的直接标志受另外一些物体的作用而起变化时,相互关系常常会表现出来。例如,按一般规律,在沼泽中生长着矮小的树林,它们的树冠不大,因此树冠的封闭性也小。又如,地下排水网改变土壤的湿度,因而也改变着地表图像的色调。

物体的位置标志和相互关系标志经常一并出现,并且被作为另外一些物体的指示器。例如,在浅滩区的两面河岸上都有道路和小路(物体"位置"标志的出现),而河的陡坡靠水边有斜坡处则被掘乱。它们的直接标志(高度、色调、颜色和其他)与河岸的其他区段有区别("相互关系"标志的出现)。

活动的痕迹作为一个活动物体的揭示标志，有着特殊的作用。此间接标志对确定诸如工业企业、道路、军事目标等人工物体的性质最有意义；但也常涉及某些天然物体，如根据水和岸的相互关系可以确定河流的方向和土的性质。

按照地物存在的持续期和它们的特点，可将它们分为运动的地物和固定的地物。运动地物包括那些自身性质在改变中的地物；或是在较短时间内，如几小时、几昼夜、几星期之内就消失的地物。固定地物的特性相对而言也会变化，但这种变化要在一个季节、几年或更长时间才发生。这种分类对获取海冰在海洋中的位置、获取云量等方面的信息尤为重要。但需要注意的是，需要实时或准实时的解译，获取信息的时间不得超过地物存在和其特点存在的持续期。

2.5　地表覆盖类型

地表覆盖是环境科学研究、地理国情监测及可持续发展规划等方面均不可或缺的重要数据和关键参量。因此，解译对象的地表覆盖类型也是十分值得关注的内容(见《基础性地理国情监测内容与指标》(CH/T 9029—2019)，如表 2.5.1 所示)。

表 2.5.1　解译对象的地表覆盖类型划分

代码	一级类	定义	二级类数量	三级类数量
0100	耕地	经过开垦种植农作物并经常耕耘管理的土地。包括熟耕地、新开发整理荒地、以农为主的草田轮作地；以种植农作物为主，间有零星果树、桑树或其他树木的土地(林木覆盖度在 50% 以下)；专业性园地或其他非耕地中临时种农作物的土地不作为耕地	2	2
0200	园地	指连片人工种植、多年生木本和草本作物，集约经营的，以采集果、叶、根、茎、枝、汁等为主的，覆盖度大于 50% 或每亩株数大于合理株数 70% 的土地。包括各种乔灌木、热带作物以及果树苗圃等用地	6	6
0300	林地	指成片的天然林、次生林和人工林覆盖的地表，包括生长乔木、竹类、灌木的土地，及沿海生长红树林的土地。包括迹地，不包括居民点内部的绿化林木用地，以及铁路、公路、征地范围内的林木，以及河流、沟渠的护堤林	7	11

代码	一级类	定义	二级类数量	三级类数量
0400	草地	指生长草本植物为主的土地，包括草被覆盖度在10%以上的各类草地，含以牧为主的灌丛草地和林木覆盖度在10%以下的疏林草地	2	5
0500	房屋建筑区	被居民地道路网及其他自然分界线分割形成的街区内部，由高度、结构、疏密程度等相近且毗邻成片的建筑物外包线连接起来覆盖的区域	5	7
0600	道路	包括铁路、公路、城市道路及乡村道路	5	7
0700	构筑物	为某种使用目的而建造的、人们一般不直接在其内部进行生产和生活活动的工程实体或附属建筑设施(GB/T 50504—2009)。其中，道路单独列出	8	23
0800	人工堆掘地	被人类活动形成的弃置物长期覆盖或经人工开掘，或正在进行大规模土木工程而出露的地表	3	10
0900	裸露地表	指植被覆盖度小于10%的各类自然地表。不含人工堆掘、夯筑、碾压形成的裸露地表或硬化地表	5	5
1000	水体	从地表覆盖角度，是指被液态和固态水覆盖的地表。从地理要素实体角度，是指水体较长时期内消长和存在的空间范围	5	8
1100	地理单元及界线	按照规划、管理、识别或利用的需求，按一定尺度和性质将多种地理要素组合在一起而形成的空间单位及其界线	4	28
1200	地形	反映地表空间实体高低起伏形态的信息	3	3
总计	12类	—	54类	112类

根据地理国情一级类的定义，耕地是指种植农作物的土地，包括熟地、新开发地、复垦地、整理地、休闲地(轮歇地、轮作地)；以种植农作物(含蔬菜)为主，间有零星果树、桑树或其他树木的土地；以及平均每年能保证收获一季的已垦滩地和海涂。此外，耕地中还包括南方宽度<1.0m、北方宽度<2.0m固定的沟、渠、路和地坎(埂)；临时种植药材、草皮、花卉、苗木等的耕地，以及其他临时改变用途的耕地。

按照地理国情二级类的划分，耕地又可分为水田与旱地两类。其中，水田指用于种植水稻、莲藕等水生农作物的耕地。包括实行水生、旱生农作物轮种的耕地(见图 2.5.1)。

旱地指无灌溉设施，主要靠天然降水种植旱生家作物的耕地，包括没有灌溉设施，仅靠引洪淤灌的耕地(见图 2.5.2)。

图 2.5.1　水田

图 2.5.2　旱地

再以园地为例，园地指种植以采集果、叶、根、茎、枝、汁等为主的集约经营的多年生木本和草本作物，覆盖度大于 50% 或每亩株数大于合理株数 70% 的土地，包括用于育苗的土地。该类别在二级分类中又可分为果园、茶园、桑园、橡胶园、苗圃和其他园地(见表 2.5.2)。

表 2.5.2　园地的地理国情二级分类

代码	一级	二级	三级	定　义
0210	园地	果园	—	指被人工种植的果树覆盖的连片区域。果树主要是指能生产人类食用果实的木本或多年生草本植物(《果树词典》,中国农业出版社,2007),但不含干果类。常见的果树包括苹果、梨、海棠果、山楂、木瓜、桃、李、杏、樱桃、猕猴桃、树莓、石榴、葡萄、柿、枣、柑、橘、橙、柚、荔枝、龙眼、枇杷、杨梅、椰子、杧果、油梨、香蕉、菠萝等(参考 GB/T 21010—2007)
0220	园地	茶园	—	指被人工种植的茶树覆盖的连片区域(参考 GB/T 21010—2007)
0230	园地	桑园	—	指被人工种植的桑树覆盖的连片区域(参考 GB/T 19231—2003)
0240	园地	橡胶园	—	指被人工种植的橡胶树覆盖的连片区域(参考 GB/T 19231—2003)
0250	园地	苗圃	—	指被人工繁殖、培育的苗木覆盖的地表(参考 GB/T 19231—2003)
0290	园地	其他园地	—	指被人工种植的可可、咖啡、胡椒、药材、干果、油棕和其他木本油料等其他多年生经济作物覆盖的连片区域(参考 GB/T 21010—2007)

第3章 遥感数据的观测性能

3.1 遥感数据的多源性

随着遥感影像获取技术和航空航天遥感技术的不断发展和进步，遥感数据的来源越来越广泛，涵盖了多种遥感平台、传感器，日益呈现出多源、多类型、海量、分布式的发展趋势。遥感数据的数据类型和空间、时间、光谱分辨率等特征随着平台和传感器的不同呈现出多样化的特点，综合利用这些多源信息能富集同一地区不同数据源的互补信息，降低不确定性，形成对目标的完整一致的信息描述，有利于遥感信息的提取。

遥感数据的多源性体现在以下 3 个方面。

3.1.1 遥感平台多层次

遥感平台按飞行高度大致可分为下面几种类型：
- 地球同步轨道卫星(36000km)；
- 太阳同步轨道卫星(500~1000km)；
- 航天飞机(240~350km)；
- 高度航空飞机(10000~12000m)；
- 中低高度航空飞机(500~10000m)；
- 直升机(100~2000m)；
- 低空载体(800m 以下)；
- 地面车辆(0~30m)。

航天、航空、地面遥感平台具有不同的观测条件和成像特性，适用于不同尺度的观测对象和不同要求的遥感任务。依托多层次的遥感平台可以构建空天地一体化遥感系统，提供高频率、多尺度、立体化的多源遥感数据，在自然资源管理、防灾减灾、大气监测等领域发挥重要作用。

1. 航天遥感平台

航天遥感平台包括人造卫星、航天飞机和空间站等，其中人造卫星是航天遥感的主要平台。航天遥感的突出特点是高度高、观测范围大、监测速度快，并且获取信息所受的条件限制少，对于军事、经济、科学研究等均有重要作用。遥感卫星系统可按其应用方向大体分为三种类型：气象卫星、资源卫星和制图卫星(科学试验卫星、侦察卫星除外)。

1)气象卫星

气象卫星是对大气层进行气象观测的人造卫星，具有范围大、及时迅速、连续完整的特点，并能把云图等气象信息发给地面用户。气象卫星按轨道位置一般分为两种：一种是太阳同步轨道气象卫星，轨道高度较低，能够实现全球覆盖，用于观测天气变化的细节；一种是地球同步静止气象卫星，能够观测地球表面40%固定区域天气系统的变化。这两种卫星获得的云图共同使用，可完成天气的近期和远期预报。

风云一号气象卫星是中国研制的第一代准极地太阳同步轨道气象卫星，一共包含4颗卫星，目前已经停止运行。2022年6月，新一代极轨气象卫星风云三号E星及其地面应用系统转入业务试运行，开始为全球用户提供观测数据和应用服务，其轨道高度为836km，倾角为98.75°，同时具备全天时、全天候、高光谱、三维定量遥感的能力。

地球同步静止气象卫星运行于高度为36000km的地球同步轨道，对所负责区域进行高频次、不间断的观测，目前的观测频次可达到分钟级，由NASA设计和制造的GOES系列卫星每隔5分钟可以生成一幅美国大陆的完整图像。我国的风云二号和风云四号卫星也都属于地球同步静止气象卫星，在轨的风云四号B星与A星双星组网，满足我国及"一带一路"沿线国家和地区气象监测预报、应急防灾减灾等服务需求。由于轨道高度较高，地球同步静止卫星的分辨率相对于太阳同步轨道卫星较低，目前可见光分辨率最高约为0.5km。

2)资源卫星

资源卫星是专门用于探测和研究地球资源的卫星，可分陆地资源卫星和海洋资源卫星，一般都运行于太阳同步轨道。多数卫星系统搭载全色/多光谱相机、多光谱扫描仪等光学传感器系统，获取6~30m空间分辨率的全色或多光谱图像。美国Landsat计划中2022年发射的Landsat-9携带陆地成像仪OLI-2，提供9个光谱波段的数据，空间分辨率为30m。我国已陆续发射资源一号、资源二号、资源三号卫星等多颗卫星，其中资源三号卫星携带的多光谱相机提供4个波段的数据，空间分辨率为6m。

由于光学传感器系统易受到云雾的影响，而主动式的合成孔径侧视雷达(Synthetic Aperture Radar，SAR)具有较强的穿透能力，不受强度和日照角度影响，因此SAR可以应对多云雾、多雨雪天气下的遥感任务，在灾害监测、环境监测等领域发挥特殊作用。

3）制图卫星

制图卫星对其空间分辨率和立体成像能力有较高的要求，以满足大比例尺测图与解译。表 3.1.1 总结了几种高分辨率遥感卫星系统，均可提供亚米级的卫星遥感数据。

表 3.1.1　现有高分辨率遥感卫星系统

卫星系统	所属国	发射时间/年	幅宽/km	全色分辨率/m	立体采集能力
QuickBird	美国	2001	16.8	0.61	有
GeoEye	美国	2008	15.2	0.41	有
WorldView-4	美国	2016	13.1	0.31	有
Cartosat-3	印度	2019	16	0.25	有
高分七号	中国	2019	20	0.65	有
高分多模卫星	中国	2020	≥15	0.5	有
Pleiades Neo	法国	2021	14	0.3	有

2. 航空遥感平台

航空遥感平台利用各种飞机、飞艇、气球等作为传感器运载工具，包括距离地面高度小于 10000m 的中低高度航空飞机遥感、10000~12000m 的高空飞机遥感。航空遥感平台飞行姿态和飞行高度对影像获取和制图比例尺都有影响；受到风等因素的影响，数据采集时会有不同的姿态；由于飞行高度低，通常航空影像成像比例尺大、地面分辨率高，适用于大面积地形测绘。

3. 地面和低空遥感平台

地面和低空遥感平台又称近地平台，遥感器搭载的遥感平台距离地面高度在 800m 以下，如系留气球（500~800m）、牵引滑翔机和无人机遥感（50~500m）、遥感铁塔（30~400m）、遥感吊车（5~50m）、地面遥感测量车等。

选择遥感平台的主要依据是遥感图像的量测性能。一般来说，近地遥感地面分辨率高，但观测范围小；航空遥感地面分辨率中等，其观测范围较广；航天遥感覆盖范围广，但地面分辨率低。此外，用户对数据类型的需求、时间需求和预算标准，也决定了平台的选择类型。

3.1.2　传感器多样性

遥感传感器是收集、量测和记录地物辐射电磁波特征的仪器，也是获取遥感影像数据的工具，按照能量获取方式，遥感传感器包括主动式和被动式传感器。随着遥感技术的逐渐成熟，遥感传感器种类和数量日益丰富，得以获取多波段、多极化、多尺度的遥感数据。

遥感传感器多是以被动方式获取影像信息的。被动传感器依赖外界的能量来源，通常是太阳，有时是地球本身，可见光、红外、高光谱、微波辐射计都是常用的被动遥感手段。从传感器的更新迭代中可以看到，被动传感器可探测的波段范围在不断增加，空间分辨率也在不断提高。美国自 1972 年开始陆续发射 Landsat 系列卫星，Landsat-3 搭载的多光谱扫描仪（MSS），仅包含 4 个波段，地面分辨率约为 70m。Landsat-4/5 主要的成像仪器为专题制图仪（TM），包含 7 个波段，除热红外波段外地面分辨率均为 30m。Landsat-7 在多光谱波段的基础上，增加了分辨率为 15m 的全色波段。Landsat-8 携带的陆地成像仪（Operational Land Imager，OLI）全色波段分辨率为 15m，多光谱波段分辨率为 30m。Landsat-9 的二代陆地成像仪（Operational Land Imager 2，OLI-2）分辨率和第一代相同，但提高了辐射测量精度。1986 年法国开始发射 SPOT 卫星，现在已发射 7 颗。SPOT-1/2/3 上搭载的高分辨率可见光成像仪（HRV）采用 CCD 电子式扫描，包含 3 个多光谱波段，分辨率为 20m，全色波段的分辨率为 10m。SPOT-4 搭载了 HRVIR 传感器和一台植被仪，HRVIR 传感器相对于 HRV 增加了一个短波红外波段。SPOT-5 将多光谱波段的分辨率提高到 10m，全色波段的分辨率提高到 5m。2012 年发射的 SPOT-6 卫星和 2014 年发射的 SPOT-7 卫星共同组网运行，能够拍摄分辨率为 1.5m 的全色影像和 6m 的多光谱影像。

主动传感器有自己的能量来源，不依赖外界照明条件，常见的主动传感器包括雷达、激光雷达、声呐等。大多数雷达卫星采用合成孔径雷达（SAR），例如欧空局发射的 ERS-1/2 以及 ENVISAT 卫星，地面分辨率为 30m，幅宽约为 100km；加拿大的 RADARSAT 系列卫星，地面分辨率最高可达 1m，幅宽为 20~500km；日本的 ALOS 卫星搭载的相控阵型 L 波段合成孔径雷达（PALSAR）具有高分辨率模式（地面分辨率约为 10m）和广域模式（幅宽为 250~350km）。激光雷达（LiDAR）是用激光器作为辐射源的雷达，测距精度高，对于快速获取高精度的数字高程数据或数字表面数据有十分重要的作用。

高分系列（GF）卫星是我国国产的高分辨率遥感卫星，自 2013 年 GF-1 卫星成功发射，至 2020 年我国已成功发射 GF-14 卫星。GF-1 为光学成像遥感卫星，搭载了两台 2m 分辨率全色和 8m 分辨率多光谱相机，四台 16m 分辨率的多光谱相机。GF-2 也是光学遥感卫星，但全色和多光谱分辨率都提高了 1 倍，分别达到 1m 和 4m。GF-3 是我国首颗分辨率达到 1m 的 C 频段多极化 SAR 卫星。GF-4 是我国第一颗地球同步轨道遥感卫星，具备可见光、多光谱和红外成像能力，可见光和中波红外分辨率分别为 50m 和 400m。GF-5 作为环境专用卫星，不仅装有高光谱相机，还拥有多部大气环境和成分探测设备，如可以间接

测定 $PM_{2.5}$ 的气溶胶探测仪。GF-6 的载荷性能与 GF-1 相似，二者组网运行能够大幅提高对农业、林业、草原等资源的监测能力。GF-7 则属于高分辨率空间立体测绘卫星，能够提供优于 0.8m 分辨率的全色立体影像和 3.2m 分辨率的多光谱影像。后续我国又陆续发射了 GF-8、GF-9、GF-11、GF-13、GF-14 五颗光学遥感卫星，GF-10、GF-12 两颗微波遥感卫星，为我国提供更全面、更高精度的遥感数据服务。高分系列卫星覆盖了从全色、多光谱到高光谱，从光学到雷达，从太阳同步轨道到地球同步轨道等多种类型，构成了一个具有高空间分辨率、高时间分辨率和高光谱分辨率能力的对地观测系统。

3.1.3　小卫星群

20 世纪 50 年代以来，随着空间技术的不断发展，卫星遥感系统目前正朝着两个方向发展：一是发展高性能、高集成、大功率的大卫星；二是发展体积小、重量轻、成本低的小卫星。在 20 世纪 80 年代中期以前，大型卫星成为卫星发展的主流，能尽可能集成多种传感器、分辨率、波段和时相，但在技术复杂度、研制周期、成本、风险等方面逐渐显现出了缺陷。为了降低卫星成本、减小风险、加快卫星开发研制周期，小卫星技术应运而生，国际上掀起了研制中、小型卫星系统的热潮，并且一改由政府投资的局面，由商业公司投资。

Planet Labs 遥感卫星群是全球最大规模的地球影像卫星星座群，由美国 Planet Labs 公司在 2010 年创建研制，目前在轨卫星包括 180 多颗鸽子卫星和 21 颗星链卫星。近 10 年来，Planet 已经成功发射了 30 次，部署了 452 颗卫星。Planet 有超过 150 颗在轨卫星，每天收集超过 3.5 亿平方千米的图像。其最大的特点在于采用没有编程且没有规律的卫星运行模式，卫星群运用核心的像素级影像拼接技术，由量变产生质变，达到全球全覆盖的高频采集。目前鸽子卫星群包含 8 个光谱波段，空间分辨率在 3~5m 范围内，未来计划达到 1m 的分辨率。与大卫星相比，低成本的小卫星有着绝对的价格优势，同 Digital Globe 正式发售的 WorldView-3 数据相比，鸽子卫星群也更加灵活。大批量发射小型卫星的生产模式，一定程度上颠覆了传统的遥感卫星生产方式。Planet Labs 公司依靠其小卫星向全球重要客户提供大量遥感数据，其中包括著名的美国国家地理空间情报局(NGA)以及加拿大数字农业企业 Farmers Edge。如图 3.1.1 所示，采用空间分辨率为 3m 的 Planet 影像，可以获得精细的地物空间细节描述。基于 Planet 影像的北京地区分类结果比空间分辨率为 30m 的全球地表覆盖产品 Global Land Cover（GLC）更加细致地刻画了城市内部植被与建成区的空间分布。

研制这些小卫星和超小卫星的最大优势是时间短、费用低。它们由于市场不同、周期不同、应用目的不同，可以提供丰富的、多样性的遥感数据。

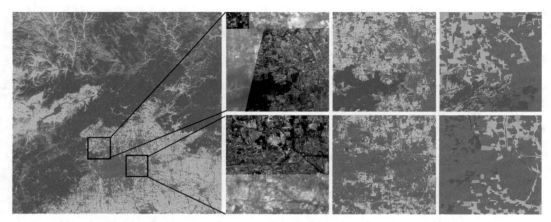

（a）3m的北京分类图　　　（b）3m的Planet影像　（c）3m的Planet分类　　（d）GLC 30m

图 3.1.1　Planet Labs 数据的应用

3.2　遥感图像量测性能与空间分辨率

　　遥感图像量测性能表征着对地物细部和在其上的各个物体之间几何关系的再现能力。遥感解译中确定被研究地物的几何尺寸是非常重要的任务，地物几何尺寸的精度受到多方面因素的影响，图 3.2.1 列出了部分影响因素。

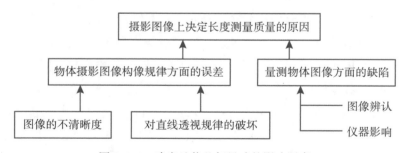

图 3.2.1　确定地物几何尺寸的影响因素

　　需要注意的是，在量测尺寸不大的线段时，图像的不清晰度是影响解译的主导因素，其他因素对确定地物的尺寸影响有限，例如辨认水平图像边缘上 4cm 长的线段时，最大误差也只有 0.1mm。图 3.2.2 展示了同一地区不同清晰度的图像，可见清晰度低时准确解译房屋、道路等地物都存在很大的困难。

图 3.2.2　同一地区不同清晰度的图像

图像的不清晰度与图像的比例尺密切相关(图 3.2.3)，图像的比例尺对遥感图像量测性能及其上地物细部的再现能力起决定性作用。确定图像比例尺考虑的因素包括测图比例尺、解译和测量工艺、对地图内容完整性的要求、已有的处理和量测设备以及经济方面的考虑等。

图 3.2.3　不同比例尺的图像

遥感图像主要是数字图像，决定其图像量测性能及其上地物细部的再现能力的主要是空间分辨率，即遥感影像上能够识别的两个相邻地物的地面最小距离。对于摄影影像，通常用影像上可分辨的黑白线对在地面对应的覆盖宽度表示，计算如式(3.2.1)所示；对于扫描影像，通常用像元所对应的地面实际尺寸表示，例如 Landsat-5 搭载的专题制图仪

（TM）多光谱波段的空间分辨率为30m，代表了每个像元对应地面的大小为30m×30m。

在《地形图航空摄影规范》（GB/T 15661—2008）中规定，航摄仪有效使用面积内镜头分辨率"每毫米内不少于25线对"。航摄比例尺是航摄影像上一个单位长度与对应地面同等单位的长度之比。根据镜头分辨率和摄影比例尺可以估算出航摄影像上相应的地面分辨率 D：

$$D = \frac{1(\text{mm})}{25(\text{线对})} \times \frac{1(\text{m})}{1000(\text{mm})} \times M \qquad (3.2.1)$$

其中，M 为摄影比例尺分母。

成图比例尺是指地图上一个单位长度与对应地面同等单位的长度之比。根据成图比例尺选择航摄比例尺，应在确保测图精度的前提下，尽量缩短成图周期、降低成本、提高测绘综合效益。航摄规范中给出了"航摄比例尺的选择"的规定，结合式（3.2.1），可得表 3.2.1。

表 3.2.1　成图比例尺、航摄比例尺及影像地面分辨率参考

成图比例尺	航摄比例尺（规范规定）	影像地面分辨率/m
1 : 5000	1 : 10000～1 : 20000	0.4～0.8
1 : 10000	1 : 20000、1 : 25000、1 : 32000	0.8、1、1.28
1 : 25000	1 : 25000～1 : 60000	1.0～2.4
1 : 50000	1 : 50000	2
1 : 100000	1 : 60000～1 : 100000	2.4～4

不同成图比例尺对遥感影像空间分辨率的选择可参考表 3.2.2。

表 3.2.2　成图比例尺对遥感影像空间分辨率的需求

成图比例尺	尺空间分辨率
1 : 250000	Landsat-7（15m）
1 : 100000	Landsat-7（15m）、SPOT-4（10m）
1 : 50000	SPOT-4（10m）、SPOT-5（2.5m）、ZY-3（2.1m）
1 : 25000	SPOT-5（2.5m）、IKONOS-2（1m）、QuickBird-2（0.61m）
1 : 10000	IKONOS-2（1m）、QuickBird-2（0.61m）
1 : 5000	IKONOS-2（1m）、QuickBird-2（0.61m）

由于遥感过程中地面信息经历多次传输、接收和处理，必然会损失部分信息，尤其是细节信息，所以遥感信息具有一定的概括性，其离散化的程度由空间分辨率确定。地物和地学现象的规模不同，对遥感信息离散化程度的要求不同，因而对空间分辨率的要求也不同，如表 3.2.3 所示。

表 3.2.3　不同地物和地学现象的规模对空间分辨率的要求

1)巨型地物与现象		3)中型地物与现象	
地壳	10km	作物估产	50m
成矿带	2km	植物群落	50m
大陆架	2km	洪水灾害	50m
洋流	5km	水库(湖泊)监测	50m
自然地带	2km	污染监测	50m
生长季节	2km	森林火灾监测	50m
		港湾悬浮物质调查	50m
2)大型地物与现象		4)小型地物与现象	
地热资源	1km	交通设施	1m
冰与雪	1km	建筑物	1m
大气(水蒸气)	1km	道路	1m
土壤水分	150m	土地利用	5m
海洋资源	100m	污染物识别	10m
环境质量评价	100m	港口工程	10m
区域覆盖类型	400m	鱼群分布与迁移	10m
沙尘暴监测	400m		

MODIS 数据广泛应用于大型地物与现象的研究，例如陆地科学、海洋科学和大气科学等领域，是全世界均可免费接收的唯一的中分辨率成像光谱仪数据。MODIS 数据共有 36 个光谱波段，光谱范围从 0.4～14.4μm，辐射分辨率达 12bit，包含三级空间分辨率：250m、500m 和 1000m，带宽 2330km，可每两天覆盖全球一次。这些特性使之成为研究地球科学的优质数据源，例如年度城区产品 MGUP(MODIS Global Urban Extent Product)，如图 3.2.4 所示(Huang et al.，2021)，是基于 MODIS 数据，采用自动化制图方法，对 2001—2020 年间的全球城区制图得到的。

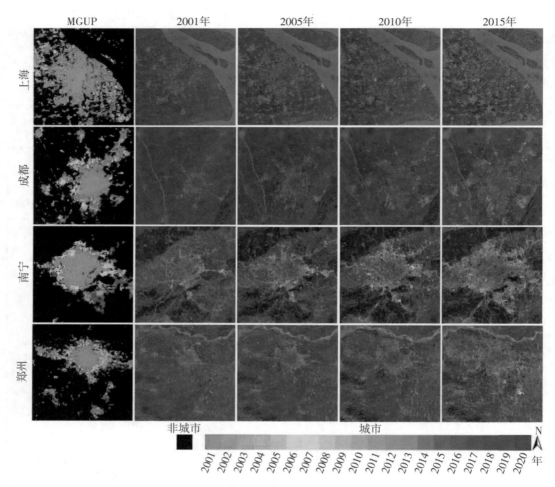

图 3.2.4　年度城区产品 MGUP 示例

Landsat 数据多光谱分辨率为 30m，全色分辨率为 15m，主要应用于中型地物与现象，在农作物绘图和水资源利用、气候变化驱动因素和影响、生态系统和土地覆盖监测以及绘制不断变化的人类足迹等领域已经产生了重大的影响。自 1972 年以来，Landsat 计划一直在持续监测地球，到现在已经提供了长达 50 年的数字、多光谱、中等空间分辨率观测。2008 年宣布免费和开放获取 Landsat 数据，对于中等空间分辨率地球观测数据来说是前所未有的，并大大增加了使用量，带来了大量的科学和应用机会。Landsat-9 于 2021 年 9 月27 日发射，其后续任务 Landsat-Next 的提前规划强调了对该计划的持续支持。

遥感技术的不断发展为我们提供了更为精细和详尽的地球观测手段，其中高分辨率遥感影像成为解读地表特征和监测地球变化的重要工具。高分 1 号（GF-1）和高分 2 号（GF-

2）是中国自主研发的高分辨率遥感卫星，所获影像在空间分辨率上分别可达 2m 和 0.8m，能够捕捉地表的细微特征，以更高的精度观测信息。高分卫星影像在国家的军事、农业、环保等多个领域发挥了重要作用，为各项应用提供了高质量的数据支持。

　　厘米级极高分辨率影像是遥感技术的巅峰之作，具有极高的空间分辨率。这类影像通常由航空摄影或无人机获取，能够捕捉到建筑物、道路等微小物体的精细细节。在城市规划、土地利用管理、基础设施监测等领域，厘米级极高分辨率影像为用户提供了更为细致的地表信息，支持更高精度的解译和分析。

3.3　多光谱图像及光谱分辨率

　　多光谱图像能够显示出彩色是因为其由若干个不同的单色影像合成得来。其中每一个单色影像都对应一个光谱范围，它们单独成像时会呈现出黑白的效果。由此也可以看出彩色影像实际上是多波段遥感数据的一种特殊表现形式。彩色影像的解译性能要优于黑白影像，这是因为彩色影像存储的信息更多，并且人眼对彩色有较强的洞察力。过去的航空摄影图像一般是单波段影像（如全色），随着卫星遥感技术的发展，多光谱影像逐渐成为主流的遥感影像数据。对于多波段遥感数据，我们应当关注以下几个方面的问题：①可用波谱范围；②可用波段数与最小波长间隔；③波段的组合形式。

3.3.1　不同波谱范围的比较

1. 摄影类型图像

　　(1)黑白全色图像（波长范围为 0.4~0.7μm），与人眼感受的波长范围近似。

　　(2)黑白红外图像（波长范围为 0.7~1.3μm），主要探测物体的红外反射强度，成像过程与黑白图像相仿。

　　(3)真彩色图像（波长范围为 0.4~0.7μm），其彩色代表实际地物色彩。

　　(4)彩红外图像（波长范围为 0.6~1.1μm），其可以给出地物的彩色反差，但不代表实际地物色彩。

2. 扫描成像图像

　　(1)单波段影像（波长在 0.35~14μm 范围内的某个波长区间）。各种光谱波段既有其针对性、有效性，又有一定的局限性。故选定的波长区间应与地物光谱特性曲线和应用目的相匹配。

（2）多波段影像(波长在0.35~14μm范围内的若干个波长区间)。由于多波段影像存储了不同波段的地物辐射信息，故可采用彩色合成和不同波段比较等方式对影像进行解译与分析。表3.3.1展示了典型地物影像在可见光影像上的色调、形态和纹理特征。

（3）热红外影像（波长在2.0~15μm范围内的某个波长区间)。热红外影像色调的明暗与地表地物辐射功率直接相关，其主要反映了地表地物的温度高低。对于一些温度较高但尺寸过小以致无法在遥感影像上辨别的地物，热物体的"耀斑"效应会使其在热红外影像上显示出来。另外，热红外影像上地物的特征及其相互关系会随着季节或昼夜等时间因素发生较大的变化，例如土壤和水体在白昼和夜晚的热红外影像上差异较大。（详见3.4节）

表3.3.1 典型地物影像特征

类别	色调	形态	纹理
水田	粉红色，灰白色	条带状	平滑细腻
梯坪地	浅绿色，暗灰色	条带成片	较粗糙
林地	红色，深红色	不规则片状	粗糙有立体感
草灌	深绿色，青黄色	不规则片状	平滑带粗糙感
河流、水库、坑塘	深蓝色，蓝色	条带或面状	平滑细腻
滩涂	亮白色	条带、线状	平滑细腻，线絮状
居民地	灰白色，灰绿色	不规则面状	较粗糙，网格状立体感
公路或者铁路	亮白色	规则线状	平滑
工矿用地和裸土	亮白色	不规则片状	细致平滑

3. 微波成像类型图像

微波是波长为1mm~1m的电磁波。一般通过波长将微波细分为毫米波(1~10mm)、厘米波(1~10cm)、分米波(10~100cm)、米波(>100cm)几个波段。微波遥感通常分为被动微波遥感(无源微波遥感)和主动微波遥感(有源微波遥感)两类。被动微波遥感利用微波辐射计或微波散射计等传感器接收自然状况下地面反射和发射的微波以进行遥感探测。主动微波遥感是通过传感器(主要为雷达遥感)向探测目标发射微波信号并接收其与目标作用后的后向散射信号，形成遥感数字图像或模拟图像。

3.3.2 光谱分辨率

摄影类型图像、扫描成像类型图像和微波成像类型图像，它们接收的电磁波波长都处于一定的范围之中，也就是需要利用传感器探测不同波长范围的信号以获取地表地物信息，这方面的能力主要表现在探测一定波长范围辐射能量的最小波长间隔，也就是光谱分辨率。它包括传感器探测的波段数、各波段的波长范围以及它们的间隔。如果利用光谱分辨率对光谱成像技术进行分类，光谱成像技术一般可分为多光谱成像（通道数 5~30）、高光谱成像（通道数 100~200）和超光谱成像（通道数 1000~10000）。一般来说，传感器的波段数越多，波段宽度越窄，地面物体的信息越容易区分和识别，针对性越强。但是在实际情况中高光谱数据的应用存在数据获取困难、数据冗余、实用性低、信噪比低、预处理难度大等问题。

多波段光谱信息的重要作用：

（1）多波段光谱信息的利用扩展了遥感应用领域。从利用综合波段记录电磁波信息，到分波段分别记录电磁波的强度，这种改进可以把地物波谱的微弱差异区分并记录下来，使遥感应用范围逐步扩大。

（2）多波段光谱信息的利用使实际应用中波段选择的针对性越来越强，效果越来越好。

（3）多波段光谱信息的利用使遥感图像解译效果提升。

在对复杂的目标进行解译或分析时，有时不仅要利用其特征波段内的差异，而且要提取各波段之间的差异特征以便进一步分析（如变化检测）。

3.3.3 波段组合

多波段图像的组合包括可见光波段之间的合成，可见光与近红外波段的合成，近红外与热红外波段的合成等多种合成方式。如图 3.3.1（b）所示使用了假彩色合成方式，其将近红外波段映射为红色，红色映射为绿色，绿色则被映射为蓝色。这种合成方式使得植被更易被区分。

经过合成的多光谱图像蕴含的信息比单波段多得多，其能表达地表地物在不同波段的反射率变化。对于多光谱图像来说，选择合适的波段进行组合，将多光谱图像与各种地物的光谱反射特性数据联系起来，可以实现更加正确的解译地物的目的。最简单的多光谱图像解译方式是将不同波段信息与地物的反射波谱特性曲线联系起来进行分析。首先量测出影像在不同波段上的灰度（Digtal Number，DN 值），接着根据地物的反射波谱特性曲线比较确定影像中具体地物的类型与范围。图 3.3.2 展示了雪、沙漠、植被和湿地四种地物的反射波谱特性曲线。

（a）采用可见光波段合成　　　　　　　　　　（b）采用假彩色合成方式

图 3.3.1　采用不同波段合成的照片

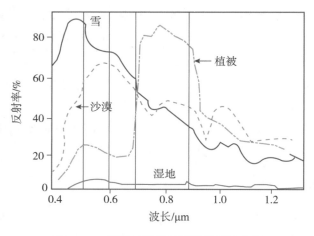

图 3.3.2　四种地物的反射波谱特性曲线

3.4　辐射信息与辐射分辨力

　　遥感探测指通过搭载在人造卫星、飞机或其他飞行器平台上的传感器收集地物目标的电磁波辐射信息，从观测到的光谱中提取所需物理信息。在真空中或介质中通过传播电磁场的振动而传输电磁能量的波叫作电磁波，比如光波、热辐射波、微波、无线电波等。所有物体当其温度在绝对零度（−273℃）以上时均会持续发射电磁波，但其辐射量通常较小，难以被传感器探测。而地表地物能够对太阳辐射或微波辐射进行反射，这种反射使传感器能够接收来自地表的电磁辐射，所以太阳和人造信号源是遥感时电磁辐射的最主要能量来源。

　　通过传感器或摄影系统获得的影像受辐射特性的影响，辐射特性主要体现为辐射分辨力。辐射分辨力是区分两种辐射强度最小差别的能力。图 3.4.1 展示了同一位置的 2bit 影像（图（a））和 8bit 影像（图（b）），它们的辐射分辨力不同。传感器的输出包括信号和噪声两大部分，若两个信号之差小于噪声，则无法辨别这两个信号；若信号小于噪声，则只能探测到噪声。

(a)　　　　　　　　　　　　　　　(b)

图 3.4.1　不同辐射分辨力的两张影像

　　在地物的辐射特征方面，对于在一幅图像中地物特征的识别主要取决于它们的光谱响应及其变化。例如，地物的外形和尺寸取决于地物本身的辐射特征与附近地物的差异。而在空间特征中的纹理图案则通过一个小范围内的光谱响应的变化频率来体现。图 3.4.2 展示了砖墙、布、云、动物皮毛、乱草、树叶的纹理图案。

　　在辐射功率方面，地物的辐射强度与地表温度及其发射率呈正相关，而这两者都与地物的热特性有关，其中与地表温度的相关性更大。热红外像片的像元值与地表地物的辐射功率成函数关系。物体的热特性包括物体的热容量、热传导率和热惯量等。图 3.4.3 为 2015 年 4 月白天和夜间摄取的太湖区域的两张热红外图像，它们强调在一张图像内地表冷

图 3.4.2 六种物体的纹理图案

热的相对比较。午后 13：30 成像显示太湖周边的陆地地表温度相对高；凌晨 01：30 获取的夜间图像显示陆地地表温度相对低；而太湖水体白天温度相对低，夜间温度相对高，这是因为水的比热容比土壤大，所以白天、夜间水温变化较土壤更小。

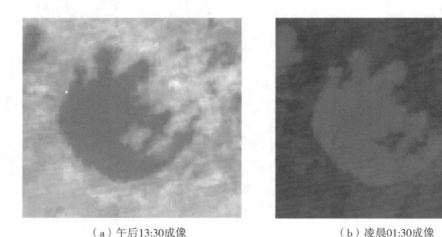

（a）午后13：30成像   （b）凌晨01：30成像

图 3.4.3 太湖区域的两张热红外影像

　　侧视雷达图像中的色调明暗与可见光、近红外及热红外图像不同，影响色调明暗的因素包括：①入射角；②地面粗糙程度；③地物的电特性；④极化面；⑤侧视雷达图像的其他特征。表 3.4.1、表 3.4.2 提供了地面粗糙程度和像元内的地物相对高度与侧视雷达色调高低的关系，图 3.4.4 是雷达图像的灰度和地物关系示意图。

表 3.4.1 地面粗糙程度与侧视雷达色调高低的关系

表面结构	反射性质	影像色调
光滑结构	镜面反射	较深色调
粗糙结构	漫反射	较浅色调
中等结构	混合反射	中等色调

表 3.4.2 像元内的地物相对高度与侧视雷达色调高低的关系

像元地物相对高度/cm	K_a 波段 $\lambda = 0.86cm$	X 波段 $\lambda = 3cm$	L 波段 $\lambda = 25cm$
平坦的黏土地面<0.05	镜面反射	较深色调	较深色调
平坦的粗砂地面>0.17	混合反射	中等色调	较深色调

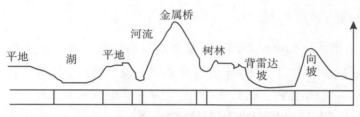

图 3.4.4 雷达图像的灰度和地物关系示意图

由于地物成分和结构的多变性，地物所处环境的复杂性，以及遥感成像中受传感器本身和大气状况的影响，使得图像上的地物光谱响应呈现多重复杂的变化，其在不同的时空会显示出不同的特点，图 3.4.5 展示了不同状态下的杨树叶片的光谱响应曲线。地物光谱响应的可变性导致在遥感过程中需要引入参比数据，参比数据既可以是收集遥感待测目

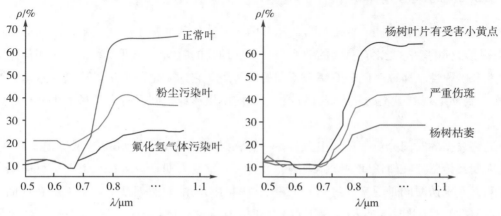

图 3.4.5 不同状态下的杨树叶片的光谱响应曲线

标、区域或现象的某些量测值或观测值，也可以是各种不同地面物体特征的温度以及其他物理或化学特性的野外量测数据，这些数据可以从一个来源或数个来源取得。例如"地面"实况有关数据可以从空中取得，在分析小比例尺的高空或卫星图像时，就可以利用较详细的航空图像作为参比数据；如果研究水文要素，那么"地面"实况实际上就是指"水域"的实况。参比数据能够帮助遥感数据分析和解译(训练、测试、参数优化)，校准传感器并且验证遥感数据所提取的信息。参比数据的收集通常必须符合统计采样设计的原则。接着根据参比数据与光谱响应曲线就可以建立地理单元与遥感信息单元之间的联系以获得准确的信息。

3.5 遥感中的时间因素与时间分辨率

3.5.1 地物的时间特性

时间会对所有的物体都产生作用，例如气候与物候就是时间作用的两个代表性的例子。根据气候，我们可以通过观测和记录一个地方的冷暖晴雨、风云变化，而推求其产生的原因和发展趋势；根据物候，我们可以通过记录一年中植物的生长或枯萎，动物的繁殖与死亡，从而了解气候变化情况及其对动植物的影响。

时间作用具有周期性和阶段性。上述的气候与物候通常以年为周期，而其他地物或现象的变化周期可能更短或更长。如潮汐以日为周期，而湖泊消长，河流改道可能以千百年为周期。另外，某些地物和现象的发生或变化呈现阶段性，如火山爆发、植物病虫害、森林火灾等。

3.5.2 时间分辨率

时间分辨率是指在同一区域进行的相邻两次遥感观测的最小时间间隔。时间分辨率与所需探测目标的动态变化有直接的关系，从上述地物的时间特性可以看出，时间作用具有周期性和阶段性，所以时间分辨率有不同的数量级。它的变化范围从静止气象卫星的半小时/次，到陆地观测卫星的几天或几周/次，到航空摄影或空间飞行人工摄影的几个月/次，甚至几年/次。

遥感数据的时间分辨率差异很大。各种传感器的时间分辨率与卫星(或其他飞行器)的重复周期及传感器在轨道间的立体观测能力有关。重复周期是卫星在轨道上运行一圈所用的时间，而重访时间是卫星经过同一个星下点的时间间隔。假如某个时刻卫星在地面上 A 点的正上方经过(此时 A 点称为星下点)，如果地球没有自转，那么卫星在一个轨道周期之后会再次经过 A 点正上方，其间的时间间隔就等于卫星的重复周期，也等于重访时间。

但是由于地球自转，卫星经过同一个星下点的时间（即重访时间）不再等于其重复周期，而且往往重访时间小于重复周期。

大多在轨道间不进行立体观测的卫星，其时间分辨率等于重复周期。某些进行轨道间立体观测的卫星的时间分辨率比重复周期短。如 SPOT 卫星，在赤道处一条轨道与另一条轨道间交向摄取一个立体图像对，时间分辨率为 2 天。时间分辨率越短的图像，能更详细地观察地面物体或现象的动态变化。与光谱分辨率一样，并非时间越短越好，也需要根据物体的时间特征来选择一定时间间隔的图像。

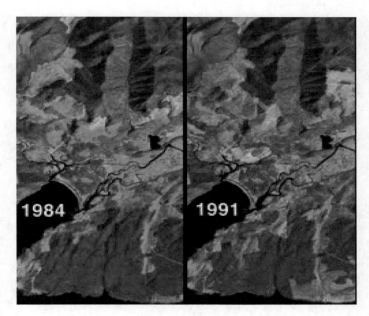

图 3.5.1　两个时期的 Landsat TM 影像

3.5.3　时间分辨率的类型

不同地物的时间要求是不同的，例如地质地貌专题地图（秋末冬初或冬末春初）；三北防护林的遥感调查与制图（五月末）；解译海滨地区的芦苇地（五六月间）。考虑地物的时间特性，我们可以根据探测周期的长短将时间分辨率划分为三种类型。

1. 超短、短周期时间分辨率

超短、短周期时间分辨率指一天以内的变化，以小时为单位。主要指气象卫星所获得的信息，用来探测大气海洋物理现象、火山爆发、植物病虫害、森林火灾以及污染源监测等。未来的遥感小卫星群将能在更短的时间间隔内获得图像，可以探测变化更快的地物和现象，例如凝视卫星(GF-4)、视频卫星(吉林一号)。

2. 中周期时间变化率

中周期时间变化率指一年之内的变化，以日或旬为单位。主要指陆地卫星所获得的信息，用以探测植物的季相节律、再生资源调查(农作物、森林、水资源等)、旱涝、气候学、大气动力学、海洋动力学分析等。因为其周期较长，所以时效性没有那么强。图3.5.2 展示了全球城市和不同气候区日间"δ LST"的月平均值。彩色线和发光阴影区域分别表示平均值和 95% 置信区间。

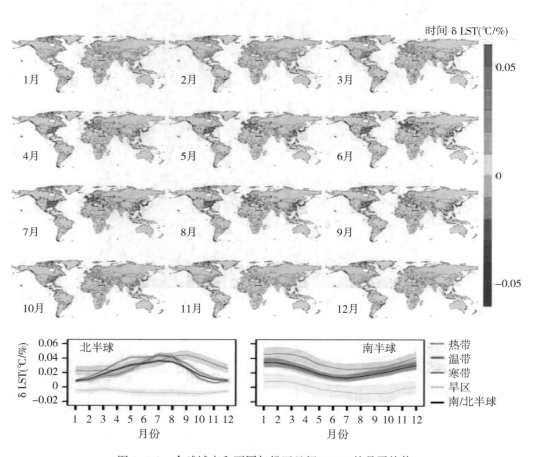

图 3.5.2　全球城市和不同气候区日间 δ LST 的月平均值

3. 长周期时间变化率

长周期时间变化率指以年为单位的变化。指较长时间间隔的各种类型的遥感资料。通过时间序列的对比来反映不同时间的变化。如图 3.5.3 所示展示了我国部分地区 1990—2019 年的水资源、耕地、森林、贫困地区、绿地消失情况。

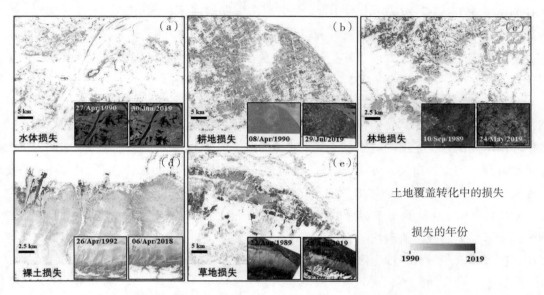

图 3.5.3　我国部分地区 1990—2019 年的水资源、耕地、森林、贫困地区、绿地消失情况

3.5.4　时间分辨率的作用

时间分辨率是选择最佳成像时间的决定因素（task-dependent）。一方面，遥感对象的变化规律要求遥感探测周期与之对应；另一方面，对遥感本身来说，由于传感器选择波段有限制，而不同的波段又有不同的时间要求，也就是传感器工作需要一定的条件。如侧视雷达是全天候的；热红外摄影或扫描只有在清晨 2—3 点以及白天午间地温场最高时适合工作，多光谱则需要天气晴朗，因而需要专门研究全球天气，以便控制各类卫星在最有利的天气条件下工作。也就是说，要在遥感仪器的特定工作条件下，选择最佳成像时间来捕获到遥感对象的变化规律，这并非一件容易的事。可见，时间分辨率是选择最佳成像时间的决定因素。

时间分辨率在遥感动态应用方面也有重要作用，如利用短周期遥感信息——气象卫星云图进行天气、海况（海洋表面物理状况、温度场、风场、波浪）、鱼情监测与预报。又如，曾经在江苏沿岸滩涂识别和测量芦苇地面积，因忽视其物候性，时相选取不适，导致误差过大；还有人在市域用地动态监测中，因分析对象的农时历与最佳时相不协调，而严重影响动态监测的正确性。进行自然历史变迁和动力学分析也必须有时间分辨率作为保证。

时间分辨率的另一个作用是提供了时间差，它可以提高遥感的成像率和解像率。利用两个时间差进行对比，可以得到任何一个单时相所得不到的信息，有效地提高了图像解译能力。例如，研究内蒙古草场流域下垫面问题，既要了解对径流起滞蓄作用的草地盖度、森林郁闭度等(应选 7—8 月的图像)，又要了解枯水期的河流状况(应以 10 月—次年 4 月的图像作参考)，两者对比分析，提高解译精度。

时间分辨率也是数据库更新的重要参考因素。动态多时相的遥感数据，是数据库的重要信息源。由于它具有周期短的特点，尤其适于不断更新数据库。

利用遥感图像解译和监测地面的动态变化是十分有效的。在 2.3 节中讲到了景物的时间特征，在图像上是以其光谱特征和空间特征的变化表现出来的。例如易洪涝的地区，枯水期和洪水期的水位是不同的。在该两个时期的遥感图像上其形状有明显的差别，为了测算洪水淹没区的估计损失，可使用图像相减的方法来提取淹没区的范围。利用这种动态变化还可以进一步识别地面物体的性质和做定量分析。图 3.5.4(a)为静止气象卫星自 2017 年 5 月 3 日上午 10:00 至下午 15:00 时的沙尘监测显示；图 3.5.4(b)为静止气象卫星 2017 年 5 月 4 日早上的沙尘监测显示。对比可以发现，随着气旋云系的东移，沙尘影响范围明显向东扩展，面积增大，沙尘区影响了内蒙古西部至东部的大部分地区，以及甘肃、宁夏、陕西、山西、河北、北京等地。

（a）沙尘暴开始——2017年5月3日　　　　（b）沙尘暴扩散——2017年5月4日

图 3.5.4　沙尘暴 2017 年 5 月初对我国北部地区的影响

3.6　遥感图像的成像性能

3.6.1　成像性能的表示

遥感图像的成像性能，决定它传递地物辐射(反射或发射)信息分辨率和最小尺寸地物的能力。它们表征着遥感系统的极限能力。

地物辐射分辨率在光学图像上表现为反差，在数字图像上表现为灰阶。

实际物体在辐射能力上的差别是遥感图像反差(与光谱响应曲线相对应)的基础，也被称为目视反差(与光谱特性曲线相对应)。

遥感图像反差与目视反差不同，因烟雾亮度和散光亮度等对反差有一个可观的改正值。遥感图像反差可用辐射能量的函数计算：

$$D_i = f(L_\lambda) \tag{3.6.1}$$

$$\Delta D_{12} = D_1 - D_2 \tag{3.6.2}$$

$$L_\lambda = K_\lambda \left[\tau_\lambda \left(\int N_\lambda \sin\theta \rho_\lambda \, \mathrm{d}\Omega + W'_{e\lambda} \cdot \varepsilon_\lambda \right) + b_\lambda \right] \tag{3.6.3}$$

式中，D_i 为第 i 点处的图像密度值(数字图像上为灰度值)；L_λ 为辐射能量函数；K_λ 为传感器光谱响应系数；τ_λ 为大气光谱透过率；N_λ 为太阳入射的光谱能量；θ 为太阳高度角；ρ_λ 为地物光谱反射率；Ω 与立体角有关；$W'_{e\lambda}$ 为地面温度时的黑体光谱辐射能量密度；ε_λ 为地物的光谱发射率；b_λ 为大气散射和辐射的光谱能量。

遥感图像揭示地物细部的能力在定量上有四个指标，分别是遥感图像分解力、图像清晰度、图像反差频率特性和图像解像力。

1. 遥感图像分解力

遥感图像分解力是在 1mm 长的图像上能够将绝对反差的线条分开成像的数量。这个指标可以用来评价图像分开和揭示相处很近的地物的可能性，也可以提供相对于标准条件的不同图像之间的比较。具体的摄影图像的反差换算成分解力的公式为：

$$R_K = R(1 - 10^{-\Delta D}) \tag{3.6.4}$$

式中，R_K 属于地面反差的分解力；R 为按绝对反差标板求出的图像分解力；ΔD 为图像色调反差。

2. 图像清晰度

图像清晰度表示传递地物形状的能力，并且决定目视观测中有效的放大极限。这个标准与图像分解力有紧密联系，并且此标准的选定是有一定条件的。

由物体亮度到背景亮度的过渡，在实际情况下一般呈突变形式。在遥感影像上，亮度的变化指的是图像上从物体密度到背景密度的过渡(边缘曲线)平滑化(见图 3.6.1)。这就导致地物形状的变化(变形)，特别是小尺寸地物的变化。

图像清晰度的数量指标是：一个色调过渡到另一个色调的区间宽度(L_x，见图 3.6.1)以及边缘曲线的性质(斜度和曲率)。L_x 值可能达到 $50 \sim 150 \mu m$。与图像分解力类似，图像清晰度的数量与图像的反差有关，在计算图像分解力时，一般应附上关于反差的数据。

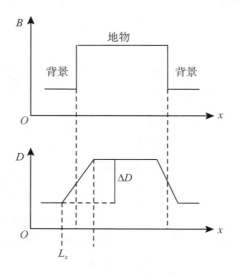

图 3.6.1　一个色调过渡到另一个色调的区间宽度

3. 图像反差频率特性

反差频率特性主要是指，在所摄地物空间频率结构方面如何以遥感图像传递景物反差。通常是在一定空间频率范围(可以用像素长度为依据)，将图像反差与地物光学反差进行比较。在数字图像时代，图像反差频率是指图像灰阶差值与地物在该谱段上辐射率差异的比较。

4. 图像解像力

图像解像力是图像上最小的、但还能分辨的地物尺寸。它可用下面的公式确定：

$$a = \frac{1}{2R_x} \tag{3.6.5}$$

此时，实际地物具有尺寸

$$A = \frac{m_c}{2R_x} \tag{3.6.6}$$

式中，m_c 为遥感图像的比例尺分母；R_x 属于地面图像反差的分解力。

图像解像力的另一个计算方法为：

$$A = \frac{m_c}{2R\sqrt{\Delta D}} \tag{3.6.7}$$

式中，R 为按绝对反差标板求出的图像分解力；ΔD 为地物在图像上的反差。

图像解像力 A 为遥感图像提供了一个具体详尽的性能概念,它被列入所摄物体(地物)的范畴,在后续的遥感图像解译内容中有重要应用。

3.6.2 图像解像力的确定

从上面的介绍可以看出,图像分解力是遥感图像成像性能方面最常用的标志,但在式(3.6.7)中有一个重要的参数 R 需要确定。

确定遥感图像分解力的参数 R 存在若干种方法。对于航空遥感而言,比较好的方法是由飞机上对布设在地面的专门标板进行摄影(或扫描)。这时,对标板摄影的条件应该等价于航空摄影的条件。

在实际航空摄影条件下确定分解力是难以满足上述理想条件的。因此,确定航空图像分解力的近似方法有着很重要的实际意义。

我们熟知的确定航空图像分解力的方法是测量图像上最小的能分辨的长形要素的图像宽度 $d_{\min}$,并对量测结果做统计处理后,用下面公式计算:

$$R = \frac{1}{2d_{\min}} \tag{3.6.8}$$

为了实现此方法,在一张图像上或在一组图像上选出 20~25 个宽度最小的长形要素(小路、田地里的犁沟、田埂等的图像)。所选的要素在图像上应该是均匀分布的,并且相对飞行方向有不同角度。根据测量所选要素宽度的结果就找到了数字的期望 $d_{\min}$ 和对应此值的均方根偏差。

这个方法在应用时不需要使用复杂的技术手段。但是,所得结果的精度与图像上最小宽度图像有关。这时,一般来讲,摄影系统的能力(被计算出的)有所降低。

另一个确定分解力的方法建立在分解力与边缘曲线过渡带宽度 L_x 之间关系的基础上(图 3.6.1)。为实现此方法,首先在图像上选择光学密度的变换处(数字图像上梯度最大处),这些变换处指的是地面上物体与背景之间的明显分界线(如水面和水线)。然后,对底片上的所选部分,按垂直于分界线的方向进行测微光度量测(数字图像上计算梯度最大方向)。航空图像分解力的计算公式为:

$$R = \frac{m}{2.8L_x} \tag{3.6.9}$$

式中,m 为被参考图的比例尺分母;L_x 为被参考图上过渡区间的宽度。

采用这种方法时,需要特别小心地选择测量对象。如果对图像上被选择的要素是否为地面上的明显分界线没有完全的把握,那么遥感图像分解力的参数 R 就要根据亮度突变处图像光学密度(数字图像上梯度最大方向)的测量结果加以确定。

3.6.3　遥感图像的选择

遥感图像的选择可以被看作成像性能的应用，一般情况下，成像性能好的图像反差大、图像清晰，这些应该是选择图像的重要依据。但选择图像还应考虑地物的时间特性和光谱特性，并参照这两个依据选择最佳图像。最佳图像至少具有两个方面的要求：①为了使目标能被检测和识别，应要求信息不仅具有足够大的强度，还应是地理现象呈节律性变化中最具有本质特性的信息；②被探测目标与环境的信息差异最大、最明显。

从时间方面来考虑，就会有图像的最佳时期的选择问题。遥感图像是某一瞬间地面实况的记录，而地表现象是变化、发展的。因此，在一系列按时间序列成像的多时相遥感图像中，必然存在最能揭示地表现象本质的"最佳时相"图像。由于研究的目标及对象的不同，对"最佳时相"的选择标准是不一样的。主要有如下几方面的考虑：第一，地物或现象本身的光谱特性；第二，太阳高度角的变化，它改变了地物反射辐射亮度从而产生不同的传感器效应，并且，不同的太阳高度角有不同的阴影效应；第三，气象条件的影响；第四，对于人文现象的遥感时相的选择，需要考虑不同时期的政治和经济情况。

从波段方面来考虑，就会有图像的最佳波段的选择问题。不论应用何种遥感方法，其基本目的是要将特定的目标从背景中探测出来。在电磁波谱的反射(或发射)谱段中，能否将目标从背景中探测出来，主要取决于目标与背景的光谱反射(或发射)率是否有显著的差异。目标与背景反射(或发射)率差异最显著的波长区间，即为最佳的遥感波段，所以目标−背景的可分离度经常作为波段选择的代价(目标)函数。下面介绍一种求最佳遥感波段的均方差判别法。

首先按下式计算目标光谱反射(或发射)率均方差：

$$\sigma_\lambda = \sqrt{\frac{\sum\limits_{i=1}^{n} (r_{i\lambda} - \overline{r_\lambda})^2}{n-1}} \tag{3.6.10}$$

式中，σ_λ 为目标光谱反射(或发射)率均方差；$r_{i\lambda}$ 为第 i 种目标在波长 λ 处的平均反射(或发射)率；n 为目标的总数。

做最佳波段选择的原因有数据冗余与波段特性，不同遥感图像的应用目的是不同的，对于不同的应用场景，波段所能起到的作用也不同，只需要选择相关的波段，以减少数据量从而避免数据冗余的情况。最佳波段的选择一般是用均方差方法选出那些要素(地物)之间光谱反射(或发射)率均方差较大的波段作为遥感通道。均方差较大的通道说明地物反射(或发射)率差异大，易于区分各类地物。除了均方差方法以外，目前流行的方法还有流形学习(manifold learning)、深度学习(deep learning)方法。

第4章　遥感图像光谱指数特征

不同的地物具有不同的光谱特征，当太阳光经过大气层到达地物表面，一部分太阳光被反射，一部分被吸收，还有一部分穿过地物。地物的光谱特征与其光谱指数是光学遥感技术中广泛使用的数据处理方式，是原始波段降维后得到的新特征。相较于原始波段，光谱指数是更接近于研究目标的特征，有助于快速地从复杂的光谱数据中提取出与研究目标相关的信息。

根据开发方式，光谱指数可分为基于人工经验开发的光谱指数和基于机器学习开发的光谱指数两大类别(邹林芯，2022)。

1)基于人工经验开发的光谱指数

获得基于人工经验开发的光谱指数通常需要两个步骤：

(1)选择与目标应用相关的特征波段。大部分指数在构建时，都会根据地物的波谱反射特性，找到地物在多光谱波段内的最弱反射波段和最强反射波段。

(2)对相关波段设计某种函数关系，以映射得到新的光谱特征。比较常用的函数关系是做差、做比值或将两种方法结合。通过将强吸收波段置于分母或减数，强反射波段放在分子或被减数，即可扩大两者的差距，达到突出感兴趣地物的目的。此外，若将比值型指数进行归一化可得到归一化差值指数。目前，归一化差值指数在所有光谱指数中应用最广泛(邹林芯，2022)。

基于人工经验开发的光谱指数具有可解释性和通用性，在遥感领域得到了广泛的应用。随着遥感技术的不断发展，遥感影像的分辨率最高已达到亚米级别，影像光谱波段数也已达到上百个。依赖人工从复杂多样的光谱信息中选择出最合适的波段是十分具有挑战性的。

2)基于机器学习开发的光谱指数

基于机器学习开发的光谱指数是指通过机器学习的方法，实现上述的波段选择和函数映射，以此获得新的光谱指数。使用机器学习算法开发的光谱指数缺乏可解释性，无法给出光谱指数的工作原理和具体的应用条件，严重限制了该类光谱指数的推广使用。

4.1 植被-不透水面-裸土(VIS)模型

植被-不透水面-裸土(Vegetation-Impervious surface-Soil，VIS)模型是 Ridd 于 1995 年提出的一个城市生态系统概念模型。概念模型即将现实世界的事物抽象为实体模型，是真实世界到信息世界的映射。

在忽略水体的基础上，VIS 模型将具有强烈异质性的城市简化为绿色植被、不透水面和土壤三种基本的地物类型(图 4.1.1)，即影像的像元可以利用这三种地物的线性组合来表示。依据城市景观中绿色植被、不透水面和土壤的百分含量，VIS 模型为定量分析城市环境生物物理组分提供了理论基础。

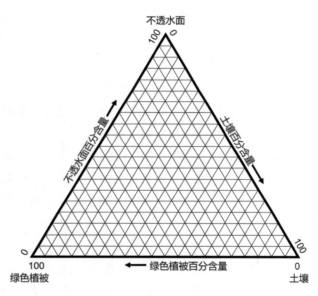

图 4.1.1　VIS 模型

城市地块中三种地物的比例代表了不同的土地覆盖情况。图 4.1.2 展示了在 VIS 模型中存在的部分土地覆盖类型。

遥感技术为 VIS 模型的计算提供了数据支撑。以遥感影像为数据源，借助 VIS 模型，即可进行城市生态分析，其结果将直接服务于许多城市调查工作。

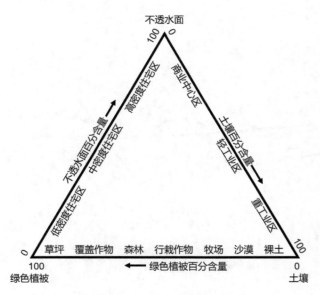

图 4.1.2 部分土地覆盖类型分布

4.2 植被光谱指数

早期的遥感项目来自农业遥感的驱动，因此，植被指数是最早开发的光谱指数（邹林芯，2022）。研究表明植物的叶片组织由于其特殊的生物结构，在可见光红波段和近红外波段呈现截然相反的光谱反应，即植物叶片在可见光红波段具有很强的吸收率，在近红外波段具有较高的反射率和透射率。基于植被这种典型的光谱反射特性，可将可见光红波段和近红外波段引入植被光谱指数，从而揭示和增强隐藏在植被中的信息。图 4.2.1 展示了不同地物的反射率。

自 1972 年比值型植被指数（Ratio-based Vegetation Indices，RVI）（Pearson，1972）被提出以来，研究人员不断完善植被光谱指数的表达方式，以应对多变复杂的自然环境。表 4.2.1 介绍了几种具有代表性的植被光谱指数。

在众多的植被光谱指数中，NDVI 指数是目前应用最广泛的植被光谱指数。NDVI 指数经过非线性的归一化处理，其值限定在[−1，1]范围内。图 4.2.2 展示了武汉地区的真彩色影像（图(a)）及其 NDVI 指数特征图（图(b)）。在 NDVI 指数特征图中，值小于 0 的区域一般表示水、云、雪；值约为 0 的区域一般表示裸土、岩石；值大于 0 的区域一般表示植被。因此，通过对 NDVI 指数设定特定的阈值，可提取有效的植被信息。

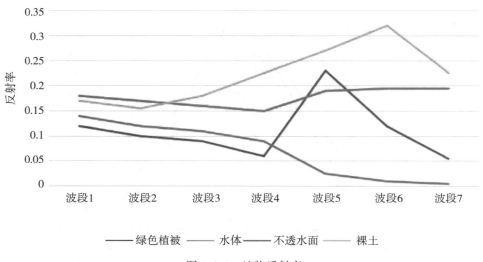

图 4.2.1　地物反射率

表 4.2.1　植被光谱指数

植被指数	公式	特点
归一化差分植被指数（Normalized Difference Vegetation Index，NDVI）	$\dfrac{\text{NIR}-\text{Red}}{\text{NIR}+\text{Red}}$	对绿色植物较为敏感，与植物分布密度呈线性关系，是植被生长状况和空间分布密度的最佳指标
土壤调节植被指数（Soil Adjusted Vegetation Index，SAVI）	$\dfrac{(1+L)\times(\text{NIR}-\text{Red})}{\text{NIR}+\text{Red}+L}$ L 值限定在 $[0,1]$，L 越大，土壤背景的影响越低	根据实际情况确定土壤调节系数 L 的值，以减轻土壤背景的干扰。SAVI 值限定在 $[-1,1]$，值越高表示植被越密集
大气阻抗植被指数（Atmospheric Resistance Vegetation Index，ARVI）	$\dfrac{\text{NIR}-(\text{Red}-\gamma(\text{Red}-\text{Blue}))}{\text{NIR}+(\text{Red}-\gamma(\text{Red}-\text{Blue}))}$ γ 为调节系数	使用蓝色波长来纠正大气散射的影响，常用于大气气溶胶浓度很高的区域。ARVI 值限定在 $[-1,1]$，一般情况下绿色植被区的 ARVI 值在 $[0.2,0.8]$
增强型植被指数（Enhanced Vegetation Index，EVI）	$\dfrac{G\times(\text{NIR}-\text{Red})}{\text{NIR}+C_1\times\text{Red}-C_2\times\text{Blue}+L}$ C_1、C_2 分别为红光和蓝光波段的调节系数，用于阻抗气溶胶等大气影响，L 为土壤调节指数，G 为增益系数	一定程度上能减少来自大气和土壤噪声的影响，稳定地反映植被情况，且对稀疏植被探测的能力更强。EVI 值限定在 $[-1,1]$，一般情况下绿色植被区的 EVI 值在 $[0.2,0.8]$

续表

植被指数	公式	特点
改进红边比值植被指数（Modified Red Edge Simple Ratio Index, mSR705）	$$\dfrac{\rho_{750}-\rho_{445}}{\rho_{705}+\rho_{445}}$$ ρ_{750} 表示 750nm 波长下的反射率，ρ_{705} 表示 705nm 波长下的反射率，ρ_{445} 表示 445nm 波长下的反射率	改正了叶片的镜面反射效应，可用于精细农业、森林监测等。一般情况下绿色植被区的 mSR705 值在[0.2, 0.8]
两波段的增强型植被指数（2-band Enhanced Vegetation Index, EVI2）	$$\dfrac{G\times(\mathrm{NIR}-\mathrm{Red})}{\mathrm{NIR}+\left(C_1-\dfrac{C_2}{c}\right)\mathrm{Red}+L}$$ $$c=\dfrac{\mathrm{Red}}{\mathrm{Blue}}$$	可用于无蓝色波段的传感器，以进行长期一致的植被观测

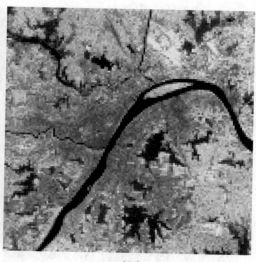

（a）　　　　　　　　　　　　　　（b）

图 4.2.2　真彩色影像（a）和 NDVI 指数特征图（b）

4.3　水体光谱指数

　　水体是城市非不透水面的主要组成部分，包括湖泊、河流、池塘等。在波长小于 $0.6\mu m$ 的可见光波段，水的吸收较少，大量可见光被透射，水面的反射率大约只有 5%。在可见光蓝波段，水体的发射率较强，具有明显的散射作用，这是水体呈蓝色的主要原因。伴随着波长的增加，水体的反射率不断降低，在近红外和短波红外波段，水体几乎吸收了全部的入射能量，反射率趋近于零。这一特征与建筑物、土壤和植被等非水体地物形成明显差异，成为圈定水体范围、研究水陆分界的主要依据。

根据植被指数 NDVI 的启示，利用水体反射特性，1996 年 McFeeters 提出了归一化差分水体指数(Normalized Difference Water Index，NDWI)，定义如下

$$NDWI = \frac{Green - NIR}{Green + NIR} \tag{4.3.1}$$

其中，Green 为可见光绿波段的反射值，NIR 为近红外波段的反射值。

非线性的归一化处理使得 NDWI 的比值限定在[-1，1]范围内。图 4.3.1 展示了武汉地区的真彩色影像(图(a))及其 NDWI 指数特征图(图(b))。在 NDWI 指数特征图上，值小于 0 的区域一般表示非水体；值大于 0 的区域一般表示水体。选定合适的阈值，即可有效地提取水体信息。值得注意的是，NDWI 虽然可以突显出水体信息，但是由于遥感场景的复杂性，影像中的阴影、暗不透水面与水体的光谱比较相似，这些区域的 NDWI 值也有较高的响应。

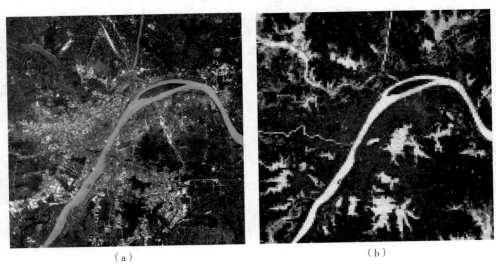

（a）　　　　　　　　　　　　　　　　（b）

图 4.3.1　真彩色影像(a)和 NDWI 指数特征图(b)

在 NDWI 指数之后，研究人员对水体光谱指数陆续进行了一些改进，取得了良好的水体提取效果。表 4.3.1 介绍了几种具有代表性的水体指数。

经过长期的发展，目前可使用的水体光谱指数种类繁多。在进行水体光谱指数的选取时，应根据水体具体类型的光谱特征进行选择。图 4.3.2 展示了不同类型的水体光谱特征(倪愿，2018)。

表 4.3.1　水体指数

水体指数	公式	特点
改进的归一化差分水体指数（Modified Normalized Difference Water Index，MNDWI）	$\dfrac{\text{Green}-\text{MIR}}{\text{Green}+\text{MIR}}$	能够有效地解决 NDWI 将建筑用地及其阴影错分为水体的问题，并对水体中杂质的传播、水体质量的转变等轻细特征有一定的敏感性
增强型水体指数（Enhanced Water Index，EWI）	$\dfrac{\text{Green}-\text{NIR}-\text{MIR}}{\text{Green}+\text{NIR}+\text{MIR}}$	能够有效地在居民地和半干涸河道进行识别
混合水体指数（Combined Index of NDVI and NIR for Water Body Identification，CIWI）	$\text{NDVI}+\text{NIR}+C$（C 为常数）	旨在解决水体与云、植被、城镇等其他信息的分离问题，能够明显地增强水体与城镇的分离度
归一化差异池塘指数（Normalized Difference Polarization Index，NDPI）	$\dfrac{\text{Green}-\text{Red}}{\text{Green}+\text{Red}}$	对提取小型池塘和低于 0.01hm^2 的水体更具有敏感性
修订型归一化差值水体指数（Revised Normalized Difference Water Index，RNDWI）	$\dfrac{\text{MIR}-\text{Red}}{\text{MIR}+\text{Red}}$	旨在提取密云水库中的水体，降低混合像元及山体阴影的影响
新型水体指数（New Water Index，NWI）	$\dfrac{\text{Blue}-\text{NIR}-\text{MIR1}-\text{MIR2}}{\text{Blue}+\text{NIR}+\text{MIR1}+\text{MIR2}}$	增加了 TM/ETM+影像的第 7 波段，拉大了水体指数值和非水体指数值之间的差异
改进型的组合水体指数（Modified Combined Index of NDVI and NIR for Water Body Identification，MCIWI）	$\text{NDVI}+\text{NDBI}+C$（$C$ 为常数）	有效地识别水体与建筑用地的混淆情况

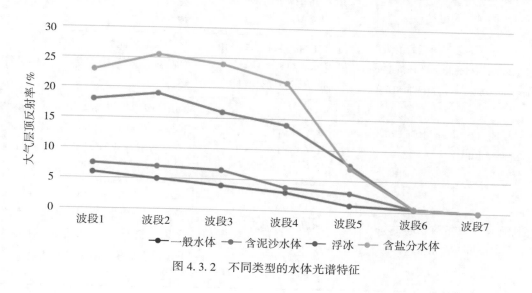

图 4.3.2　不同类型的水体光谱特征

4.4　不透水面光谱指数

不透水面是由沥青、沙子、混凝土等不透水建筑材料所覆盖的地物表面，具有不透水的性质。由于不透水面多是人类活动的产物，其面积与分布情况对规划城市发展具有重要的现实意义。

不透水面光谱指数的发展大致可以分为两个阶段。早期的不透水面光谱指数主要依据不透水面的光谱特性进行单一指数的构建。由于不透水面是一种较为复杂的土地覆盖类型，简单地使用原始的多光谱波段来构建相关指数，往往很难取得很高的精度突破，所提取的不透水面通常需要经过后续处理以去除其中虚景。为此，在现有的不透水面光谱指数的基础上，研究人员提出了以指数/分量波段代替影像原始光谱波段的方法。表 4.4.1 介绍了几种具有代表性的不透水面光谱指数。

表 4.4.1　不透水面光谱指数

不透水面指数	公式	特点
归一化差分建筑指数(Normalized Difference Built-up Index, NDBI)	$\dfrac{\text{SWIR}-\text{NIR}}{\text{SWIR}+\text{NIR}}$	能够较好地区分一般的不透水面。对于高反射的土壤，区分能力较差
归一化差分不透水面指数(Normalized Difference Impervious Surface Index, NDISI)	$\dfrac{\text{TIR}-(\text{MNDWI}+\text{NIR}+\text{MIR})/3}{\text{TIR}+(\text{MNDWI}+\text{NIR}+\text{MIR})/3}$	可用于大区域不透水面信息的提取。由于热红外波段分辨率较低，将加剧中分辨率影像的混合像元现象
归一化差分不透水面指数改进型(Modified Normalized Difference Impervious Surface Index, MNDISI)	$\dfrac{(\text{TIR}-\text{Light})-(\text{SAVI}+\text{MIR})}{(\text{TIR}+\text{Light})+(\text{SAVI}+\text{MIR})}$ (Light 表示夜间灯光亮度)	引入夜间灯光数据来抑制背景地物的信息。在使用前，需对水体进行掩膜
建设用地指数(Index-based Built-up Index, IBI)	$\dfrac{\text{NDBI}-(\text{SAVI}+\text{MNDWI})/2}{\text{NDBI}+(\text{SAVI}+\text{MNDWI})/2}$	选用不透水面指数、植被指数和水体指数来构建 IBI 指数，从理论上加大了不透水面与背景地物间的差异
生物物理组成指数(Biophysical Composition Index, BCI)	$\dfrac{(H+L)/2-V}{(H+L)/2+V}$ $H=\dfrac{\text{TC1}-\text{TC1}_{min}}{\text{TC1}_{max}-\text{TC1}_{min}}$	使用前需对水体进行掩膜。缨帽变换的三个分量分别用于表征亮不透水面、植被和暗不透水面信息。BCI 指数提取到的不透水面易与裸土混淆

续表

不透水面指数	公式	特点
	$$V=\dfrac{TC2-TC2_{min}}{TC2_{max}-TC2_{min}}$$ $$L=\dfrac{TC3-TC3_{min}}{TC3_{max}-TC3_{min}}$$ （TC1、TC2、TC3 分别代表缨帽变换的三个分量）	
组合建筑指数（Combinational Built-up Index，CBI）	$$\dfrac{(PC1+NDWI)/2-SAVI}{(PC1+NDWI)/2+SAVI}$$ （PC1 表示主成分变换后得到的第一成分）	采用分别代表建筑、水体、植被的 PC1、NDWI、SAVI 来构建新的指数

　　在众多的不透水面光谱指数中，NDBI 指数在计算复杂度和提取精度上取得了较好的平衡，目前已得到了广泛的应用。经过非线性的归一化处理，NDBI 值限定在[-1，1]范围内。图 4.4.1 展示了武汉地区的真彩色影像（图(a)）及其 NDBI 指数特征图（图(b)）。在 NDBI 指数特征图上，负值表示水体。在 0 到 1 范围内，NDBI 值越大，表明建筑用地比例越高，建筑密度越高。选择合适的阈值，即可提取建设用地。

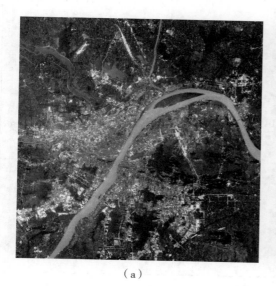

（a）　　　　　　　　　　　　（b）

图 4.4.1　真彩色影像(a)和 NDBI 指数特征图(b)

4.5 土壤光谱指数

土壤是表生环境下岩石的风化产物。由于土壤是岩矿经历不同的风化过程，且是在不同的生物气候因子和人类长期耕作活动的共同作用下形成的，因此土壤的类别多样，光谱特征较为复杂。当土壤的纹理、结构、水分、颜色和表面粗糙度发生变化时，其光谱特征也会随着变化。

目前，针对遥感土壤性质的研究进展较为缓慢，用于土壤提取的光谱指数也相对较少。表4.5.1介绍了几种具有代表性的土壤光谱指数。这些土壤光谱指数都具有共同的局限性，即指数是基于特定研究区域的样本制定的，可能缺乏对多个区域和不同土壤类型的适用性，难以进行大范围推广。因此，目前还没有权威的土壤光谱指数得到十分广泛的应用。

表 4.5.1 土壤光谱指数

土壤指数	公式	特点
归一化差分土壤指数（Normalized Difference Soil Index，NDSI）	$\dfrac{MIR-NIR}{MIR+NIR}$	利用裸土在中红外波段反射率最高的特性，将中红外波段和近红外波段进行组合
裸土指数（Bare Soil Index，BI）	$\dfrac{(Red+SWIR)-(Blue+NIR)}{(Red+SWIR)+(Blue+NIR)}$	旨在增强森林覆盖中的裸土，没有充分考虑到不透水表面的影响
归一化差分裸地指数（Normalized Difference Bareness Index，NDBaI）	$\dfrac{MIR-TIR}{MIR+TIR}$	引入热红外波段以提高土壤识别的准确性，通过减少颗粒度改善土壤提取结果的整体表现
归一化差分裸露土壤指数（Normalized Difference Bare Soil Index，NDBSI）	$\begin{cases} -\left\|\dfrac{SWIR-Blue}{SWIR+Blue}\right\|, & k<0 \\[2mm] \dfrac{SWIR-Blue}{SWIR+Blue}, & k>0 \end{cases}$ $k=\left(1-\dfrac{SWIR-NIR}{3\times\|NIR-Red\|}\right)\times(Red-Green)$	能较为有效地区分裸土和不透水表面，且在识别红砖裸土方面表现出良好的性能

在上述土壤光谱指数中，BI指数由于出现时间较早，应用相对广泛。图4.5.1展示了武汉地区的真彩色影像(图(a))及其BI指数特征图(图(b))。在BI指数特征图上，土壤

的亮度值最高。

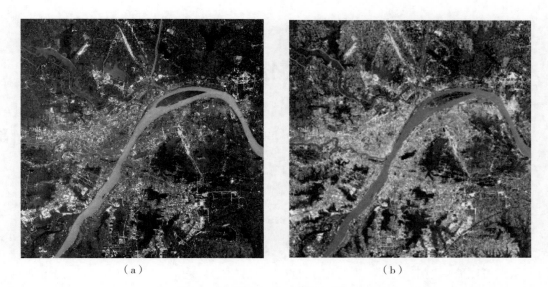

（a）　　　　　　　　　　　　（b）

图 4.5.1　真彩色影像(a)和 BI 指数特征图(b)

第 5 章　遥感图像空间特征

遥感图像的空间信息通过图像的像元值在空间上的变化反映出来，包括图像上有实际意义的点、线、面或者区域的纹理、形状、三维信息等都属于空间信息。

5.1　Harris 角点特征

角点可以简单地定义为轮廓之间的交点，严格的定义是指在两个主方向上的特征点，即在两个方向上灰度变化剧烈。通常具有以下特征：角点附近的像素点不论在梯度方向上还是在梯度幅值上都存在较大的变化；对于某一场景，当视角发生变化时，其仍具备稳定性质的特征。在图像中搜索有价值的特征点时，使用角点是一种不错的方法。角点是很容易在图像中定位的局部特征，并且大量存在于人造物体中（例如墙壁、门、窗户、桌子等产生的角点，图 5.1.1 展示了不同类型的角点）。角点的价值在于它是两条边缘线的接合点，是一种二维特征，可以被精确地定位。

图 5.1.1　不同类型的角点

正射影像　　　　　　　　Harris　　　　　　　　Harris阈值分割

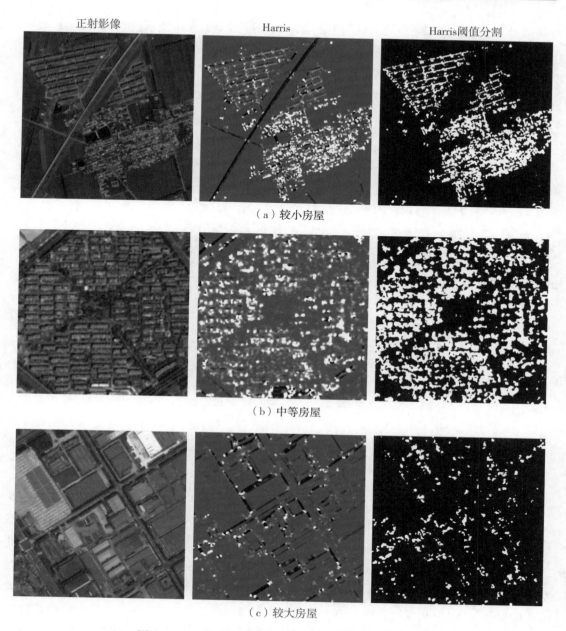

（a）较小房屋

（b）中等房屋

（c）较大房屋

图 5.1.2　Harris 角点特征对不同大小房屋的响应程度

　　Harris 角点检测算子(简称 Harris)是一种使用最广泛的局部特征点检测算法,其基本原理是通过定义一个小窗口并在图像的各个方向上移动这个小窗口,如果窗口内的灰度发生了显著变化,则认为窗口内存在角点;如果在任何方向上都不发生变化,则是均匀区域;如果灰度只在一个方向上发生变化,则可能是图像边缘。Harris 作为一种有效的点特征提取算子，它具有以下优点：①计算简单。Harris 算子中只用到灰度的一阶差分，操作简单。②提取的点特征均匀而且合理。Harris 算子对图像中的每个点都计算其兴趣值，然后在领域中选择最优点。③可定量地提取特征角点。

Harris 的实现是基于自相关函数来度量图像中每个像元在其邻域内的灰度变化强度，计算公式如下：

$$H(\boldsymbol{M}) = \det(\boldsymbol{M}) - k\,\mathrm{tr}^2(\boldsymbol{M}) \tag{5.1.1}$$

式中，$\det(\boldsymbol{M})$ 和 $\mathrm{tr}(\boldsymbol{M})$ 分别表示矩阵 $\boldsymbol{M}$ 的行列式和迹；k 为经验常数，一般取值范围在 $[0.04, 0.15]$。矩阵 $\boldsymbol{M}$ 是一个实对称矩阵，用于描述像元 (x, y) 局部邻域内的灰度结构信息，由式(5.1.2)计算得到：

$$\boldsymbol{M} = G(x, y) \otimes \begin{bmatrix} B_x^2 & B_x B_y \\ B_x B_y & B_y^2 \end{bmatrix} \tag{5.1.2}$$

式中，B_x 和 B_y 分别表示亮度图 B 在水平和垂直方向的偏导数，$G(x, y)$ 表示高斯函数，$\otimes$ 为卷积操作。图 5.1.2 展示了 Harris 特征对不同大小房屋的响应程度，通过对该特征进行阈值分割，得到房屋角点位置，可以看到该特征对较小和中等房屋的提取效果较好，而对面积较大的房屋(如工厂厂房、商业大楼)特征点稀疏。

5.2 纹 理 特 征

5.2.1 灰度共生矩阵

灰度共生矩阵(Gray-level Co-occurrence Matrix，GLCM)基本原理是计算局域范围内像元灰度级共同出现的频率，不同的空间关系和纹理会产生不同的共生矩阵，以此来区分不同的纹理和结构特性。具体来说，GLCM 是一个遥感影像纹理分析的常用方法，通过度量出现在指定距离 r 和方向 θ 的两个像素灰度值的相关性，可以描述影像局部区域内的平面空间关系。在计算 GLCM 之前，为了减小灰度共生矩阵的大小，降低计算量，通常将影像的灰度量化为 N_g 个灰度级。在本节中，用偏移向量 $\boldsymbol{\Delta} = (\Delta_x, \Delta_y)$ 来定义像素对的相对空间位置，它表示两个邻域像素在行、列方向的偏移量，相应的像素对之前的距离和方向可以分别被表示为 $r = \sqrt{\Delta_x^2 + \Delta_y^2}$ 和 $\theta = \arctan(\Delta_y/\Delta_x)$。给定偏移向量 $\boldsymbol{\Delta}$，GLCM 中的元素 (i, j) 可以通过统计一个滑动窗口内的像素对灰度值的共生频率得到(Haralick et al., 1973)，如式(5.2.1)所示：

$$P(i, j, \boldsymbol{\Delta}) = \#\left\{ \begin{matrix} (x_1, y_1), (x_2, y_2) \in S \mid [x_2 - x_1, y_2 - y_1] = \boldsymbol{\Delta} \\ I(x_1, y_1) = i, \quad I(x_2, y_2) = j \end{matrix} \right\} \tag{5.2.1}$$

其中，# 表示式(5.2.1)的集合中所包含的元素数，滑动窗口区域内包含 $W_x \times W_y$ 个像素（W_x 和 W_y 是滑动窗口的大小），其位置可以表示为 $S = \{(x,\ y) \mid x \in D_x,\ y \in D_y\}$，其中，$D_x = \{0,\ 1,\ \cdots,\ W_x - 1\}$ 和 $D_y = \{0,\ 1,\ \cdots,\ W_y - 1\}$ 分别代表水平、垂直空间域，并且 $I(x_1,\ y_1)$ 和 $I(x_2,\ y_2)$ 是两个分别位于 $(x_1,\ y_1)$，$(x_2,\ y_2) \in S$ 的像素的灰度级。图 5.2.1 展示了从 ZY-3 正视影像的一个区域内生成的灰度共生矩阵，采用的偏移量为 $r = 1$、$\theta = [0°,\ 45°,\ 90°,\ 135°]$。通常，将 GLCM 中每个元素除以满足预定义的空间关系的像素对的总数来对其进行标准化。常用的统计测度与统计特性如表 5.2.1 所示。

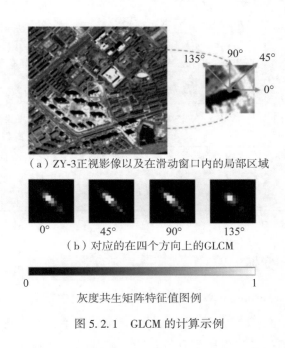

（a）ZY-3 正视影像以及在滑动窗口内的局部区域

0°　　45°　　90°　　135°

（b）对应的在四个方向上的 GLCM

0 ———————————————— 1

灰度共生矩阵特征值图例

图 5.2.1　GLCM 的计算示例

表 5.2.1　灰度共生矩阵常用的统计测度与统计特性

GLCM 纹理统计测度	计算公式	统计特性
均值（Mean）	$\mathrm{Mean} = \dfrac{1}{n \times n} \sum_i \sum_j f(i,\ j)$	窗口内的平均灰度值
方差（Variance，简称 Var）	$\mathrm{Var} = \sum_i \sum_j (f(i,\ j) - \mu_{n \times n})^2$	窗口内的方差。当该区域内的灰度变化较大时，其值较大
熵（Entropy，简称 ENT）	$\mathrm{ENT} = -\sum_i \sum_j f(i,\ j) \log[f(i,\ j)]$	熵代表影像的无序（disorder）程度。异质性纹理区域通常有较大的熵值，当影像特征为完全随机性纹理时，达到最大值

GLCM 纹理统计测度	计算公式	统计特性
角二阶矩（Angular Second Moment，简称 ASM）	$\mathrm{ASM} = \sum_i \sum_j (f(i, j))^2$	也称作能量（Energy），角二阶矩是影像同质性的度量，区域内像素值越相似，同质性越高，ASM 值越大。角二阶矩和熵测度是反相关的
同质性（Homogeneity，简称 HOM）	$\mathrm{HOM} = \sum_i \sum_j \dfrac{f(i, j)}{1 + (i - j)^2}$	同质性是影像纹理相似性的度量，其值越高代表局部区域缺乏变化，具有较小的灰度差异
对比（Contrast，简称 CON）	$\mathrm{CON} = \sum_i \sum_j (i - j)^2 f(i, j)$	表示领域内灰度级的差异。影像的局部变化越大，其值越高
不相似性（Dissimilarity，简称 DIS）	$\mathrm{DIS} = \sum_i \sum_j \mid i - j \mid f(i, j)$	与 Contrast 类似，局部对比度越高，其值越大
相关性（Correlation，简称 COR）	$\mathrm{COR} = \dfrac{\sum_i \sum_j (i - \mu_i)(j - \mu_j) f(i, j)}{\sigma_i \sigma_j}$	相关性是影像灰度线性相关的度量，线性相关的极端情况代表完全的同质性纹理

5.2.2 小波纹理变换

小波变换（Wavelet Transform，WT）是 20 世纪 80 年代中期发展起来的应用数学理论，由于其良好的时频局部化特征、尺度变化特征和方向性特征，使得其在影像纹理分析上取得了很大的进步。Mallat(1989)发展了基于正交小波基的多分辨率分析方法，它能获得由粗到细的影像分辨率信息并提取每个分解层的高频与低频特征。对于影像中的每个像元 (i, j)，它在 $2l$ 分辨率的小波系数可以用以下卷积计算：

$$\mathrm{LL}_{l+1}(i, j) = \sum_{m=0}^{D_l-1} \sum_{n=0}^{D_l-1} \phi_l(m) \phi_l(n) \mathrm{LL}_l(i + m, j + n) \qquad (5.2.2)$$

$$\mathrm{LH}_{l+1}(i, j) = \sum_{m=0}^{D_l-1} \sum_{n=0}^{D_l-1} \phi_l(m) \psi_l(n) \mathrm{LL}_l(i + m, j + n) \qquad (5.2.3)$$

$$\mathrm{HL}_{l+1}(i, j) = \sum_{m=0}^{D_l-1} \sum_{n=0}^{D_l-1} \psi_l(m) \phi_l(n) \mathrm{LL}_l(i + m, j + n) \qquad (5.2.4)$$

$$\mathrm{HH}_{l+1}(i, j) = \sum_{m=0}^{D_l-1} \sum_{n=0}^{D_l-1} \psi_l(m) \psi_l(n) \mathrm{LL}_l(i + m, j + n) \qquad (5.2.5)$$

式中，D_l 代表分辨率为 l 时的小波滤波长度，m 和 n 为整数；$\phi(\cdot)$ 是一维尺度函数，表示低频滤波，提供低频信息；$\psi(\cdot)$ 是一维小波函数，表示高频滤波，提供高频信息。分解过程如图 5.2.2 所示。图(a)是下采样的小波分解，得到的子影像是上一层影像宽度的 $1/2$，采用隔行(列)抽样的方式，较多地用于影像压缩；图(b)是取消抽采的小波变换，也称为过完全小波分解，得到的子影像与原始影像大小相同。

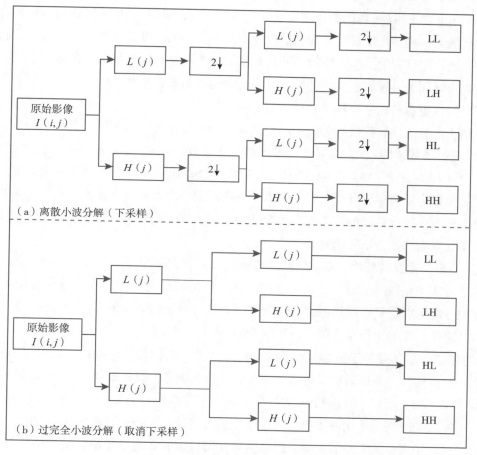

图 5.2.2 多分辨率小波分解示意图

在式(5.2.2)~式(5.2.5)中，LL_l 表示原始影像分辨率为 l 的低频成分，在小波分解中它被分成了 4 个子波段：低分辨率近似波段 LL，以及 3 个细节影像 HL，LH 和 HH，分别表示水平、垂直和对角的高频细节信息。图 5.2.2(a)中的 2↓ 表示对生成的信号进行下采样(down-sam pling)，即隔行取 1 或隔列取 1。这种下采样方案被实验证实对于数据压缩是非常有效的，对于特征提取而言，也可以选择过完全(over-complete)小波分解，也叫静态小波变换（Stationary Wavelet Transform，SWT），因为过滤掉的部分可能是噪声或者冗余的信息，也可能是影像的细节、边缘信息，这些信息可能代表影像的特征或者特征的变化。

小波纹理特征已被广泛应用于遥感影像纹理分类。例如，使用小波变换提取 GOES-8影像的纹理特征，并与神经网络结合分类，提取不同种类云层的纹理信息。由于小波变换能够有效地提取影像的多方向、多频率纹理信息，进一步采用离散小波变换对不同窗口（16×16，32×32 和 64×64）的影像多尺度纹理进行分析，以 QuickBird 城市影像中提取的树木为测试场景，将多尺度纹理特征和空间自相关、分形维数以及灰度共生矩阵纹理特征进行比较。通过比较灰度共生矩阵和小波纹理特征对于森林和非森林植被的区分能力，发现灰度共生矩阵作为一种微观、局部纹理，小波变换作为一种整体、宏观纹理，它们能够相互补充，组成更有效的联合特征。

归纳小波分解在影像纹理分析中的应用发现存在以下关键问题：

（1）分解层数，即 l 的确定：小波分解的最佳层数 l 应该以小波系数能量值到达稳定为指标，即以 l 层与（$l-1$）层的差值或比值是否稳定来判断。但一个自适应问题的最终解决方案还是要以应用目标为导向，即要考虑感兴趣问题与影像特性之间的关系。如果以分类为目的，应该以特征空间的离散度和可分性为准则，如果关注某个特定目标，应该以该目标的光谱、空间特征为依据来选择。

（2）多频率信息的利用，即如何使用提取出的不同尺度、不同频率的信息。通常的做法是将多分辨率多频率信息组合成一个多维或高维的特征向量，以表示信号的小波特征。由于小波分解可以得到不同层的多频道信息，如果考虑遥感影像的多波段特性，会导致高维的特征空间，需要进行维度降低（即去冗余操作）。

（3）基于窗口还是基于影像，小波分解可以以整个影像为整体实施，也可以以每个像元为中心开窗运算，然后对窗口进行小波分解和特征提取。总结近年来小波纹理特征提取的文献可以发现，早期的小波研究，如 Tian 等（1999），Fukuda 和 Hirosawa（1999），Acharyya 等（2003）都是采用基于窗口的小波变换，这种方式需要可观的计算时间，而且小波分解的层数受到窗口大小的影响，同时会导致窗口效应和边缘模糊。关于 WT 用于高分辨率影像的早期实验，如 Myint 等（2004）也是使用基于窗口的小波变换，同样存在以上问题。近些年，关于小波分解的文献大多使用影像的整体变换，而且，Huang 等（2008）的研究表明：基于整体影像变换的小波纹理特征对于不同地物特性的描述能力，并不亚于基于窗口的 WT 纹理特性，但前者需要更少的运算时间和更高的效率。基于影像的 WT 纹理提取必须使用无下采样的小波变换，以保持不同尺度的子影像有相同的影像大小。

（4）小波分解的基影像（Basic Image），由于遥感影像的多、高光谱性质，不同波段的小波纹理特征差异并不明显，因此需要考虑小波变换的基影像。通常的思路是用 PCA 变换后的主成分波段、Green 波段，以及近红外波段。

案例5.2.1　使用高光谱-高空间分辨率影像进行地物的纹理特征提取与分类

　　为了测试纹理特征对于高分辨率遥感影像分类的作用，本小节使用标准化测试数据 Washington Mall 航空影像对以上 2 种纹理特征进行分类测试。实验影像和区域如图 5.2.3 所示，实验中对每种纹理特征都采用光谱-纹理特征混合叠加的方式，用径向基核函数的支持向量机 RBF-SVM 进行解译。

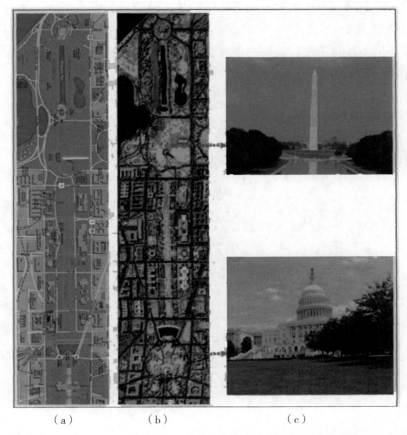

（a）　　　　　　（b）　　　　　　　　（c）

图 5.2.3　研究区域的数字地图(a)、彩红外影像(b)和部分实地拍摄的影像资料(c)

1. GLCM 纹理测试

对 GLCM 的 4 种纹理测度进行测试，分别表示同质性纹理的 Homogeneity（HOM）、

Angular Second Moment(ASM)和表示异质性纹理的 Entropy(ENT)、Dissimilarity(DIS)。计算采用 5 种不同的分析窗口：3×3，5×5，7×7，9×9，11×11，最后的纹理对 4 个方向的特征取平均得到。结果如图 5.2.4 所示。

图 5.2.4 中横轴是纹理分析的窗口大小，1 表示纯光谱分类的结果(不含纹理信息)，纵轴是混淆矩阵的总体精度 OA。实验结果如下：

(1)除了 3×3 的 DIS 以外，纹理特征的加入都能够不同程度地改善光谱分类的结果，DIS(9×9)，HOM(7×7)，ENT(11×11)和 ASM(5×5)相对于光谱分类的精度分别提高了 7.6%，5.85%，4.54%和 3.04%。

(2)窗口大小显著影响着纹理分类的结果，从实验结果来看，窗口从 3 到 11，分类的精度逐渐上升到达稳定。

(3)对于不同的纹理测度，效果的差异也非常明显，异质性指数 DIS 在实验中效果最好，同质性指数 HOM 次之。

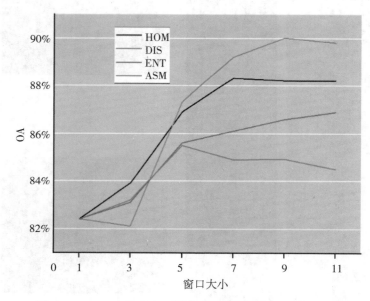

图 5.2.4　GLCM 纹理在不同窗口、不同测度下的精度统计

2. 小波纹理测试

多层小波纹理特征的测试结果如图 5.2.5 所示，图(a)是基影像为第一主成分(PCA)的精度图；图(b)是基影像为近红外波段(IR)时的精度。Feature1 和 Feature2 分别表示平均纹理特征和归一化纹理特征。L1 表示第 1 层纹理特征，L1～L2 表示第 1 层和第 2 层纹

理特征的叠加。分析图 5.2.5 的实验结果，可以发现：

（1）总体上来说，基于 PCA 的纹理提取要好于近红外波段，多层纹理叠加的效果要好于单层纹理；

（2）总体上，使用平均纹理特征的效果要优于使用归一化纹理特征，当多层纹理特征叠加时这种差异更为明显；

（3）使用单层信息时，高层特征的影像分辨率过低时（如 L4，L5），无法有效描述某些地物的特征（特别是小尺度的目标），其结果往往不如低层纹理（如 L1，L2）。

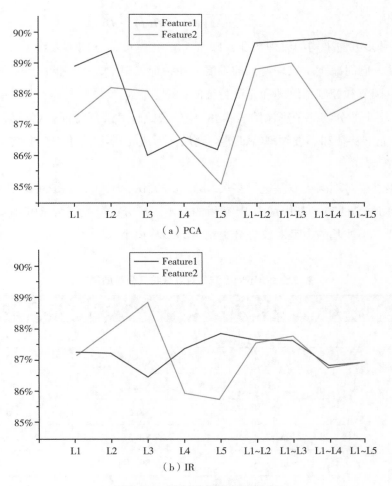

图 5.2.5　小波纹理的测试精度

为了测试不同的小波基对 SWT 纹理特征提取的影响，本案例采用基于整景影像变换的小波纹理特征提取算法，具体步骤如下：

(1)选择小波分解的基影像,如第一主成分、红外波段或者 NDVI(针对植被区域),同时选择小波基(如 haar,db,bior 等)。

(2)选择小波分解的层数 L,用静态小波分解对原始影像 I 实施小波变换,得到 L 层的子影像。

(3)对每一层小波系数计算以下特征:

$$F1(l) = \frac{V(l) + H(l) + D(l)}{3} \tag{5.2.6}$$

$$F2(l) = \frac{V(l) + H(l) + D(l)}{A(l) + V(l) + H(l) + D(l)} \tag{5.2.7}$$

特征 F1 是多方向平均的纹理特征,F2 是归一化特征,它们都去除了方向的影响,具备方向无关性,同时减少了纹理特征的维度,使特征更集中,每层的纹理特征维数由 3 维减少到 1 维,调节和控制了纹理和光谱特征的比例。

(4)对每层小波分解的子影像用步骤(3)中的公式计算纹理特征,直至第 L 层。

(5)将多光谱特征和小波纹理特征进行叠加,形成光谱-纹理混合特征空间,用支持向量机 SVM 进行解译。

通过上述过程对不同小波基进行多层纹理算法测试,表 5.2.2 是测试结果,实验采用前 3 层纹理(L1+L2+L3),基影像为 PCA 后的第 1 主成分,分类器为 RBF-SVM。从表中的数据可以看到,小波基的类型对纹理分类精度的影响很小。

表 5.2.2　不同小波基对纹理特征分类的影响

小波基		OA/%	Kappa
haar	haar	90.3	0.884
daubechies(db)	db4	89.6	0.875
	db6	89.4	0.873
	db8	88.5	0.862
bior	bior2.4	89.3	0.872
	bior3.3	89.0	0.868
	bior3.7	89.0	0.869
	bior4.4	88.5	0.863
	bior5.5	89.2	0.870

5.3　形 状 特 征

　　形状通常是指物体或图形由外部的面或线条组合而呈现的外表。同一地物由于图像获取方式的不同，其形状可能不完全相同。例如，空中俯视地物图像与侧视和斜视的地物图像不同。通过比较中心投影图像、侧视雷达图像、热红外图像和小比例尺图像，可以发现形状上的差异。

　　高分辨率影像能够分辨地物的形状、尺寸以及相邻地物之间的空间关系，通过对影像进行形状特征分析，可以反映地物的几何形状和上下文特性。形状特征分析可以基于像素层和对象层进行特征表达，像素层分析直接计算影像像元的形状特征，对象层分析需要首先获取特征对象，然后计算对象的面积、周长、长宽比等测度。对象形状指数反映分割对象的几何形状特性，可用于描述具有显著形状特点的地物结构，例如，道路、河流呈线性结构，建筑物、池塘呈规则矩形，这些特征可以作为辅助特征提高地物的可分性。表5.3.1 列举了常用的对象形状指数特征（Definiens，2009）。

表 5.3.1　对象形状指数常用测度描述

对象形状指数	描　　述
面积（area）	对象面积大小
边界长度（border length）	对象边界长度，包括外部边界和内部边界
边缘指数（border index）	描述对象边界的粗糙程度
长宽比（length-width ratio）	描述对象的长宽比
不对称性（asymmetry）	描述对象的相对长度
紧致度（compactness）	描述对象形状的紧致程度
密度（density）	描述对象像素的空间分布
形状指数（shape index）	描述对象的光滑程度

　　在对象层次描述地物形状的技术属于面向对象的遥感影像解译技术（见7.3节），需要先获取地物在影像中的斑块（见7.3.1节），然后在斑块上计算如表5.3.1中所述的指数。在本节中，我们主要介绍在像素层次描述地物形状的两种方式。

5.3.1　像元形状指数

　　灰度共生矩阵（GLCM）、小波变换等方法能有效地提取影像的纹理特征，并补充光谱信息的不足。但是,上述传统方法并非伴随高分辨率影像的出现而产生,方法没有充分考虑高分辨率影像的特点,如针对形状、结构、大小等视觉更敏感的要素进行特征提取。因此,利用高分辨率影像的特点,专门设计一种针对该影像的特征提取方法显得尤为重要。本节介绍像元形状指数(Pixel Shape Index,PSI),其主要特点是:

(1)是一种描述局域形状特征的空间指数;

(2)计算具备光谱相似性的邻接像元组的维数;

(3)能够探测 20 个以上的方向;

(4)计算代价较小。

PSI 的设计原则:为了获得像元周围空间上下文的特征,利用相邻像元的光谱相似性;为了减少同质区域的光谱变化与噪声,使处于相同形状区域内的像元具有相似的特征值;为了充分使用高分辨率遥感影像的细节特征,区分不同区域像元之间的特征值。在计算 PSI 时,先定义一系列相隔一定角度、由中心像元向不同方向发散的线段,这些线段的长度由周围像元的光谱同质性测度与阈值来决定。PSI 的计算是通过统计围绕中心像素的一系列方向线的长度来实现。例如,图 5.3.1 表示的是中心像元与周围像元构成的方向线。

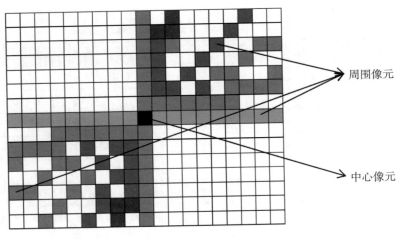

图 5.3.1 方向线示意图

PSI 的计算步骤如下:

(1)异质性测度:

$$\mathrm{PH}_d(K,\ X) = \sum_{S=1}^{n} |P_s(K) - P_s(X)| \tag{5.3.1}$$

式中,$\mathrm{PH}_d(K,\ X)$ 表示当前的邻域像元 K 在第 d 条方向线上的异质性测度值;$P_s(X)$ 表示中心像元在波段 s 上的光谱值;$P_s(K)$ 表示当前(邻域)像元 K 在波段 s 上的光谱值;n 代表波段数。式(5.3.1)的优势是计算简便，适合大数据量运算，但是，当可用的波段数较多的时候，该式并没有充分考虑到不同光谱波段的差异，在这种情况下，PSI 将采用光谱角匹配(Spectral Angle Match，SAM)的方法计算多/高光谱的相邻像素异质性：

$$\mathrm{PH}_d(K,\ X) = \arccos\left[\frac{\sum\limits_{s=1}^{n} p_s(K) \cdot p_s(X)}{\left[\sum\limits_{s=1}^{n} (p_s(X))^2\right]^{\frac{1}{2}} \left[\sum\limits_{s=1}^{n} (p_s(K))^2\right]^{\frac{1}{2}}}\right] \tag{5.3.2}$$

(2)方向线的扩展：每条方向线都按照特定的规则从中心像元出发朝两边同时扩展，第 i 条方向线扩展的条件是：

①光谱约束条件：$\mathrm{PH}_d(K,\ X) \leqslant T_1$，即当前像元的异质性小于阈值 T_1，异质性较大的点不被该方向线所接受；

②空间约束条件：$L_d(X) \leqslant T_2$，即该方向线的长度小于阈值 T_2，防止方向线的无休止扩展，同时控制计算时间。

(3)方向线长度计算，提供两种方法：

①欧氏距离(Euclidean Distance)：

$$L_d(K) = \sqrt{(m^{e1} - m^{e2})^2 + (n^{e1} - n^{e2})^2} \tag{5.3.3}$$

②街区距离(City-Block Distance)：

$$L_d(K) = \max(|m^{e1} - m^{e2}|,\ |n^{e1} - n^{e2}|) \tag{5.3.4}$$

式中，$(m^{e1},\ n^{e1})$ 表示该方向线一端的像元坐标行列号；$(m^{e2},\ n^{e2})$ 表示另一端点的行列号。欧氏距离是默认的方向线长度计算方法，能有效地表示不同方向线的差异，也可以采用街区距离快速计算长度。

(4)计算中心像元 x 的全部 D 条方向线，得到该像素的方向线直方图 $H(x) = \{x \in I | L_1(x),\ \cdots,\ L_d(x),\ \cdots,\ L_D(x)\}$。形状指数定义为方向线直方图的均值：

$$\mathrm{PSI}(x) = \frac{1}{D}\sum_{d=1}^{D} L_d(x) \tag{5.3.5}$$

(5)遍历整个影像，重复步骤(1)~(4)，得到影像每个像元的 PSI 值。

整体计算流程如图 5.3.2 所示。

PSI 共有 3 个参数：光谱约束阈值 T_1、空间阈值 T_2 和方向线总数 D。它们在影像特征提取中的功能分别是：D 控制方向线的夹角，它表示 PSI 对空间邻域特征的描述能力，D 越大，方向线越密集，夹角越小，对邻域形状的探测越准确；T_1 是同质性阈值，它与同一形状区域内像元灰度的变化程度有关(可取类内方差的均值，类别的平均差异)；T_2 是空间扩展阈值，表示方向线延伸的长度限制，它和目标的探测尺度及影像分辨率有关。在实验中，T_1 和 T_2 需要根据具体的影像特性来设置。T_1 的估计值为：各类样本均值的欧氏距

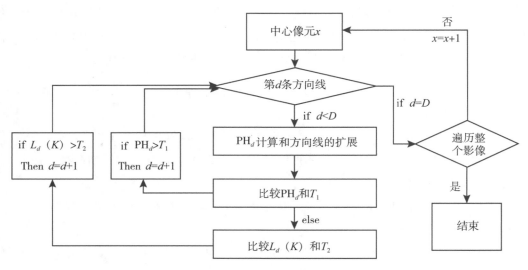

图 5.3.2　PSI 算法流程图

离的方差，即平均类间距离的平方根；T_2 在特征提取中表现为尺度因子；参数 D 一般取常数 20，由于 20 个不同方向已经具备较强的探测能力，更多的方向数会大幅增加计算负荷，但其对精度的提升较小。PSI 有效地表示了像元的空间形状特征，较传统方法在高分辨率遥感影像特征信息提取中能够获得更好的效果。

5.3.2　形状特征集合

如式（5.3.5）所示，PSI 仅计算了方向线的平均长度作为像素邻域的形状结构因子，并没有充分利用方向线直方图提供的多方向各向异性特征。因此，有必要根据方向线直方图提供的丰富信息，提取影像上下文的不同结构特征，以描述不同类型的对象。针对这一问题，本节介绍一种形状特征集合（Structural Feature Set，SFS），旨在更全面地提取影像的各向异性结构特性，该集合包括 6 个算子：长（length）、宽（width）、长宽比（length-width ratio）、PSI、加权 PSI（weighted-PSI）、方差（standard deviation，SD）。如果对每个影像波段都计算以上 6 个特征，必然会造成高维数据空间，且存在较大特征空间冗余，对某一景影像而言，不一定需要所有的形状特征。所以，在提取 SFS 之后，需要采用维数减少的方法，对得到的多、高维特征空间进行自适应选择。针对复杂的结构特征、光谱-结构混合特征，采用机器学习等非参数分类器去解译维数减少后的特征。

基于结构特征扩展算法进行影像分类的流程如图 5.3.3 所示：SFS—特征选择—光谱-结构混合特征—非参数分类器。

结构特征提取 SFS 首先求得每个像素 x 的方向线直方图（计算过程见 5.3.1 小节）：

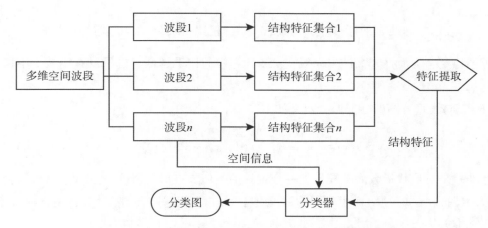

图 5.3.3　基于结构特征扩展算法进行影像分类的流程

$H(x) = \{x \in I \mid L_1(x), \cdots, L_d(x), \cdots, L_D(x)\}$，其中 $L_d(x)$ 表示第 d 条方向线的长度。从 D 维的方向线直方图提取以下 6 维结构特征：

(1)长度，定义为直方图的最大值，表示该像素沿某一方向的最长同质性距离：

$$\text{length}(x) = \max_{d=1}^{D} (L_d(x)) \tag{5.3.6}$$

(2)宽度，定义为直方图的最小值，表示该像素沿某一方向的最短同质性距离：

$$\text{width}(x) = \min_{d=1}^{D} (L_d(x)) \tag{5.3.7}$$

(3)长宽比，定义为宽度与长度的比值，描述中心像素邻域的形状轮廓：

$$\text{ratio}(x) = \arctan \frac{\sum_{j=1}^{n} \text{sort}_{\min}^{j}(H(x))}{\sum_{j=1}^{n} \text{sort}_{\max}^{j}(H(x))} \tag{5.3.8}$$

式中，$\text{sort}_{\max}^{j}(H(x))$ 和 $\text{sort}_{\min}^{j}(H(x))$ 分别表示对方向线直方图按长度排序，最大的第 j 个和最小的第 j 个特征值。之所以取 n 个最大值的和与 n 个最小值的和作比，是为了提取更稳健的长宽比，避免极端的情况发生。

(4)形状指数，直方图的平均值，综合描述上下文的形状信息：

$$\text{PSI}(x) = \frac{1}{D} \sum_{d=1}^{D} L_d(x) \tag{5.3.9}$$

(5)加权形状指数，定义如下：

$$W - \text{PSI}(x) = \frac{1}{D} \sum_{d=1}^{D} \frac{(L_d(x) - 1) \times L_d(x)}{\text{SD}_d} \tag{5.3.10}$$

式中，SD_d 表示方向线 d 的标准差，与式(5.3.9)相比，式(5.3.10)增加的权重 $\dfrac{L_d(x)-1}{SD_d}$ 表示越不稳定、异质性越高的方向线在 PSI 计算中的权重越低，也可以看作减少不稳定方向线的长度。

(6)方向线直方图的标准差，定义如下：

$$SD(x) = \frac{1}{D-1}\sqrt{\sum_{d=1}^{D}\left(L_d(x)-PSI(x)\right)^2} \qquad (5.3.11)$$

标准差是对形状指数的补充。如一个狭长的类似长方形的目标(比如道路)可能会与一个方形的特征(比如房屋)产生相同的 PSI 或者 length，但它们方向线直方图的分布却不同，可以用标准差进行区分。

案例5.3.1 使用 QuickBird 影像进行地物的形状特征提取与分类

本案例包括两个部分，第一部分测试 PSI 对于高分辨率多光谱影像特征提取的能力，测试影像为北京 QuickBird 数据；第二部分测试 SFS，比较 PSI 与 SFS 的分类能力，测试影像为北京 QuickBird 数据。

1. 利用 PSI 进行地物形状特征提取

实验区域选择在北四环昆明湖东侧的城区，如图 5.3.4(a)所示，相应区域的 QuickBird 影像如图(b)所示，影像的上半部分包括颐和园的仁寿殿、文昌院、德和园。

图 5.3.4(b)的 QuickBird 影像是经过全色波段锐化的 RGB 波段，空间分辨率为 0.61m，影像大小为 1420×460 个像素，PSI 参数设置为：$T_1=100$，$T_2=50$，T_1 值取平均类间距离的平方根，由训练样本估计得到，T_2 值取影像长度、宽度最小值的 1/10。实验同时提取该影像的 GLCM 特征，以验证和比较 PSI 的效果。GLCM 采用 7×7 窗口，计算均值、方差、对比度 3 个统计量。空间特征 PSI 和 GLCM 都分别与 QuickBird 的多光谱波段组合成新的特征矢量，输入 SVM 分类器。结果如图 5.3.5 所示。其每类用户精度和整体精度统计如表 5.3.2 所示。

表 5.3.2 图 5.3.5 的分类精度统计表

特征	水体	树木	草地	房屋	裸地	道路	阴影	OA	Kappa
RGB	99.9	75.1	81.22	53.6	99.2	79.6	95.3	74.6	0.682
GLCM	99.9	83.6	73.4	55.6	98.6	82.0	95.3	78.6	0.739
PSI	99.9	83.6	**78.2**	**97.8**	**98.8**	**82.1**	95.3	**85.7**	**0.823**

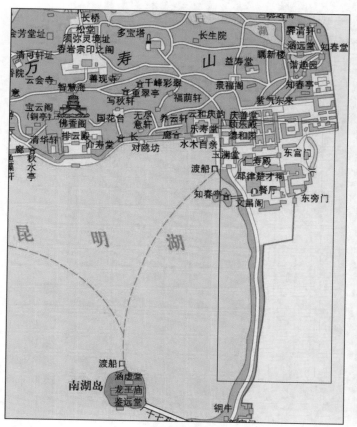

（a）昆明湖东侧地图

（b）QuickBird影像

图5.3.4 测试区域地图与相应区域的 QuickBird 影像

从表5.3.2中观察到，相对于光谱特征和 GLCM 特征，PSI 能够把 OA 分别提高11.1%和7.1%。在保持了水体、草地、裸地和阴影的识别精度的同时，大幅度提高了房屋和道路的提取精度。这是由于房屋和道路一般有相似的光谱反射特性，这两类地物在中低分辨率影像上通常归为一类：城市不透水层，只有影像分辨率提高才能有效地区分房屋和道路。本实验中，光谱方法的分类结果并不理想，这是因为随着空间分辨率的提高，影像细节充分展现，可用的光谱波段减少，从而造成光谱识别困难，需要引入空间特征来提高识别的准确度。实验结果说明了 PSI 对高分辨率城市目标提取（尤其是人造目标）的优势。为了进一步了解 PSI 的效果，取测试区域的子影像进行实验，如图5.3.6(a)所示。

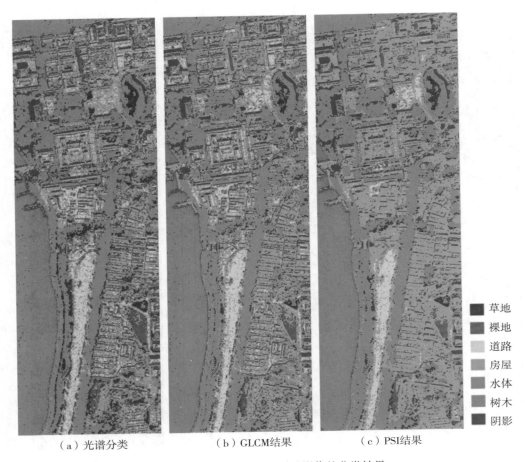

草地
裸地
道路
房屋
水体
树木
阴影

（a）光谱分类　　　　　　　（b）GLCM结果　　　　　　　（c）PSI结果

图 5.3.5　QuickBird 测试影像的分类结果

表 5.3.3　图 5.3.5 的分类精度统计表

类别	训练样本数	测试像元数
水体	394	18538
树木	362	15492
草地	242	1598
房屋	468	2215
裸地	306	11971
道路	448	2714
阴影	241	22648
总数	2461	75176

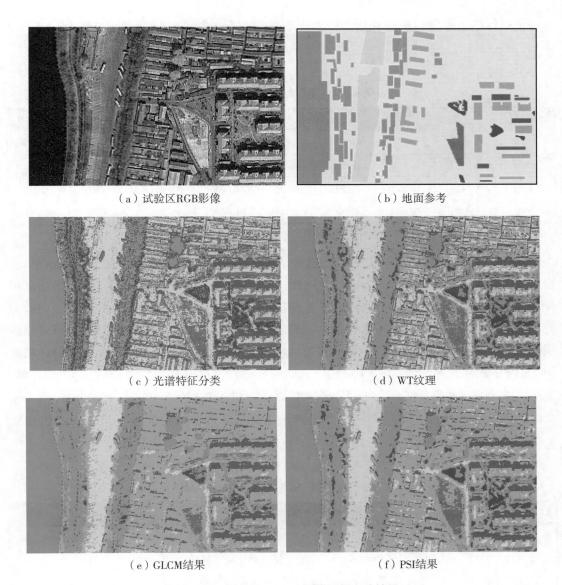

（a）试验区RGB影像　　　　　　　　　（b）地面参考

（c）光谱特征分类　　　　　　　　　（d）WT纹理

（e）GLCM结果　　　　　　　　　（f）PSI结果

图 5.3.6　北京 QuickBird 影像局部实验结果

　　除了展示 PSI 和 GLCM 的结果外，同时提取该影像的小波纹理特征（Wavelet Feature，WF），以进一步验证和比较。WF 采用 8×8 窗口计算方向无关的小波纹理特征向量（黄昕等，2006）：$WF_i = E_i(A) \mid E_i(V) + E_i(H) + E_i(D)$，其中，$E(\cdot)$ 表示小波系数的能量值，i 表示小波分解层数（实验中取 $i=2$）。类似地，WF 特征与 QuickBird 多光谱影像共同输入 SVM 分类器。图 5.3.6 显示这个局部实验的结果，图（a）为 RGB 光谱影像，图（b）为参考数据，经地面调绘获得，实验所用的训练样本和测试样本如表 5.3.3 所示，图（c）~（f）分别为光谱特征、小波、灰度共生矩阵和形状指数的分类结果，定量精度统计如表 5.3.4 所示。

表 5.3.4　不同特征的分类精度对比

特征	水体	树木	草地	房屋	裸地	道路	阴影	OA/%
RGB	0.925	0.576	0.576	0.153	0.854	0.879	0.973	60.5
WT	0.925	0.665	0.586	0.376	0.760	0.857	0.964	68.5
GLCM	0.926	0.815	0.593	0.701	0.706	0.867	0.980	81.4
PSI	0.926	**0.849**	**0.606**	**0.889**	0.752	0.847	0.975	**87.6**

从图 5.3.6(c)~(f)中观察到，光谱特征存在误分现象，基本无法区分树木与草地、房屋与道路。因此，此时引入合适的空间特征尤为重要。从图 5.3.6 和表 5.3.4 的结果可知，在高分辨率影像解译中空间特征是重要因素，各种空间特征都能在一定程度上改进分类结果。PSI 能有效地区分水体-阴影、道路-房屋等具有相似光谱特性的目标。值得注意的是，PSI 除了能有效区分人造目标(道路、房屋)以外，还大幅度提高了树木的解译精度(从光谱分类的 57.6%提高到 84.9%)，这是由于影像空间分辨率提高以后，树冠不再表现为纯净的光谱特性，树叶之间的空隙和阴影成为树木提取的噪声。测试结果显示，PSI 能够利用上下文特征，有效抑制这类噪声。光谱特征和 PSI 特征的混淆矩阵分析如表 5.3.5 和表 5.3.6 所示。

表 5.3.5　光谱特征分类的混淆矩阵(图 5.3.6(c))(OA=60.5%；Kappa=0.535)

	水体	树木	草地	裸地	道路	阴影	房屋	总数	UA/%
水体	17147	0	0	0	0	1391	0	18538	92.5
树木	2	8927	3575	30	65	2098	795	15492	57.6
草地	0	625	921	15	8	7	22	1598	57.6
裸地	0	0	0	1891	281	4	319	2215	85.4
道路	0	11	7	393	10518	36	1006	11971	87.9
阴影	30	4	0	1	6	2641	32	2714	973
房屋	0	75	15	8186	10298	628	3446	22648	15.2
总数	17179	9642	4518	10516	21176	6805	5340	75176	
PA/%	99.8	94.0	21.0	13.6	50.1	43.8	70.5		

表 5.3.6　PSI 特征分类的混淆矩阵(图 5.3.6(f))(OA＝87.6%；Kappa＝0.842)

	水体	树木	草地	裸地	道路	阴影	房屋	总数	UA/%
水体	17179	12	0	0	0	1264	83	18538	92.7
树木	0	13158	1017	0	5	194	1118	15492	84.9
草地	1	573	969	19	0	0	36	1598	60.6
裸地	0	0	0	1666	0	0	549	2215	75.2
道路	0	35	3	39	10140	11	1743	11971	84.7
阴影	30	8	0	0	1	2646	29	2714	97.5
房屋	0	19	15	607	1838	46	20123	22648	88.9
总数	17210	13805	2004	233.1	11984	4161	23681	75176	
PA/%	99.8	95.3	48.4	71.5	84.6	63.6	85.0		

为了说明 PSI 特征提取的效果,图 5.3.7 显示了测试区域几种典型地物目标的 PSI 特征值分布。横轴表示等间隔的 PSI 区间,纵轴表示该区域内 PSI 出现的频率。观察可知,较宽街道的 PSI 值最大,只有少量的像素出现在 PSI 小值区间,这是由于道路上的交通

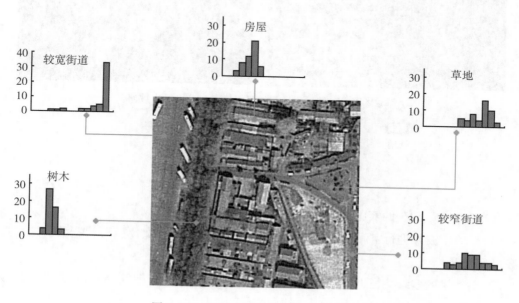

图 5.3.7　几种典型地物目标的 PSI 分布

标志或者车辆等噪声造成方向线延伸的终止。房屋的 PSI 值在中低区间，与道路有着较好的区分效果，这是由于房屋的形状和空间大小限制，以及太阳高度造成屋顶有阴阳两面，这也是减小房屋 PSI 值的重要原因。对比草地和树木，观察得知，草地的 PSI 值较大，树木的较小，这是由于草地的空间高度低，光谱异质性弱，而树木存在阴影、空隙等原因，使方向线的扩展受阻，因而产生较小的 PSI 特征值。考虑到高分辨率影像上，草地和树木是一对光谱相似性的目标，因此，PSI 的介入对于有效地区分草地和树木具有重要意义。

2. 利用 SFS 进行地物形状特征描述

实验区域是北京 QuickBird 影像，测试影像如图 5.3.8(a)所示，是图 5.3.4(b)的一个子区域，图 5.3.8(b)是地面参考数据，由实地调绘得到。

 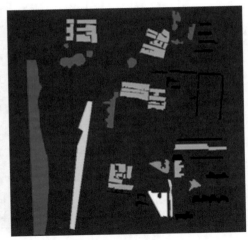

（a）试验区RGB影像　　　　　　　　　（b）地面参考

裸地　　道路　　草地　　房屋　　树木　　阴影　　水体

图 5.3.8　测试区域影像与地面参考

在本案例中，SFS 的实施分三个步骤：

（1）对每个波段进行空间结构特征提取，包括长、宽、长宽比、形状指数、加权形状指数以及方差；

（2）对产生的多维特征进行自适应维数减少，包括 S-Index 指数（Mehul et al.，2009），DBFE（Chulhee et al.，1993）以及 ICA 变换（Wang et al.，2006）；

（3）用不同的分类器测试上一步产生的特征，分类器有：极大似然法 MLC（Kettig et al.，1976），多层感知器神经网络 MLP（Nataliia et al.，2017），基于 EM 训练的概率神经网络 EM-PNN（熊汉春等，1998），以及支持向量机 SVM（张锦水等，2006）。

本案例中 6 维 SFS 特征作用于 3 个 QuickBird 波段，得到总共 18 维空间结构特征后，用 3 种维数减少算法进行自适应特征选择，采用 SVM 分类器。图 5.3.9 表示分类总精度 OA 与减少后的特征维数之间的函数关系。横轴表示减少后的特征维数，0 表示仅考虑光谱信息，没有空间特征介入，3 条精度曲线有着相似的趋势和形状。ICA 和 S-Index 指数在第 4 个特征的时候，达到精度最大值；DBFE 在第 3 个特征的时候就达到峰值。三种方法在特征维数到达 4 以后，达到稳态，精度曲线不再上升，这说明多光谱 SFS 特征集合存在特征冗余，采用维数减少方法是必要的。最高的分类精度由 3 维 DBFE 得到，其次是 4 维 S-Index 方法。DBFE 是一种监督的特征提取方法，它虽然得到最高的测试精度，但需要更多计算成本进行数学优化。考虑到 S-Index 是一种非监督的特征选择算法，推荐作为 SFS 特征的自适应选择方法。

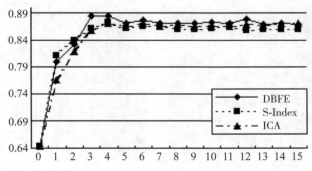

图 5.3.9　使用 3 种维数减少算法分析 OA 与维数的关系

本案例同时将 GLCM 和 PSI 纳入，来评估 SFS 的效果。其中，PSI 每个波段只有 1 维特征，是 SFS 的子集。为了在类似的测试条件下进行比较，GLCM 也取 6 维特征：同质性（homogeneity）、熵（entropy）、不相似性（dissimilarity）、对比（contrast）、均值（mean）和方差（variance）。每个波段计算这 6 维特征，GLCM 像素间距取 1，每个特征的 4 个方向取平均值消除方向影响。分别用 3 种维数减少算法对 GLCM 特征集合进行自适应选择，将其结果输入 SVM 分类器。SFS 和 GLCM 特征集合经过特征选择后的维数取 3。其分类精度如表 5.3.7 所示，LWEA（Length Width Extraction Algorithm）表示长宽提取算法，是指 SFS 特征中只取长和宽两种算子，和 PSI 类似，LWEA 也是 SFS 的一个子集。表 5.3.7 中的加重部分代表 5 种特征中最高的精度。其分类结果如图 5.3.10 所示。

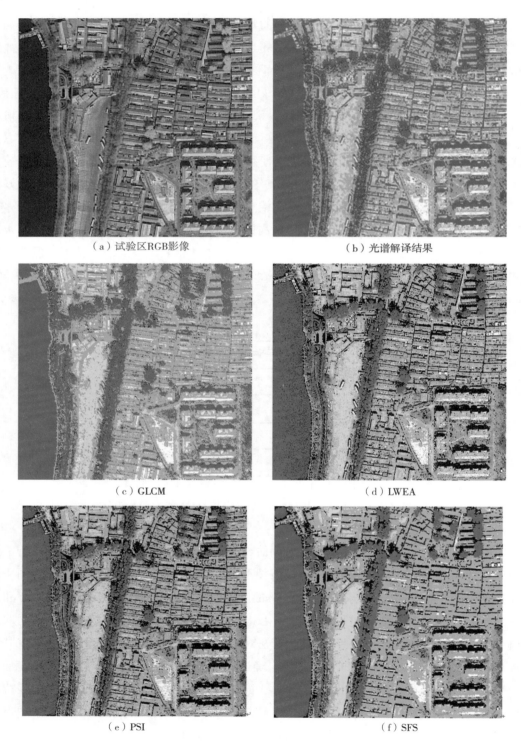

（a）试验区RGB影像　　　　　　　　　　　　（b）光谱解译结果

（c）GLCM　　　　　　　　　　　　　　（d）LWEA

（e）PSI　　　　　　　　　　　　　　（f）SFS

图 5.3.10　不同特征集合的分类结果

表 5.3.7　不同特征集合的定量精度统计

类别	RGB	GLCM	LWEA	PSI	SFS
水体	**0.983**	0.974	0.949	0.902	0.971
草地	0.668	0.708	0.839	0.739	**0.878**
树木	0.401	0.391	0.446	0.429	**0.481**
房屋	0.709	0.682	0.678	0.770	**0.866**
道路	0.430	0.710	0.701	0.675	**0.760**
裸地	**0.896**	0.884	0.853	0.772	0.862
阴影	0	0.005	0.976	0.985	**0.971**
OA	64.3%	66.0%	79.6%	80.1%	**86.3%**
Kappa	0.540	0.567	0.745	0.750	**0.836**

从表 5.3.7 和图 5.3.10 可以看到，SFS 特征集合给出了最高的 OA 精度和 Kappa 系数，值得注意的是，在草地-树木，房屋-道路这两组光谱相似性目标的提取上，SFS 获得了最高的精度。尽管对水体和阴影两类地物没有达到最高值，但和最高值相差不大。在本案例中，光谱特征和 GLCM 特征没有有效地区分水体和阴影，这是由于两者的光谱反射非常相似，而 PSI，LWEA 和 SFS 由于考虑了形状和上下文信息，使得较为广阔的水域(昆明湖)和狭小的阴影(小区的楼房之间)区别开了。另一方面，LWEA，PSI 和 SFS 的总精度分别是 79.6%，80.1% 和 86.3%，它们分别提取长、宽(LWEA)，形状指数(PSI)和全部 6 种特征(SFS)，说明本实验中，提取全部的特征集合比部分特征要有效。

图 5.3.11 将影像分类结果的局部区域放大，以进一步观察不同特征的效果。图中显示了光谱特征和 GLCM 特征对阴影的错误识别，以及道路(黄色)和屋顶(灰色)的混淆。比较 PSI 和 SFS 的结果，可以看到 SFS 能更有效地利用形状结构特征，区分屋顶和道路这两类光谱相似目标。

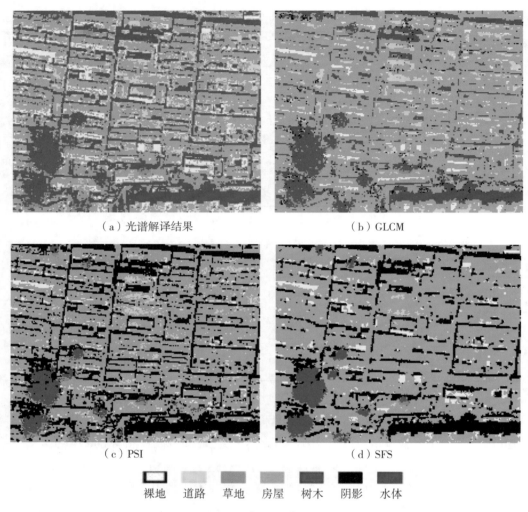

（a）光谱解译结果　　　　　　　　　　　（b）GLCM

（c）PSI　　　　　　　　　　　　　　　　（d）SFS

　裸地　　道路　　草地　　房屋　　树木　　阴影　　水体

图 5.3.11　实验部分区域放大效果对比

5.4　结构特征

　　高分辨率遥感影像具有丰富的空间、结构、形状等信息，包含的信息量更大，地物识别能力更强。在进行地物提取时，会有"异物同谱"的现象出现，因此，同时采用光谱域的辐射信息和空间域的结构信息是必不可少的。

5.4.1　数学形态学

　　数学形态学(Mathematical Morphology)是由形态学衍生的一门建立在集合论基础上的

数学理论，它是描述影像中形态特征的数学工具。正是由于其通过保持图像数据的形状特征和消除数据自相关特性达到简化图像数据的目的，因此可以恰当地应用到数字图像处理领域。

数学形态学的语言是集合论。在数学形态学中，使用集合描述图像目标、描述图像各部分之间的关系和说明目标的结构特点。集合在数学形态学中表示二值或灰度影像所显示的形状，如：一幅黑白影像中所有黑色像素的集合构成了一幅二值影像的完整表述。在二维欧氏空间中的集合指的是一幅二值影像的前景区域；在三维欧氏空间中的集合可以表示成随时间变化的二值图像或者静态灰度图像，也可以是二进制固体。数学形态学变换适用于任意维度的集合，比如 N 维的欧氏空间，或其离散或整形形式，N 维的数据集或整数 Z^N。为了方便后续描述，本节将这些集合统称为 E^N。

集合中进行形态学变换处理的集合点称为选中的集合点，反之，补集中的点是非选中的集合点。从这个角度来说，形态学是二值形态学。下面介绍数学形态学的基本操作。

1. 膨胀

膨胀是通过向量加法将两个集合中的元素联系在一起的形态学变换。如果 A、B 是 N 维空间（E^N）中的集合，其元素分别是 $a = (a_1, a_2, \cdots, a_N)$ 和 $b = (b_1, b_2, \cdots, b_N)$ 的元素坐标系下的 N 维数组，那么用 B 膨胀 A 的结果就是这对集合中所有可能元素的向量和，一个来自集合 A，另一个来自集合 B。令 A 和 B 分别是 E^N 的子集。A 被 B 膨胀记为 $A \oplus B$，定义如下：

$$A \oplus B = \{c \in E^N \,|\, c = a + b, \, \exists a \in A, \, \exists b \in B\} \tag{5.4.1}$$

式中，A 是图像，而 B 为膨胀变换中所构建的单一形状参数，即所谓的结构元素。其中，使用圆形结构元素对图像进行膨胀操作相当于二值图像处理中的各向同性增长或扩展算法。使用小型方形结构元素（3×3）的膨胀操作是一个可以简单实现的基于数组邻接关系的邻域操作。

2. 腐蚀

腐蚀操作又被称为收缩或缩小操作，是膨胀操作的形态学对偶运算。它通过向量减法将两个集合中的元素结合起来。如果 A、B 是 N 维欧氏空间中的两个集合，那么用 B 腐蚀 A 得到集合 X 中的所有元素满足 $x + b \in A$，$\forall b \in B$。A 被 B 腐蚀记为 $A \ominus B$，定义如下：

$$A \ominus B = \{x \in E^N \,|\, x + b \in A, \, \forall b \in B\} \tag{5.4.2}$$

在图像处理中，膨胀与腐蚀变换具有明显的相似性，一个作用于图像前景，另一个作用于图像背景。两种操作的区别在于膨胀在代数属性上与腐蚀相反，膨胀使图像扩大，而腐蚀使图像缩小，一般情况下两者均不可恢复。

在实际应用中，更多的是通过膨胀腐蚀的组合形式来对图像进行处理。对图像进行反复膨胀和腐蚀的结果是消除图像上大小小于结构元素的细节信息，不会带来未处理特征的整体几何变形。最常用的膨胀和腐蚀的组合有：开运算、闭运算。

3. 开运算

开运算是先腐蚀后膨胀产生一种新的形态学运算。A 被 B 的形态学开运算可以记作 $A \circ B$，数学公式表达如下：

$$A \circ B = (A \ominus B) \oplus B \tag{5.4.3}$$

4. 闭运算

A 被 B 的形态学闭运算记作 $A \cdot B$，它是先膨胀后腐蚀的结果，用数学公式表达如下：

$$A \cdot B = (A \oplus B) \ominus B \tag{5.4.4}$$

通过反复的膨胀腐蚀操作实现的图像变换是幂等变换，即再次利用的效果并不会给在此之前的变换结果带来改变。幂等变换的实质重要性是它们构成了完整的和封闭的图像处理算法。因为通过使用不同形状的结构元素来实现开闭运算能够自然地表述形状属性甚至能够保持形状不变。

5. 数学形态学灰度级扩展

膨胀、腐蚀、开运算和闭运算等二值形态学操作器可以通过最大值和最小值运算自然而然地扩展到灰度图像的处理应用中。本小节首先以集合的表面和表面的本影这两个概念出发介绍灰度级形态学。如图 5.4.1 所示，假设给定 N 维欧氏空间的一个集合 A，则该 N 维数组的前 $N-1$ 维坐标构成这个数组 A 的空间域，第 N 维坐标则是集合的表面。A 的顶或者顶层表面被定义成 A 投影到它的前 $N-1$ 维坐标的函数。对于每一个 $N-1$ 维数组 x，A 在 x 处的顶表面最大值为 y，那么 $(x, y) \in A$。

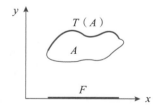

图 5.4.1　集合顶或顶层概念

如果是欧氏空间，则可以用最小上界来表达上述概念。如果是离散空间，则可以用更熟悉的最大值来表达。在引入灰度级膨胀腐蚀的定义之前，先来介绍几个相关的基本概念：集合的顶或顶层表面、本影。令 $A \subseteq E^N$ 而且 $F = \{x \in E^{N-1}\}$，$\exists y \in E$，$(x, y) \in A$。集合 A 的顶或者顶层表面记作 $T[A]$：$F \to E$，定义如下：

$$T[A](x) = \max\{y \mid (x, y) \in A\} \tag{5.4.5}$$

即对于任意定义的 $N-1$ 维欧氏空间集合 F 的函数 f，f 的本影包含 f 的顶和 f 表面以下的所有点。令 $F \subseteq E^{N-1}$ 并且 f：$F \to E$。那么 f 的本影记作 $U[f]$，$U[f] \subseteq F \times E$，定义如下：

$$U(f) = \{(x, y) \in F \times E \mid y \le f(x)\} \tag{5.4.6}$$

图 5.4.2 举例说明了一个由 7 个连续柱状点构成的一维函数 f 和它的位于函数上方或函数下方的有限本影。实际上的本影是函数 f 下方的无限集合。由于灰度级形态学是与定义于实际的线或面的函数密切相关的，所以本例使用普通的 (x, y) 坐标，而不是二值形态学中的行列坐标。

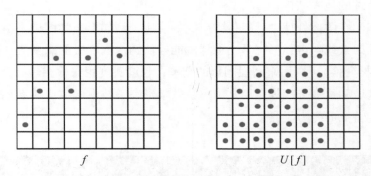

f $U[f]$

图 5.4.2 一个函数 f 与它的本影 $U[f]$ 的关系示意图

上文介绍了集合的顶层表面和本影的相关操作，接下来引出灰度级膨胀。两个函数做灰度级膨胀可以表达成对它们本影做膨胀后的表面，定义如下：令 F，$K \subseteq E^{N-1}$ 且 f：$F \to E$，k：$K \to E$。用 k 对 f 做膨胀，记作 $f \oplus k$，且满足 $f \oplus k$：$F \oplus K \to E$，定义如下：

$$f \oplus k = T[U[f] \oplus U[k]] \tag{5.4.7}$$

上述定义只能说明如何计算灰度级膨胀，但是这种概念性的定义并不能说明如何使用硬件来计算灰度级膨胀。那么接下来的定义将说明灰度级膨胀可以通过取集合的和的最大值来实现。灰度级膨胀与卷积运算有同样的复杂度。然而，与卷积运算中的计算加法和的方式有所不同，灰度级膨胀是通过求和的最大值来实现的。令 f：$F \to E$ 且 k：$K \to E$。那么 $f \oplus k$：$F \oplus K \to E$ 可以通过下式计算：

$$(f \oplus k)(x) = \max_{\substack{z \le k \\ x - z \in F}} \{f(x - z) + k(z)\} \tag{5.4.8}$$

灰度级腐蚀的定义与灰度级膨胀的定义相似，两个函数做腐蚀运算就是用其中一个的本影来二值腐蚀另一个的本影。定义如下：令 $F \subseteq E^{N-1}$ 且 $K \subseteq E^{N-1}$，令 f：$F \rightarrow E$ 且 k：$K \rightarrow E$。那么用 k 来灰度级腐蚀 f 记作 $f \ominus k$，且满足 $f \ominus k$：$F \ominus K \rightarrow E$，定义如下：

$$f \ominus k = T[U[f] \ominus U[k]] \tag{5.4.9}$$

灰度级腐蚀是通过取集合差值集的最小值实现的。如果计算的空间是欧氏空间，那么可以用集合的无限下确界替换最小值。灰度级开闭运算与二值开闭运算的定义相类似，而且它们有相似的性质。令 f：$F \rightarrow E$ 且 k：$K \rightarrow E$，那么用结构元素 k 对 f 做形态学开运算，记作 $f \circ k$，定义如下：

$$f \circ k = (f \ominus k) \oplus k \tag{5.4.10}$$

类似地，用结构元素 k 对 f 做形态学闭运算，记作 $f \cdot k$，定义如下：

$$f \cdot k = (f \oplus k) \ominus k \tag{5.4.11}$$

图 5.4.3 展示了在灰度影像上分别进行膨胀、腐蚀、开、闭运算的结果，能够有效地突出满足一定特性的地表结构。

灰度级形态学在图像处理中已经得到广泛的应用，例如形态学图像平滑处理能够除去或减少人为亮的因素或噪声；形态学图像梯度能够使图像灰度级的跃变更加剧烈；top-hat 变换(又称作顶帽变换)可以用来增强阴影的细节；粒度测度用来检测具有某一主要的类似颗粒状特征的区域和纹理分割等应用。可见，数学形态学技术构成了一系列可以从图像中提取某种感兴趣特征的有力工具。

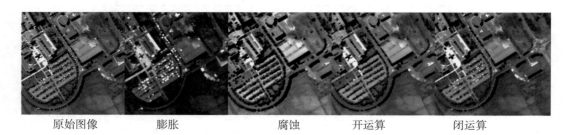

| 原始图像 | 膨胀 | 腐蚀 | 开运算 | 闭运算 |

图 5.4.3　使用圆形结构元素时的数学形态学一些基本操作示意图

5.4.2　数学形态学谱

1. 数学形态学谱

为了更加全面地获取影像中的地物信息，Pesaresi 和 Benediktsson(2001)提出构建数学形态学谱((Mathematical Morphological Profiles，MPs)以改善遥感影像分类结果。基于形态学进行遥感图像处理时，空间域信息的提取依赖于处理过程中所使用的结构元素尺寸大小。其中，一些地物结构可能会对某个指定尺寸结构元素有较高的响应值，而对其他尺寸响应值较小，这取决于结构元素的大小和地物结构大小之间的相互作用。MPs 是通过一组不同大小的结构元素对一幅图像实施一系列的开闭运算产生的结果。MPs 应用于遥感影像分类时，输入对象是一个单波段影像，输出结果却是一个特征维数与结构元素数目相关的多维形态学特征，因此用 MPs 这种复数形式来代表由多个结构元素得到的形态学谱。此外，由于遥感影像中地物具有不同的大小，这种基于不同大小结构元素的形态学操作能够提取遥感影像中不同大小的地物，进而实现遥感影像信息提取的多尺度分析。

令 $\gamma^{SE}(I)$ 和 $\varphi^{SE}(I)$ 作为利用一个结构元素 SE 对影像 I 进行重构形态学开闭操作，则 MPs 可以用一系列大小递增的结构元素来定义：

$$MP_\gamma = \{MP_\gamma^\lambda(I) = \gamma^\lambda(I), \ \forall \lambda \in [0, n]\}$$
$$MP_\varphi = \{MP_\varphi^\lambda(I) = \varphi^\lambda(I), \ \forall \lambda \in [0, n]\} \qquad (5.4.12)$$
$$\text{且 } \gamma^0(I) = \varphi^0(I) = I$$

其中，λ 代表圆形结构元素的半径大小。基于一系列递增大小结构元素对一幅灰度影像进行开、闭运算得到的 MPs 特征可以表达影像的多尺度信息。如图 5.4.4 所示，中心图片为原始影像，沿着左边箭头所指为使用逐渐变大的圆形结构元素进行闭运算的形态学特征；沿着右边箭头所指为使用逐渐变大的圆形结构元素进行开运算的形态学特征。

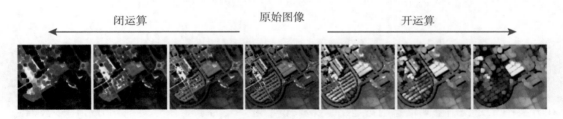

图 5.4.4　数学形态学谱示意图 MPs

2. 差分形态学谱

差分形态学谱(Differential Morphological Profiles 或 Derivative of the Morphological Profiles，DMPs)最先是针对图像多尺度分割问题提出的另外一种多尺度形态学分析方法。顾及式(5.4.12)，可以认为基于开运算的形态学谱是开重构的颗粒度分析，而基于闭运算的形态学谱是对偶闭重构的反颗粒度，差分形态学谱则可以定义成测量每个结构元素增量处开闭运算差值的向量。基于开运算的差分形态学谱定义如下：

$$\Delta\gamma(x) = \{\Delta\gamma_\lambda: \Delta\gamma_\lambda = |\gamma_\lambda - \gamma_{\lambda-1}|, \ \forall \lambda \in [1, 2, \cdots, n]\} \qquad (5.4.13)$$

对偶地，基于闭运算的差分形态学谱可以定义如下：

$$\Delta\varphi(x) = \{\Delta\varphi_\lambda : \Delta\varphi_\lambda = |\varphi_\lambda - \varphi_{\lambda-1}|, \ \forall \lambda \in [1, 2, \cdots, n]\} \qquad (5.4.14)$$

总之，差分形态学谱 DMPs 可以表示成如下向量：

$$\Delta(x) = \begin{cases} \Delta_{c+\lambda} : \ \Delta\gamma_\lambda, & \forall \lambda \in [1, 2, \cdots, n] \\ \Delta_{c+\lambda} : \ \Delta\varphi_\lambda, & \forall \lambda \in [1, 2, \cdots, n] \end{cases} \qquad (5.4.15)$$

式中，c 是任意整数；n 是迭代的总数目。把 DMPs 作为分割方法的出发点是把差分形态学曲线看作基于形态学准则的像素识别问题，识别某类结构特征或者形态学特征。这里的结构特征或者形态学特征与多光谱卫星影像的基于光谱特征的方法类似。随着研究的不断深入，DMPs 已被成功扩展到遥感影像的分类问题中。如图 5.4.5 所示，中心图片为原始影像，沿着左边箭头所指为使用逐渐变大的圆形结构元素进行闭运算的差分形态学特征；沿着右边箭头所指为使用逐渐变大的圆形结构元素进行开运算的差分形态学特征。

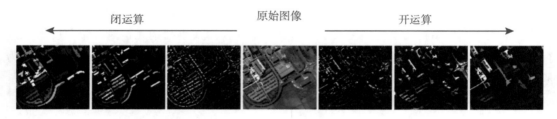

图 5.4.5　差分形态学谱示意图 DMPs(使用圆形结构元素，R = 3，7，11，15)

3. 扩展形态学谱

城市地区具有复杂的地表组成，对高分辨率影像进行分类是非常具有挑战性的，因此在分类中充分利用空间信息对改善分类效果非常重要。为了能在分类中充分利用多波段遥感影像的光谱特征和空间特征，Benediktsson 等提出了数学形态学谱的扩展形式：扩展形态学谱(Extended Morphological Profiles，EMPs)。EMPs 是对多波段遥感影像进行 PCA 变换后，在前几个最具有显著性的主分量上计算得到的一系列 MPs。对多波段遥感影像进行 PCA 变换的目的是避免高维的数据集，从而减少数据冗余。在当前基于形态学特征的多波段遥感影像分类研究中，除 PCA 之外，一些其他的多波段遥感降维方法也被采用。在本书中，把对多波段遥感影像降维后得到的用来计算 EMPs 的低维影像称作形态学基影像。这类基影像包含少量波段却富含有助于地物信息判别的代表性信息。EMP 定义如下：

$$\text{EMP} = \{\text{MP}(f(1)), \ \text{MP}(f(2)), \ \cdots, \ \text{MP}(f(n))\} \qquad (5.4.16)$$

式中，f 是基影像集，此时的 EMP 同时包含了光谱域信息和空间域信息。

随着研究的广泛深入，MPs 在改善高空间分辨率遥感影像分类的发展过程中发挥着越来越大的作用。然而 MPs 的计算是基于影像局部区域的分析方法,试图通过分析一系列具有固定形状却大小不一的结构元素与影像中地物的相互作用来模拟影像的空间信息,这种分析方式必然会使 MPs 具备一些局限性。尽管这一方法是对地物结构大小分析的强有力工具,但只会展示影像目标的部分特征。为了更好地对影像中地物的形状特征进行分析,利用 SE 对影像计算 MPs 时应该对所有可能的尺寸做充分的调研以消除结果关于尺度的相关性。MPs 的另外一个局限性是对影像空间信息的多种特征进行分析时,利用一个结构元素带来的强约束。当处理的空间特征是比几何周长、形状等更为复杂的特征时,这种局限性尤为显著。此外,当表达与区域灰度级相关的特征时,比如光谱同质性、对比度等,结构元素本质上不再合适。关于 MPs 的第三个局限性是其计算复杂度与其计算的特征相关。原始影像完全地被每个特征级分别处理两次,一次是开运算,另一次是闭运算。因此 MPs 计算复杂度与事先定义的特征层数线性相关。

5.4.3　属性形态学谱

自 20 世纪 70 年代以来,数学形态学由于其有效性和严密的数学表达在图像处理领域越来越受欢迎,但是该方法的效果很大程度上局限于处理图像时所使用的结构元素。经过数十年的发展,Breen 和 Jones(1996)提出了形态学属性开运算和属性变薄等属性滤波器,详细地介绍了自适应属性滤波器。同数学形态学一致,本小节也将从二值图像到灰度图像,由属性滤波器到属性形态学谱对属性形态学展开详细的介绍。

1. 属性滤波器(Attribute Filters)

二值属性开运算通过一系列递增的准则对一幅二值影像上的连接成分进行处理。该形态学变换将所有不符合准则的连接成分移除,却保持其他符合条件的连接成分不受影响。

在引出形态学属性开运算之前,先介绍两个基本概念:二值连接开运算和二值细节开运算。二值连接开运算 Γ_x,基于已知点 X 对一幅二值图像进行变换,通过将包含点 X 的连接成分保留,而去除其他点。二值细节开运算 Γ_T 是基于对连接成分定义的一系列递增准则对已有连接成分 X 进行处理。如果满足准则,这个连接成分被保留下来,否则根据下式进行移除:

$$\Gamma_T(X) = \begin{cases} X, & \text{if } T(X) = \text{True} \\ 0, & \text{if } T(X) = \text{False} \end{cases} \tag{5.4.17}$$

一般来讲,在形态学滤波处理中会把不止一个特征的连接成分与准则定义的阈值进行比较。如果这个准则是递增的,而且连接成分 X 满足这个准则,那么所有包含在连接成分 X 中的区域都符合这个准则。

二值属性开运算 Γ^T 定义为对一幅图像 F 的所有连接成分基于一系列递增准则 T 进行二

值细节开运算,可以正式地表达如下:

$$\Gamma^T(F) = \bigcup_{x \in F} \Gamma_T[\Gamma_x(F)] \tag{5.4.18}$$

如果变换中利用的准则不再是递增的序列,比如计算的属性本身不依赖于区域的规模,那么变换也不再是递增序列。即使递增属性不再满足,滤波器仍然保留幂等属性和不可延展性。因此,基于非递增准则的变换不是开运算,而是变薄运算。那么,与属性开运算的定义相类似,二值属性变薄变换记为 $\widetilde{\Gamma}^T(F)$,定义如下:

$$\widetilde{\Gamma}^T(F) = \bigcup_{x \in F} \widetilde{\Gamma}_T[\Gamma_x(F)] \tag{5.4.19}$$

这里的 $\widetilde{\Gamma}_T$ 是指细节变薄操作。

以上所有定义都可以拓展到它们各自的对偶变换中。二值属性闭运算 Φ^T,可以定义成所有满足准则 T 的连接成分的二值并集:

$$\Phi^T(F) = \bigcup_{x \in F} \Phi_T[\Phi_x(F)] \tag{5.4.20}$$

这是分别基于二值细节闭运算 Φ_T 和二值连接闭运算 Φ_x 的二值形态学滤波器。当使用非增属性准则 T,此时的属性形态学滤波器便是形态学增厚操作,定义如下:

$$\widetilde{\Phi}^T(F) = \bigcup_{x \in F} \widetilde{\Phi}_T[\Phi_x(F)] \tag{5.4.21}$$

此时的 $\widetilde{\Phi}$ 是二值细节增厚滤波器。

基于二值图像的属性形态学开闭运算同样可以利用阈值分解原则扩展到灰度图像中。一幅灰度图像可以认为是利用图像的每个灰度级对它进行阈值操作得到的许多二值影像。那么,二值属性开运算可以运用到每个二值图像上,因此,灰度属性开运算便是对每个像素所有灰度级的二值图像滤波结果取最大值的结果。数学表达如下:

$$\gamma^T(f)(x) = \max\{k: x \in \Gamma^T[Th_k(f)]\} \tag{5.4.22}$$

这里的 $Th_k(f)$ 是对原始图像 f 在灰度级 k 进行阈值操作得到的二值图像。二值属性变薄运算到灰度级的扩展并不简单,而且形式不是唯一的。例如,一个与上式相类似的灰度属性变薄操作定义如下:

$$\widetilde{\gamma}^T(f)(x) = \max\{k: x \in \widetilde{\Gamma}^T[Th_k(f)]\} \tag{5.4.23}$$

当然也存在一些其他形式的定义,这与分析中参考的滤波准则相关。如果准则 T 是递增序列,那么属性形态学变薄操作的结果实际上就是开运算。尽管这种方法并不是实施该类形态学运算的最快操作器,但是可以提供一个与对应二值操作器更直接的联系。相类似地,灰度级属性闭运算可以定义如下:

$$\varphi^T(f)(x) = \max\{k: x \in \Phi^T[Th_k(f)]\} \tag{5.4.24}$$

同样,引出灰度级属性增厚运算:

$$\widetilde{\varphi}^{T}(f)(x) = \max\{k: x \in \widetilde{\Phi}^{T}[Th_{k}(f)]\} \tag{5.4.25}$$

属性滤波操作可以通过把输入图像表达成一棵自底向上的由连接成分构成的等级树来提高计算效率。这棵树可以通过最大树算法生成。基于这种最大生成树表达的方法在进行属性滤波操作时是非常有效的，因为该过程中图像只需做一次树转换，但是可以基于不同的准则处理多次。

2. 属性形态学谱(Attribute Profiles)

同数学形态学谱一致，当使用一系列不同取值的滤波准则对图像进行处理时，便是属性形态学谱。属性开运算形态学谱的定义包含基于重构的数学形态学开运算谱，因为开重构是一种特殊的属性开运算。通过与常规 MPs 对比，可以注意到无论是基于结构元素还是基于滤波准则的多尺度分析方法，都会逐步地移除图像中较大的地物结构。此外，同开重构一样，属性形态学开运算可以在图像处理上发挥等同的作用，而且在定义滤波准则上更具备灵活性。例如，使用一个紧凑型结构元素 SE(方形或者圆盘状)处理一幅图像时，图像中不符合 SE 大小的地物结构会被移除。因此，基于 SE 的图像滤波是根据区域的最小结构进行处理的。但是，如果把每个区域邻接矩形的对角线长度视为一个属性，那么图像中的地物结构会根据它们的全局延伸特征进行滤波处理，虽然这种方法仍然与尺度相关，但是是以一种与只考虑区域最小地物大小方法不同的方式来处理图像。如果把区域的面积考虑在内，却是另一种不同的地物结构特征的描述方式。因此，通过选择不同类型的滤波准则，即使这些准则的取值都是递增序列，都将会产生关于多尺度下的多种特征。

如果滤波使用的准则不再是递增形式，那么则产生另外一种滤波器的结果，即属性形态学谱(Attribute Profiles，AP)。例如，属性形态学谱可以评估多层属性滤波准则且尺度单一时对图像进行滤波的结果，此时的图像滤波算法能够提取图像中地物结构的形状信息但是与大小无关。因此，属性形态学变薄运算在多层属性上的应用会产生属性变薄形态学谱。属性变薄形态学谱和其对偶形式，属性增厚形态学谱数学定义如下:

$$\mathrm{AP}_{\gamma} = \{\mathrm{AP}_{\gamma}^{T_{\lambda}}(I) = \gamma^{T_{\lambda}}(I), \ \forall \lambda \in [0, n]\}$$

$$\mathrm{AP}_{\varphi} = \{\mathrm{AP}_{\varphi}^{T_{\lambda}}(I) = \varphi^{T_{\lambda}}(I), \ \forall \lambda \in [0, n]\} \tag{5.4.26}$$

$$\text{且 } \gamma^{T_0}(I) = \varphi^{T_0}(I) = I$$

可见，属性形态学谱是对图像进行一系列的属性分析，而且这一分析过程必须与图像中地物结构的大小相关。事实上，滤波过程中属性的选择如形状因素、空间惯量等，只会产生与区域形状相关的多层图像分解结果。此外，属性形态学谱也可以不认为是基于区域的几何属性而是与像素点灰度级相关的衡量方法。例如，场景中的地物结构可以通过同质性准则来移除，而不是根据尺寸或者形状等属性进行分析。计算属性形态学谱常用的属性准则有区域面积、区域邻接矩形的对角线长度、第一转动惯量和区域中像素灰度的标准差等四种属性。前两种是根据地物大小进行处理的一系列属性准则。转动惯量是一个对区域延伸敏感的纯几何描述参数,能够在考虑尺度的情况下对图像中的物体进行几何分析。最后,标准差属性用来衡量图像中每个区域像素强度值的同质性,基于该属性对图像滤波后产生的是一个与像素光谱对比度相关的特征。图 5.4.6 展示了在灰度影像上分别使用这 4 种常用属性准则进行滤波的示意图。

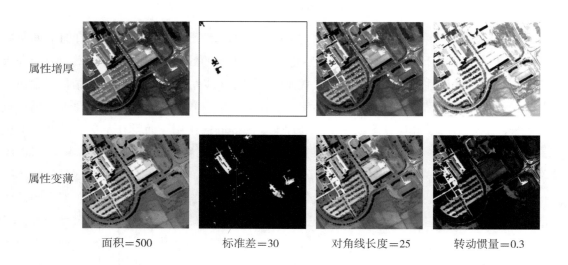

图 5.4.6 属性形态学与四种属性对应的滤波结果简单示意图

3. 扩展属性形态学谱(Extended Attribute Profiles)

同 EMPs 相类似,当将属性形态学滤波应用于高光谱影像时,APs 也随之扩展成 EAPs。数学定义如下:

$$EAP = \{AP(f(1)),\ AP(f(2)),\ \cdots,\ AP(f(n))\} \qquad (5.4.27)$$

此时得到的扩展形态学谱是基于不同滤波属性在多层滤波准则下的结果。

案例5.4.1 使用高光谱-高空间分辨率影像进行地物的属性特征提取与分类

1. 实验数据介绍

实验采用国际通用的标准化测试数据作为实验数据。该数据是由 ROSIS-03 传感器获取的意大利 Pavia 城市影像中的 Pavia 大学管理学院数据集(下文记为 Pavia University 数据），广泛应用于算法模型验证。

ROSIS-03（Reflective Optics System Imaging Spectrometer）航空光学传感器和航飞 HySens 项目由德国空间局 DLR 管理并获得欧盟的支持。实验影像数据的获取时间是当地时间 2002 年 7 月 8 日，上午 10：30 到 12：00，空间分辨率是 1.3m，包含 115 个波段，光谱范围在 0.43~0.86μm 之间，涵盖了可见光和近红外频道。此外，影像中含有噪声的波段被事先移除掉，最后得到 103 个波段的 Pavia University 数据。

Pavia University 数据包括 610×340 个像素和总共 42776 个样本用来测试分类效果。影像中共包含以下 9 类信息：树木（trees），沥青（asphalt），柏油（bitumen），碎石（gravel），金属板（metal sheets），阴影（shadow），砖（bricks），草地（meadows），裸地（bare soil）。这 9 类信息中存在组成材料和结构相似的类别，比如树木和草地，沥青和柏油都具有相似的光谱反射特性。另外，砖和裸地也不易区分，这导致应用此类影像进行地物分类时具有相当高的难度。

9 类实验数据的测试样本数目分别为：树木：2064，沥青：6631，柏油：1330，碎石：2099，金属板：1345，阴影：947，砖：3682，草地：18649，裸地：5029，共 42776 个。每个类别训练样本的数目分别是 150 个，并从训练样本集中随机生成。训练样本集与测试样本集在空间分布均匀，且相互独立。测试样本集和训练样本集及其空间位置均由 Pavia 大学提供，实验数据的假彩色合成影像见图 5.4.7。

图 5.4.7　实验数据的假彩色合成影像

2. 实验参数设置

1）属性形态学特征

实验数据所使用的数学形态学谱 EMPs 由半径大小范围是 2~8 个像素而且间隔是 1 个像素的圆形结构元素计算得到。属性形态学谱 EAPs 的参数根据已有文献定义：

（1）区域面积：$\lambda_a = [100\ 500\ 1000\ 5000]$；

（2）区域邻接矩形的对角线长度：$\lambda_d = [10\ 25\ 50\ 100]$；

（3）第一转动惯量：$\lambda_i = [0.2\ 0.3\ 0.4\ 0.5]$；

（4）区域中像素灰度的标准差：$\lambda_s = [20\ 30\ 40\ 50]$。

2）分类器的使用

考虑到 MPs 是高维特征，在本实验中线性 SVM 被用来做分类，且惩罚系数设为 1。

3）基影像构建

参照已有的相关研究，本实验从高光谱影像提取的所有基影像均是四维，这是由于该维数的基影像可以实现在计算代价和分类精度上的折中。RBF 核被采用作为非线性变换 KPCA 算法和 KNMF 算法的核函数，KPCA 的迭代次数设为 1。

4）精度评定

实验中，使用混淆矩阵计算得到的总体精度 OA、平均精度 AA 和 Kappa 系数作为评估分类精度的指标。最后得到的分类精度是所有实验在训练样本不同的情况下重复 10 次的结果的平均精度。

3. 实验结果

表 5.4.1 和表 5.4.2 分别展示了利用 Pavia University 数据的形态学基影像及其对应的 EMPs 和 EAPs 进行 SVM 分类的精度。"Raw"指的是只有光谱特征参与分类的实验精度，后面的"PCA"，"JADE-ICA"，"Fast-ICA"，"CNMF"，"FA"，"KPCA"，"KNMF"，"LPP"，"NPE"和"MPCA"等则代表由不同基影像构建方法得到的基影像及其 EMPs/EAPs 的分类结果。不同特征的分类结果如图 5.4.8 所示，图（a）是 103 个波段的纯光谱分类结果；图（b）是 EMPs 特征在基影像是 Fast-ICA 时的分类结果；图（c）是 EAPs 特征在基影像是 JADE-ICA 时的分类结果；图（d）是地面真实影像。在这组数据中，光谱方法的分类结果并不理想，这是由于随着空间分辨率的提高，单纯的基于光谱特征的分类并不能很好地识别某些类别。特别地，一些类别分类精度非常低，比如类别树木只有 63.8% 的分类精度，碎石类只有 53.4% 的分类精度，类别裸地精度更低，只有 40.4%。从上述精度可以看出，光谱特征存在较大的误分现象，几乎无法区分光谱具有相似性的类别，这就意味着必须加入空间特征来提高影像中地物的解译精度。

　　从加入空间特征后的分类精度可以看出，空间特征对于高分辨率影像的解译是十分必
要的，分类中不管使用由何种基影像计算得到的 EMPs 和 EAPs，都可以非常明显地改善
分类精度。这两个精度表展示出的另外一个明显问题是，PCA 并不总是最佳的基影像构建
方法。在使用 EMPs 的情况下，从平均精度 AA 来看，JADE-ICA 和 Fast-ICA 可以获得比
PCA 更好的分类结果。至于使用 EAPs 的情况，JADE-ICA，FA，MPCA 和 LPP 都可以得
到比 PCA 更好的分类效果。此外，可从两个表格中明显看出，实验中采用 EAPs 可以取得
使用 EMPs 时更高的识别精度。在表 5.4.1 和表 5.4.2 中，比 PCA 效果好的方法都用黑体
加粗显示。

表 5.4.1　Pavia University 数据在不同基影像的 EMPs 分类结果

Accuracy	Raw	PCA	JADE-ICA	Fast-ICA	CNMF	FA	KPCA	KNMF	LPP	NPE	MPCA
AA	72.9	84.8	**84.9**	**85.2**	82.9	80.4	80.6	79.8	82.5	81.0	83.8
OA	69.9	87.7	**87.8**	**87.9**	84.5	82.4	83.4	84.1	83.3	81.4	84.5
Kappa	63.0	83.8	**83.9**	**84.0**	79.3	76.9	77.9	79.1	78.0	75.7	79.4
树木	63.8	88.7	88.5	88.4	84.2	72.8	76.7	76.4	78.7	84.4	82.5
沥青	87.7	94.4	94.4	94.3	95.7	94.1	91.8	91.6	89.2	90.6	94.8
柏油	61.0	83.2	83.1	84.1	80.2	75.8	78.4	81.1	63.5	56.9	92.7
碎石	53.4	54.8	55.4	57.1	51.9	48.6	48.2	41.9	87.6	84.7	40.0
金属板	92.1	92.8	92.9	93.1	94.0	95.0	86.8	80.8	96.9	99.8	93.6
阴影	96.9	100.0	99.9	99.9	99.5	99.8	99.2	97.0	98.8	98.2	100
砖	66.9	68.0	68.0	67.7	66.2	67.0	74.1	74.3	56.3	61.0	74.0
草地	94.2	94.6	94.6	94.5	89.4	89.9	89.5	93.6	92.1	90.7	90.3
裸地	40.4	86.6	87.0	87.4	85.2	80.5	80.6	81.4	79.7	63.0	86.2

表 5.4.2　Pavia University 数据在不同基影像的 EAPs 分类结果

Accuracy	Raw	PCA	JADE-ICA	Fast-ICA	CNMF	FA	KPCA	KNMF	LPP	NPE	MPCA
AA	72.9	94.4	**95.8**	92.7	94.3	**95.3**	93.9	93.2	**94.8**	92.2	**94.8**
OA	69.9	95.9	**96.8**	93.1	95.4	**95.8**	94.1	92.3	**96.1**	92.6	**95.5**
Kappa	63.0	94.6	**95.7**	90.9	94.0	**94.5**	92.3	89.9	**94.9**	90.2	**94.1**
树木	63.8	78.1	79.3	81.5	73.6	77.7	73.7	65.6	84.2	80.3	78.7
沥青	87.7	99.2	99.3	96.7	99.4	99.3	98.5	98.8	98.4	93.5	99.2

续表

Accuracy	Raw	PCA	JADE-ICA	Fast-ICA	CNMF	FA	KPCA	KNMF	LPP	NPE	MPCA
柏油	61.0	99.9	99.9	93.5	99.8	100.0	99.9	100.0	99.1	88.0	100.0
碎石	53.4	88.2	97.0	89.9	92.3	94.5	94.6	95.4	95.5	90.0	91.2
金属板	92.1	95.9	96.1	99.4	97.3	98.2	96.9	98.0	96.6	99.8	95.4
阴影	96.9	99.9	99.5	99.8	99.4	99.7	99.8	99.7	97.4	99.9	99.9
砖	66.9	90.3	91.8	83.2	88.6	91.3	86.0	89.4	82.8	84.8	91.0
草地	94.2	99.4	99.6	95.8	99.6	98.1	96.7	94.5	99.8	95.3	97.8
裸地	40.4	99.1	99.3	94.6	98.8	99.2	99.3	97.6	99.1	98.4	99.7

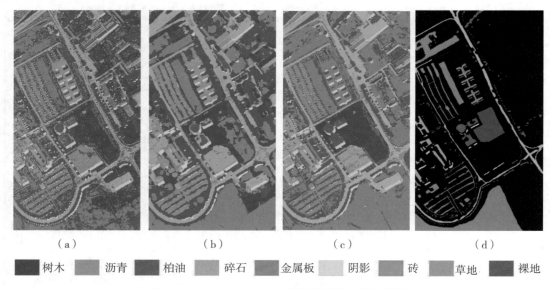

（a）　　　　　（b）　　　　　（c）　　　　　（d）

■ 树木　■ 沥青　■ 柏油　■ 碎石　■ 金属板　■ 阴影　■ 砖　■ 草地　■ 裸地

图 5.4.8　Pavia University 数据的部分分类结果图

5.4.4　建筑形态学指数与阴影形态学指数

建筑形态学指数(Morphological Building Index，MBI)能够自动地从高分辨率影像中提取房屋信息，其基本原理是通过一系列的形态学算子描述高分辨率房屋的光谱-空间特性。

1. 建筑形态学指数中考虑的建筑物特征

（1）亮度与对比度：遥感影像中屋顶具有较高的反射率，与房屋的阴影形成鲜明的对比，具有极高的局部对比度。因此房屋的亮度以及与毗邻阴影的对比度是提取房屋的首要

124

条件。

（2）尺寸：大多数房屋在一定的尺寸范围内，不会太大也不会太小。

（3）方向：房屋的方向是与道路区分的主要依据。道路与房屋具有光谱相似性，但是道路一般是向一个或两个方向延伸，而房屋则具有各向同性，并且建筑物一般都是紧凑在一起的。

（4）形状：建筑物一般呈规则的矩形，利用地物的长宽比设定阈值可以去除狭窄细长的地物。

2. 建筑形态学指数计算流程

（1）亮度计算：可见波段能够集中建筑物的光谱信息，计算每个像素在可见光波段中的最大值作为该像素的亮度值。

$$b(i) = \max(B_k(i)), \quad i = 1, 2, \cdots, k \tag{5.4.28}$$

式中，$B_k(i)$ 为像素 i 在第 k 波段的亮度值；$b(i)$ 代表像素 i 最大的亮度值；k 为波段数。

（2）（白）顶帽变换（White Top-hat Morphological Profiles，WTH）：顶帽运算是用原始影像减去原始影像的开运算，可以提取影像中明亮的区域。

$$\text{WTH}(s, \text{dir}) = b - \gamma_{\text{RE}}(s, \text{dir}) \tag{5.4.29}$$

式中，s 代表结构元素的长度；dir 代表结构元素的方向；γ_{RE} 是基于重构的开运算；WTH 是基于重构的顶帽变换。

值得注意的是提取建筑物时使用的是白顶帽变换，可以检测到小于或等于结构元素的明亮地物，消除较暗的地物。除此之外，根据地物的方向以及紧凑度线性结构因子能够将建筑物和道路这两个极为相似的地物区分开。

（3）差分形态学属性（Difference Morphological Profiles，DMP）

基于差分形态学的顶帽变换以多尺度的方式模拟建筑物的结构：

$$\text{DMP}_{\text{WTH}} = \{\text{DMP}_{\text{WTH}}(s, \text{dir}): s_{\min} \leq s \leq s_{\max}, \text{dir} \in D\} \text{DMP} \tag{5.4.30}$$

$$\text{DMP}_{\text{WTH}}(s, \text{dir}) = |\text{WTH}(s + \Delta s, \text{dir}) - \text{WTH}(s, \text{dir})| \tag{5.4.31}$$

式中，D 代表方向数，$s_{\min}$、$s_{\max}$ 代表建筑物尺寸阈值。

（4）建筑形态学指数（Morphological Building Index，MBI）：顶帽变换的平均值。

$$\text{MBI} = \frac{\sum_{s, \text{dir}} \text{DMP}_{\text{WTH}}(s, \text{dir})}{N_D \cdot N_S} \tag{5.4.32}$$

式中，S、D 分别为属性的尺度和方向数；$s_{\min}$、$s_{\max}$ 则根据影像的空间分辨率和实际建筑物的尺寸决定。

3. 确定为建筑物需要满足的条件

在建筑物提取的过程中需要满足以下条件才可确定为建筑物：

(1) $\mathrm{MBI}(x) \geqslant T_B$；

(2) $\mathrm{NDVI}(x) < t_1$；

(3) $\mathrm{Ratio}(x) < t_2$；

(4) $\mathrm{Area}(x) \geqslant t_3$。

其中，MBI 代表结构 x 的建筑物指数，NDVI 代表结构 x 的植被指数，Ratio 代表结构 x 的长宽比，Area 代表结构 x 的面积。根据这四个特征去除植被、道路、较小的噪声点等对建筑物提取的干扰，提高建筑物提取的精度。

阴影与建筑物在空间上紧密邻接，具有相似的结构特征，只是两者的光谱信息截然相反，因此与建筑物指数一样构建阴影形态学指数(Morphological Shadow Index，MSI)，同样基于阴影的光谱-空间特性。

4. 阴影形态学指数中考虑的阴影特征

(1) 亮度：阴影具有低的反射率，在影像上表现较暗。

(2) 对比度：阴影有较高的局部对比度，但是与建筑物不同，阴影的亮度值低于周围地物。因此用黑顶帽变换(BTH)提取阴影。

(3) 尺寸和方向：建筑物的大小、建筑物之间的距离决定着阴影的大小，太阳的高度角决定着阴影的方向。

因此参照建筑物形态学指数的公式，阴影形态学指数的表达式为：

$$\mathrm{MSI} = \frac{\sum\limits_{s,\,\mathrm{dir}} \mathrm{DMP}_{\mathrm{BTH}}(s,\,\mathrm{dir})}{N_D \cdot N_S} \tag{5.4.33}$$

式中，将 MBI 计算中的白顶帽变换替换为黑顶帽变换。

5. 在阴影提取过程中需要满足的条件

在阴影提取过程中需要满足以下条件：

(1) $\mathrm{MSI}(x) \geqslant T_S$；

(2) $\mathrm{NDVI}(x) < t_1$；

(3) $\mathrm{Bright}(x) < t_4$。

其中，MSI 代表结构 x 的阴影指数，NDVI 代表结构 x 的植被指数，Bright 代表结构 x

的亮度值。通过 NDVI 可以去除颜色较深的树，利用亮度值去除那些与周边结构相比颜色较暗但是反射率较高的地物，提高阴影提取的精度。

📚 **案例 5. 4. 2**　**用 ZY-3 卫星影像进行地物结构特征提取与分类**

1. 实验数据及实验方法

选取 ZY-3 卫星影像进行实验，其中低分辨率多光谱影像包含红、绿、蓝、近红外四个波段，分辨率为 5. 8m；高分辨率全色影像分辨率为 2. 1m。

对影像进行基于灰度共生矩阵的合成变量加法融合（HPF-GLCM），并对融合结果利用 NDVI、NDWI、MBI、MSI 四种指数提取融合影像植被、水体、建筑物和阴影的特征影像，选用合适的阈值对特征影像进行二值化。通过计算得到特征影像在 5 个样区内的 OA（总体精度），并对评价结果以每个样区的样本数为权重进行加权平均得到整幅影像该特征提取的精度，最后计算四种信息提取的总精度。

2. 实验结果与分析

用 RGB 合成特征影像（R = MBI，G = NDVI，B = MSI）展示未进行二值化的信息提取结果，如图 5. 4. 9 所示。

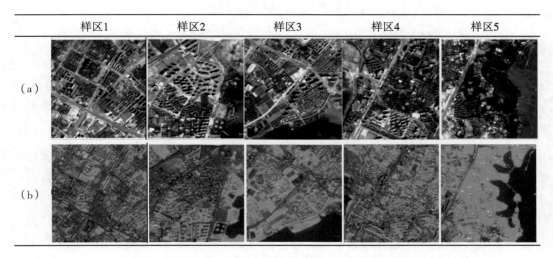

图 5. 4. 9　未进行二值化的 RGB 合成的特征影像，（a）多光谱影像；（b）HPF-GLCM

进行二值化后的信息提取结果，如图 5. 4. 10 所示。

经过计算，加入灰度共生矩阵的合成变量加法融合信息提取中，NDVI 的提取精度为

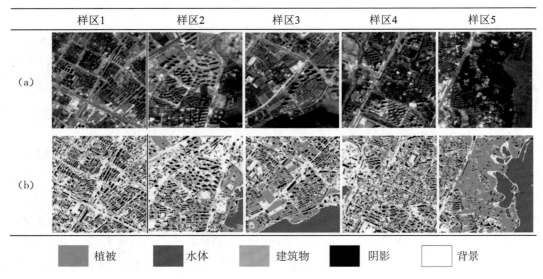

| | 样区1 | 样区2 | 样区3 | 样区4 | 样区5 |

图 5.4.10　二值化后的四种特征影像总体效果图，(a)多光谱影像；(b)HPF-GLCM

98.198%，NDWI 的提取精度为 98.015%，MBI 的提取精度为 79.755%，MSI 的提取精度为 90.752%，总体精度为 93.733%。

5.5　多视角特征

　　许多研究致力于从单视角高分辨率影像中提取空间平面特征，例如形状和纹理。然而，在不同的观测角度下，地物的形状会展现出不同的空间变化特征，显示出不同角度差异的特点。因此，这些平面特征缺乏捕捉三维空间中的信息的能力。图 5.5.1 展示了六种典型城区地物的多视角影像，可以看出在不同视角的高分辨率遥感影像上，具有高度的垂直地物(如房屋)在光谱和形态结构方面会表现出明显的角度差异特性；而地面地物(如道路、草地、裸地)则保持较高的一致性。如图 5.5.1 的第一行所示，道路在多角度图像上几乎一致，而高层建筑物在局域内呈现明显的角度变化。这表明局域内的角度差异在一定程度上隐含了高度信息，可以用于区分具有相似光谱响应但高度特征不同的类别。同时，虽然中层住宅和城中村(植被覆盖稀疏，公共空间少且房屋密集分布的建筑区)具有相似的高度(同样是 6 层)，但是在多角度影像上可以清楚地看到由建筑密度的差异引起的遮挡和阴影的差异，这是因为稀疏分布的中层住宅在后视影像中呈现明亮的建筑侧面，而城中村的建筑密度高，所以在影像上很难观测到它们的侧面。因此，这种角度差异信息具有区分城市中具有相似光谱特性和相似高度的地物类别的潜力。

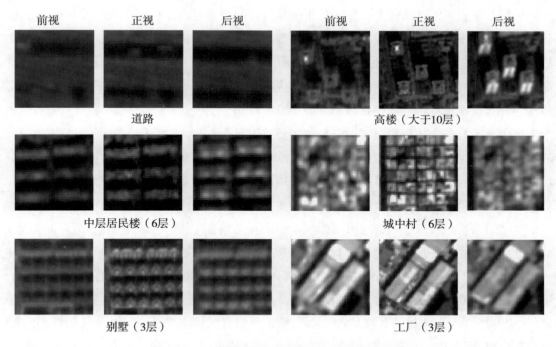

图 5.5.1 六种典型城区地物的 ZY-3 多视角影像

为了进一步说明不同类型的地物具有角度变化模式的差异，图 5.5.2 展示了六种典型城区地物的多角度影像灰度值。

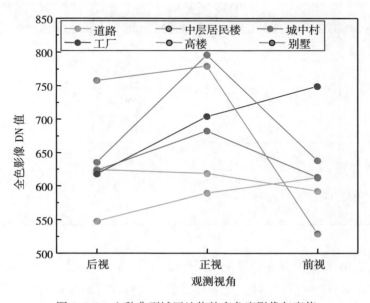

图 5.5.2 六种典型城区地物的多角度影像灰度值

从图5.5.2可以看出，中层住宅在正视和后视影像上呈现出更高的反射率值，而房屋分布密集的城中村的角度效应不太明显，呈现出相对平坦的曲线。类似地，具有相似高度的工厂和别墅（同样是3层）也表现出不同的角度变化模式，这可能是因为这两种建筑的表面材料和结构具有不同反射特性。这些例子说明光谱特性相似的房屋可能具有不同的角度特性，并且这些角度特性能够在城市分类中发挥作用。

近年来，具备立体观测模式的高分辨率遥感卫星（如ZY-3）由于搭载了三线阵传感器，能够在几乎同一时间沿同一轨道获取三个角度的高分辨率遥感影像，最大化消除了时间差带来的光谱差异，有助于在具有复杂垂直结构的城市场景中进行建筑物提取，提供了获取对城市区域的全面描述的机会。同时，这种多视角信息给在单视角成像模式下难以获取的三维立体结构信息带来了机会，可增强城市中的复杂垂直结构与地表地物（如房屋和裸地）的可分性，因此被许多学者用于进行城区分类、建筑物提取和变化检测。

资源三号卫星01星(ZY-3-01)于2012年1月9日在太原卫星发射中心由长征四号乙运载火箭成功发射，是我国首颗专为沿轨道立体影像采集而设计的民用高分辨率卫星（李德仁，2012），其上搭载了1台多光谱相机和3台相互之间夹角为22°的全色相机（正视、前视和后视）组成的三线阵立体测绘相机，4台相机均采用10bit进行量化，相机的主要参数见表5.5.1。

表5.5.1　ZY-3-01卫星上的立体测绘相机的参数

相机	波段	波长范围/nm	分辨率/m
多光谱	蓝	450~520	5.8
	绿	520~590	
	红	630~690	
	红外	770~890	
全色	正视	500~800	2.1
	前视		3.5
	后视		3.5

ZY-3-02星是01星的后续业务星，发射于2016年5月30日。ZY-3-02星的前、后视相机分辨率从3.5m提高到了2.5m，此外还搭载了一套试验性激光测高载荷，具有更优异的影像融合能力和高程测量精度。双星组网运行可使同一地点的重访周期由5天缩短至3

天之内，可对地球南北纬 84°以内地区实现无缝影像覆盖，大幅度提高了我国 1∶5 万和 1∶2.5 万立体测图信息源的获取能力和效率，能更好地满足各行业和部门对高分辨率卫星影像的应用需求。如图 5.5.3 所示，ZY-3 的两颗卫星均采用了三线阵立体观测模式，即通过具有一定交会角的前视、正视和后视相机对同一区域进行不同视角的观测，可以在卫星平台不发生倾斜的情况下几乎同时获取同轨立体的多角度影像，并且观测区域在影像上的变化基本上是由成像角度的差异引起的，而不会受到地物类型变化、大气和光照条件变化的影响。另外，多光谱影像和多角度全色影像的获取时间没有明显的间隔，有利于联合考虑光谱、空间和角度信息，提高对城市地物的解译能力，为建成区的提取提供了丰富的数据来源。

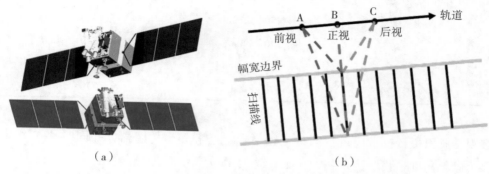

图 5.5.3　（a）资源三号卫星效果图；（b）三线阵相机成像示意图

资源三号 01 星和资源三号 02 星的具体参数见表 5.5.2。

表 5.5.2　资源三号卫星星座主要技术参数

	资源三号 01 星	资源三号 02 星
发射时间	2012 年 1 月 9 日	2016 年 5 月 30 日
设计寿命	5 年	5 年
轨道高度	约 506km	约 505km
轨道倾角/过境时间	97.421°/10∶30a.m.	97.421°/10∶30a.m.
轨道类型	太阳同步	太阳同步
相机模式	正视全色、前视全色、后视全色、正视多光谱	正视全色、前视全色、后视全色、正视多光谱
幅宽	正视全色：50km 正视多光谱：52km	正视全色：50km 正视多光谱：52km

		资源三号 01 星	资源三号 02 星
回归周期		59 天	59 天
重访周期		5 天	5 天
影像日获取能力		近 1000000km²/天	近 1000000km²/天
空间分辨率	正视全色	2.1m	2.1m
	前视全色	3.5m	2.5m
	后视全色	3.5m	2.5m
	多光谱	5.8m	5.8m
光谱范围	全色	500~800nm	500~800nm
	蓝	450~520nm	450~520nm
	绿	520~590nm	520~590nm
	红	630~690nm	630~690nm
	近红外	770~890nm	770~890nm

多视角倾斜摄影技术通过在同一飞行平台上搭载多台传感器，并同时从一个垂直角度、多个倾斜角度来获取建筑物的正面影像与其立面纹理的倾斜影像，获取多种影像数据，避免了传统航空摄影技术仅以垂直角度方向获取单一影像在一个方向投影的缺陷，能更准确地反映地物的真实情况。

为了去除多角度影像上非垂直结构的影像差异，以保证多视角特征提取的精度，首先要对获取的多视角倾斜影像进行预处理，主要包括：正射校正、影像配准和辐射校正三个步骤。

1) 正射校正

正射校正能够消除地形起伏和像片倾斜导致的影像几何畸变，经过正射校正的多角度影像可以使后续的配准误差最小化。真正射影像需要使用高精度 DSM 进行纠正，包括对地形以及建筑物等地上地物都纠正为垂直视角，但高精度 DSM 的获取代价昂贵。而提取多角度特征时不需要使用严格的真正射影像，因此仅需要利用数字高程模型（DEM）对多角度影像的地形进行纠正，可以使用美国地质调查局 USGS 制作的 GMTED2010 全球地形高程数据。

2) 影像配准

由于传感器的姿态差异以及定位误差，同一像素在不同影像上的地理位置也许存在偏差，即无法一一对应，因此首先需要对多角度影像进行几何配准，消除地面位置偏差带来的"伪差异"，从而仅保留由垂直地物的视差带来的"真实差异"。进行影像几何配准的方式主要分为绝对配准和相对配准。绝对配准通过地面控制点（GCPs）将不同影像进行平移、旋转和仿射变换等操作校正到统一的地面坐标系下；相对配准则是以一幅影像为基准，通过寻找不同影像之间的同名点来计算几何变化参数，从而确定影像之间的几何变换关系，实现将待配准影像校正到基准影像的同一空间坐标系下。绝对配准需要耗费大量人工操作选取 GCPs，且并不能完全保证不同影像的局部空间是相互配准的。而相对配准可以通过影像上少量的同名点实现配准，不需要 GCPs，因此可以采用相对配准的方式进行多角度影像预处理，即以 ZY-3 正视影像为基准，将前、后视影像分别配准至正视影像，配准误差在 1 个像素以内。

3）辐射校正

不同影像之间由于成像条件（包括成像角度、光照、大气、土壤湿度、植被物候等）的差异，使得同一地物表现出明显不同的光谱差异。ZY-3 影像能够近乎同时地获取同一地区三个角度的高分辨率影像，最大程度上限制了由时差、光照、大气等因素带来的光谱差异，因此十分适合于角度差异特征的提取。为进一步确保地表地物在多角度影像中的光谱值尽可能相似，需要对多角度影像进行辐射校正。辐射校正的方法分为绝对辐射校正和相对辐射校正两类。绝对辐射校正基于传感器参数与大气条件将影像 DN 值转化为地表反射值；相对辐射校正以一幅影像为基准，将待校正影像的辐射值映射至基准影像的辐射值空间。由于相对辐射校正不需要辅助数据获取相关参数，处理流程简单，容易实现，被广泛应用于变化检测等应用中。我们可以 ZY-3 正视影像为基准，采用直方图匹配的方法对前、后视影像进行相对辐射校正。

下面介绍多视角遥感影像的高度特征（即数字表面模型）、光谱特征、形状特征、纹理特征和属性特征。

5.5.1　数字表面模型

数字表面模型（Digital Surface Model，DSM）真实地表达了地球表面及其以上物体表面（如地表建筑物、桥梁和树木等）高低起伏形态的覆盖情况，是地表及其自然、人工地物空间信息的统一体，能够更准确、更直观地表达地理高程信息。从数学表达形式上来说，DSM 是在规则网格单元结构中用一组有序数值阵列形式表示地表高程的一种离散数字表示，其行列坐标 (X, Y) 都是一个一个的方格，每个方格上标识出其高程。这个方格的宽度就是 DSM 的分辨率，分辨率数值越小，刻画的地表特征就越精确。值得注意的是，DSM 的制作和分辨率选取的时候要充分考虑需求和成本，在精确度、数据量和生产成本之间做出平衡选择。尽管利用 DSM 数据可以区分异物同谱中存在高度差异的地物，但相同高度的地物可能会因海拔高度不同而存在明显差异，降低了地物的提取精度。通常需要从

DSM 中去除地形影响(即数字地面模型，DTM)，得到归一化数字表面模型(normalized Digital Surface Model，nDSM)。地形可以用高程来描述，也可以用坡度、坡向等信息来描述。图 5.5.4 展示了 DSM、DTM 与 nDSM 的区别与联系。

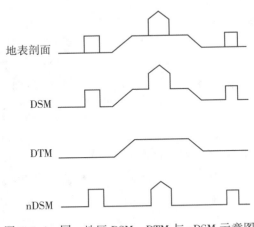

图 5.5.4　同一地区 DSM、DTM 与 nDSM 示意图

　　根据 DSM 所包含的信息特点，可将其作为地理信息系统的重要的、基础的数据来源。同时，DSM 也是制作数字正射影像图以及更新地理信息、提取与重建建筑物等工作的重要信息源，在土地管理、林业调查、通信基站选址、城市变化检测和矿产资源调查等民用领域，以及精确制导武器和指挥作战自动化监控系统等军事领域都具有重要作用。我们可以通过大地测量、光学或雷达卫星影像、无人机航空影像以及地面或空中激光扫描采集来生成 DSM。大范围立体信息的获取主要通过多角度卫星影像进行立体匹配生成 DSM，然后提取 nDSM 来实现。Li 等(2017)使用从 GeoEye 图像中提取的 nDSM 和 OpenStreetMap (OSM)来识别建筑物类型，从 OSM 中获得建筑覆盖区域，然后根据 nDSM 计算出建筑高度的均值和方差，与基于单视高分辨率影像的分类结果相比，使用立体影像带来的精度提升证实了高度信息在区分不同类型的建筑物方面的有效性。宋晓阳等(2018)将从无人机影像中提取的 DSM 用于确定影像分割的阈值并作为高度特征参与分类，和传统的面向对象分类方法相比，该方法在城市土地利用的分割和分类任务中均有更优的结果。

　　然而在复杂城区，DSM 的质量容易受到影像差异、基高比、遮挡、纹理单一、云覆盖等因素的影响，常常出现空洞、地物边界模糊等现象，从而增加了城市 DSM 自动提取的难度。同时，大规模的高分辨率影像立体匹配需要付出较高的计算和时间代价。此外，选择合适的立体匹配算法也很重要。现有的立体匹配算法主要包括局部约束匹配、全局约束匹配和半全局约束匹配算法。局部约束匹配算法只考虑像素的局部区域，计算代价较低，但对遮挡和弱纹理区域容易产生误匹配；全局约束匹配算法考虑图像的全局一致性约束，通过构建和最小化全局能量函数求得视差图，具有较高的匹配可靠性，但计算复杂度很高；半全局约束匹配算法介于局部和全局之间，能同时避免二者的缺点，具有较好的匹配效果和较低的计算复杂度，是目前使用最广泛的立体匹配算法之一。

5.5.2　多视角光谱特征

光谱特征直观描述了不同地物的光谱反射特性，是遥感影像解译中最常用到的基本特征。光谱特征分析常用的方式有三种，第一种是直接使用光谱波段值作为像素层特征参与影像解译；第二种是利用直方图反映影像的灰度分布情况；第三种是计算一些重要的统计量，如均值和方差，作为影像的光谱统计特征。在实际应用中，常用的光谱特征主要包括光谱波段和光谱衍生特征两类。

光谱衍生特征通过对初始多光谱波段进行简单的转换或波段运算得到，其目的是增强某一类地物的光谱可分性。多角度光谱特征的基本思想是刻画多角度影像之间的差异，从而突出具有垂直结构的地物，抑制地表地物，因此可以参考变化检测方法找到不同角度影像之间的"变化"。广泛使用的变化检测方法有直接比较法、分类后比较法、统一模型法等。直接比较法是指对不同影像进行直接比较计算，得到变化信息的方法，包括差值法、比值法、回归法、变化向量分析法等，具有计算简单、快捷的特点。参考直接比较法对多角度影像进行计算，为了强化建筑物的角度变化特性，并同时抑制地表地物的"伪差异"，本章节介绍三种方法构造多角度光谱特征：比值法、差值法和归一化差分法。

1. 比值多角度光谱指数（Ratio Multi-angular Spectral Index，RMASI）

RMASI 通过对不同角度的影像进行两两组合，计算每个影像组合的比值，并求最大值得到，如式（5.5.1）所示：

$$\text{RMASI} = \max \left\{ \frac{X_n}{X_f}, \ \frac{X_n}{X_b}, \ \frac{X_f}{X_b}, \ \frac{X_f}{X_n}, \ \frac{X_b}{X_n}, \ \frac{X_b}{X_f} \right\} \tag{5.5.1}$$

式中，X_f，X_n 和 X_b 分别表示配准之后的 ZY-3 前视、正视和后视影像，下同。

2. 差分多角度光谱指数（Difference Multi-angular Spectral Index，DMASI）

$$\text{DMASI} = \max \left\{ |X_n - X_f|, \ |X_n - X_b|, \ |X_f - X_b| \right\} \tag{5.5.2}$$

3. 归一化差分多角度光谱指数（Normalized Difference Multi-angular Spectral Index，NDMASI）

NDMASI 通过计算不同角度影像组合的差值，并除以该组合中的较大值进行归一化，然后求最大值得到，如式(5.5.3)所示：

$$\text{NDMASI} = \max \left\{ \frac{|X_n - X_f|}{\max(X_n,\ X_f)},\ \frac{|X_n - X_b|}{\max(X_n,\ X_b)},\ \frac{|X_f - X_b|}{\max(X_f,\ X_b)} \right\} \quad (5.5.3)$$

为了抑制图像中异常值的影响，多角度光谱指数的计算还需要进行异常值去除和归一化拉伸，具体方法为：统计特征像素值，去除2%比例的最大、最小值，再对特征进行归一化。图5.5.5展示了DMASI指数特征的结果。如图5.5.5所示，DMASI能够突出角度差异显著的像素，因此可用于识别有一定高度的物体(例如建筑物)，并将其与诸如道路和土壤的地物区分开。因此推断，根据传感器和场景的特点，多视角光谱指数可以用于提取建筑物等具有一定垂直结构的地物。

（a）RGB影像　　　　　　　　　　　　　　（b）DMASI

图5.5.5　DMASI计算结果

案例5.5.1 对比DMASI与三种自动化建筑提取方法

本案例介绍了一种基于多角度光谱指数DMASI提取建筑的方法，用于从ZY-3-01和ZY-3-02多视角影像中自动提取建筑物。流程图如图5.5.6所示。首先，从ZY-3全色多角度影像中提取DMASI。然后，通过设定特征阈值获得初始建筑物提取结果。最后，基于ZY-3多光谱影像计算归一化植被指数(NDVI)和归一化水体指数(NDWI)，使用光谱约束和形状约束来优化建筑物提取结果。

1. 基于光谱信息和几何信息的后处理

初始建筑物提取结果中可能会存在由噪声引起的虚景。此外，DMASI可能对其他具有垂直结构的地物(例如树木和桥梁)敏感。为了解决上述问题并更准确地提取建筑物，本案例使用光谱约束和形状约束来优化初始建筑物提取结果。

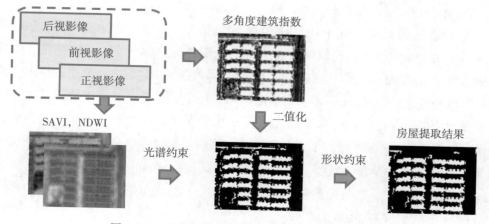

图 5.5.6　基于多角度光谱指数的建筑物自动提取流程

1）基于光谱信息的后处理

基于多光谱影像提取水体指数和植被指数，通过结合光谱信息来改善建筑物提取的结果。因为具有显著垂直结构的植被（例如乔木和灌木）可能被多角度光谱指数错误地识别为建筑物，所以将土壤调整植被指数（SAVI）用于减少建筑物与植被之间的混淆。此外，由于水体表面的波纹也可能导致虚景，本章节使用归一化差分水体指数（NDWI）掩膜水体。基于光谱信息的约束规则可表示为：

$$\text{if}\quad \text{SAVI}(x) \geqslant V_{\text{th}}\quad \text{or}\quad \text{NDWI}(x) \geqslant W_{\text{th}} \tag{5.5.4}$$
$$\text{Then}\quad \text{ABI}(x) = 0 \tag{5.5.5}$$

式中，x 表示影像中的像素；V_{th} 和 W_{th} 分别表示植被和水体指数的阈值。

2）基于几何信息的后处理

为了减少虚景，考虑提取目标的面积和长度来去除小而窄的物体（例如道路和桥梁）。首先将连通分量分析应用于建筑物提取结果，将检测到的区域划分为单独的对象。然后，从结果中移除所有面积小于 A_{th} 或长宽比比 R_{th} 大的对象。基于几何信息的形状约束规则可表示为：

$$\text{if}\quad \text{Area}(\text{obj}) \leqslant A_{\text{th}}\quad \text{or}\quad \text{LWR}(\text{obj}) > W_{\text{th}} \tag{5.5.6}$$

式中，A_{th} 是对象 obj 面积（Area）的阈值；R_{th} 是其长宽比（LWR）的阈值；obj 被识别为非建筑结构。

与 DMASI 相对应，本案例中还引入三种特征（指数）来对比建筑提取的效果：形态学建筑指数（MBI）（Huang and Zhang，2011）；增强建筑指数（EBI）（Huang et al.，2017b）；归一化数字表面模型（nDSM）（Qin，2016）。

MBI 是一个通过整合多尺度和多方向的形态学算子来表征建筑物特性（亮度、大小、对比度、方向性和形状)的建筑物指数。EBI 是 MBI 的改进版本,它使用了光谱、几何和上下文信息来进行后处理。MBI 和 EBI 的参数根据原文设定。使用半全局匹配算法(Hirschmuller,2008)基于多角度影像计算 DSM。随后,用 DSM 计算 nDSM,它可以表示地表物体的高度。nDSM 的二值化阈值设置为 3m,即数据集中建筑物一层楼的高度。为了减少由树木引起的虚景,nDSM 的建筑物提取结果也用上述后处理方法进行了优化。后处理步骤的参数依据 Huang 等(2017b)的建议设置。实验数据是在中国三个城市获得的三张 ZY-3 影像(见表 5.5.3)。通过对 ZY-3 影像和 Google Earth 影像的人工目视解译,在相应的 ZY-3 正视影像上人工勾绘参考数据。我们用总体准确度(Overall Accuracy,OA)、漏分误差(Omission Error,OE)、错分误差(Commission Error,CE)和 Kappa 系数来评估四种方法在三个数据集上进行建筑物提取的效果。

表 5.5.3　ZY-3 数据集

传感器	获取日期	面积/km^2	地理位置	主要地物
ZY-3-01 星	2013-08-12	3×3	武汉	房屋密集的城区
ZY-3-01 星	2014-10-15	3×3	上海	城郊
ZY-3-02 星	2017-05-29	3×3	哈尔滨	城区

从实验中可以看出,DMASI 在密集的城区表现出良好的性能和较小的虚景。此外,DMASI 也适用于检测郊区的低密度建筑物。

(1)武汉数据集:该区域除了少量湖泊和公园外,场景中的大部分地物都是道路和密集的建筑物。由图 5.5.7(a)目视比较 MBI,EBI,nDSM 和 DMASI 的建筑物提取结果,可见 DMASI 的表现最好,总体准确度达到 89.8%(表 5.5.4)。MBI 和 EBI 对具有屋顶明亮和局部对比度大的建筑物更敏感,但是可能会忽略屋顶颜色较暗和局部对比度低的建筑物。而 DMASI 是从多视角影像提取的,可以反映地物的角度特征和三维特性,因此 DMASI 能识别有暗色屋顶的房屋。nDSM 建筑物提取精度取决于 DSM 的精度,若 DMASI 不够精确,可能会导致所提取的建筑物形状轮廓不准确,甚至会导致建筑物整体漏检。此外,在建筑密集分布区域,nDSM 的提取结果有时呈现团状,建筑物之间没有清晰的边界,这种模糊的边界也不利于建筑物检测。

(2)上海数据集:该区域位于上海的城郊,其特点是建筑较为稀疏,且主要是不到 3 层的小型建筑。实验结果表明,使用 DMASI 可以较好地提取这些小型建筑物。从图 5.5.7

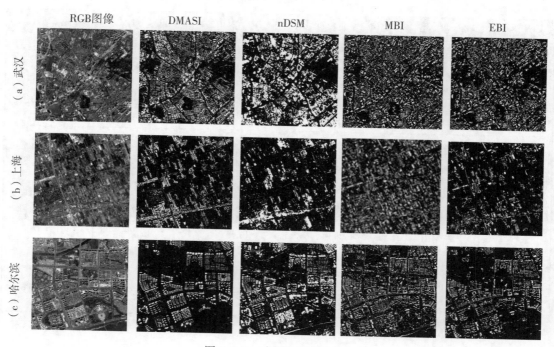

图 5.5.7　建筑物提取结果

（b）可以看出，MBI 的结果中有较多农田造成的虚景，与 MBI 相比，EBI 的虚景明显减少，错分误差从 20.3% 降低到 6.9%。然而，由于这些郊区的独栋建筑与周围的自然地物之间的对比度较低，MBI 和 EBI 都漏检了许多位于影像上侧的分散建筑物。该数据集中建筑物的高度较低，大部分少于 3 层，也对 nDSM 提取建筑物带来了挑战，所以导致了 38.9% 的漏分误差。结果表明，与对比方法相比，DMASI 在提取郊区分散的小型建筑物上具有一定优势。

（3）哈尔滨数据集：哈尔滨数据集是由 2016 年发射的 ZY-3-02 星获得的。该数据集是典型的城市场景，包含各种人造地物，包括不同的高度、大小和形状的建筑物以及道路。实验显示，四个特征均表现出较低的漏分误差，然而，与 MBI，EBI 和 nDSM 相比，DMASI 中由广场和道路引起的虚景较少。MBI 和 EBI 中大部分遗漏的是异质和暗色的屋顶，而错分误差则主要与明亮的土壤、开阔地带和道路有关，因为这些地物也比其周围环境更亮。由于 ZY-3-02 星的前视和后视影像的分辨率提高，nDSM 显示出更多的细节和更清晰的建筑边界。然而，与 DMASI，MBI 和 EBI 相比，nDSM 仍然难以保留建筑物边界（参见图 5.5.7（c）的中下部分）。DMASI 能够提取不同高度和颜色的建筑物，精度也较高。

表 5.5.4 建筑物提取精度

数据集	方法	OE/%	CE/%	OA/%	Kappa
武汉	MBI	19.6	12.2	82.3	0.724
	EBI	20.1	7.6	84.6	0.756
	nDSM	16.5	6.6	87.1	0.788
	DMASI	11.7	6.3	89.8	0.826
上海	MBI	26.4	20.3	77.0	0.660
	EBI	26.9	6.9	83.5	0.742
	nDSM	38.9	4.2	78.7	0.684
	DMASI	11.8	8.5	89.7	0.826
哈尔滨	MBI	15.9	17.8	86.8	0.777
	EBI	16.6	8.1	90.7	0.831
	nDSM	9.4	27.1	83.4	0.738
	DMASI	6.6	4.2	95.8	0.919

5.5.3 多视角形状特征

本章节介绍一种多角度差分像元形状指数(Multi-angle Differential Pixel Shape Index,PSI^{MAD}),以刻画城市地物在不同观测角度下形状特征的变化。PSI^{MAD}将应用于单个影像的像元形状指数(Pixel Shape Index,PSI)(黄昕等,2007)的概念扩展到一组多视角影像上,可以从 ZY-3 影像单角度波段和多角度波段的组合上度量在各个方向上灰度相似性距离的差异。

PSI 通过方向线扩展的方式,提取了局部区域内的形状结构信息。然而,在单视角影像上计算的 PSI 不能利用多角度影像(如 ZY-3)中的空间角度信息,缺乏描述地物垂直结构的能力。由于成像角度、太阳观测截面、地物侧面的展示以及其他地物和阴影的遮挡,地物的形状在不同视角的影像上会呈现出不同程度的差异,这反映了地物的三维结构。PSI^{MAD}将 PSI 概念框架扩展到多角度影像上,描述了 ZY-3 立体影像中灰度值的空间相关性以及地物的形状变化特性。对于在某个观测角度下获取的影像上的中心像素,分别在该影像和另一个角度的影像上进行方向线扩展,然后 PSI^{MAD}度量了在不同角度的影像上计算的多角度像元形状指数(Multi-angle Pixel Shape Index,PSI^{MA})和基于中心像素所在影像的 PSI 的差异。多视角影像可以构成一个三维张量,像素的位置可以表示为 (x, y, a),其中 x, y, a 分别表示像素所在的行、列和角度,对于 ZY-3 影像,a 为正视、前视和后视三个角度。给定一组在不同视角 a_1，a_2 下获取的影像 I_1，I_2，中心像素和邻域像素分别位于两个影像上，如图 5.5.8 中橙色和蓝色像素所示，计算它们之间的同质性测度 $H_{a_1a_2,\,d}$：

$$H_{a_1a_2,\,d} = \left| G_{a_1}^c - G_{a_2,\,d}^n \right| \tag{5.5.7}$$

其中，$G_{a_1}^c$ 表示位于影像 I_1 中的中心像素灰度值，$G_{a_2,\,d}^n$ 则为影像 I_2 中第 d 条方向线上的邻近像元的灰度值，$d = \{1, 2, \cdots, D\}$，D 为所有方向线的总数。当 $H_{a_1a_2,\,d}$ 小于阈值 T_1 时，方向线继续扩展到下一个邻域像素，直到 $H_{a_1a_2,\,d}$ 大于 T_1 或者该方向线长度大于最大长度阈值 T_2 时，该方向线停止扩展。通过度量方向线两端像素之间的城市街区距离的最大值，计算第 d 条方向线的长度 $L_{a_1a_2,\,d}$：

$$L_{a_1a_2,\,d} = \max \left\{ \left| x_{a_1}^c - x_{a_2,\,d}^n \right|,\ \left| y_{a_2}^c - y_{a_2,\,d}^n \right| \right\} \tag{5.5.8}$$

其中在不同角度影像上的中心像素和邻域像素的行列用 $(x_{a_1}^c,\ y_{a_1}^c)$，$(x_{a_2}^n,\ y_{a_2,\,d}^n)$ 表示。对中心像素扩展出的所有方向线的长度求和得到多角度像元形状指数：

$$\mathrm{PSI}^{\mathrm{MA}}(x_{a_1}^c,\ y_{a_1}^c) = \sum_{d=1}^{D} L_{a_1a_2,\,d} \tag{5.5.9}$$

然后，度量使用不同角度影像的组合得到的 $\mathrm{PSI}^{\mathrm{MA}}$ 和中心像素所在影像上相同位置的 PSI 之间的差异，得到多角度差分像元形状指数：

$$\mathrm{PSI}^{\mathrm{MAD}}(x_{a_1}^c,\ y_{a_1}^c) = \mathrm{PSI}^{\mathrm{MA}}(x_{a_1}^c,\ y_{a_1}^c) - \mathrm{PSI}(x_{a_1}^c,\ y_{a_1}^c) = \left| \sum_{d=1}^{D} L_{a_1a_2,\,d} - \sum_{d=1}^{D} L_{a_1,\,d} \right| \tag{5.5.10}$$

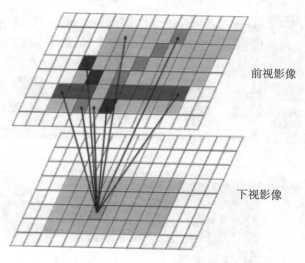

前视影像

下视影像

图 5.5.8　计算 $\mathrm{PSI}^{\mathrm{MA}}$ 时方向线扩展的过程

 PSI^{MA}可以直接反映出观测角度的变化对局部邻域同质性的影响，突出在不同角度下地物形状的差异。图 5.5.9(a)表示 ZY-3 多角度影像；图(b)为从属于高层房屋的区域提取的 PSI^{MA}特征；图(c)为从属于中层房屋的区域提取的 PSI^{MA}特征；图(d)为对使用不同影像组合得到的 PSI^{MA}进行叠加的张量特征。图中展示了在两个分别属于中层和高层房屋的区域使用参数 $T_1 = 5$，$T_2 = 5$，$D = 20$ 计算的 PSI^{MA}，对于 ZY-3 立体影像，中心像素和邻域像素所在的不同角度影像的组合共有 6 种，即正视-前视、正视-后视、前视-正视、前视-后视、后视-正视、后视-前视。随着观测角度的变化，在影像上展现的形状会受到侧面、阴影和周围地物遮挡的影响而发生改变，这种改变的程度和地物的三维结构密切相关。在不同的观测视角下，低矮地物的空间位置和形状变化不大，中心像素周围的同质区域范围在三个角度的影像上也比较接近，因此在跨视角影像上计算的 PSI^{MA}和在中心像素所在的单视角影像上得到的 PSI 之间的差异会比较小，如图 5.5.9(c)所示。对于较高的地物，比如高层房屋(图 5.5.9(a)中蓝色方框标出的区域)，从中心像素向周围邻域进行方向线扩展时，由于角度的变化，在不同角度影像上扩展的中心线的长度在某些方向会比在同一影像上的长，从而高层房屋所在区域会对应较大的 PSI^{MA}值(图 5.5.9(b))。另外，用几种视角组合计算的高层房屋的 PSI^{MA}值之间的差异也要比低层房屋的大。从上述比较可以看出，PSI^{MAD}特征可以描述在多角度影像中城市地物的形状变化，具有捕捉城市三维结构的潜力。

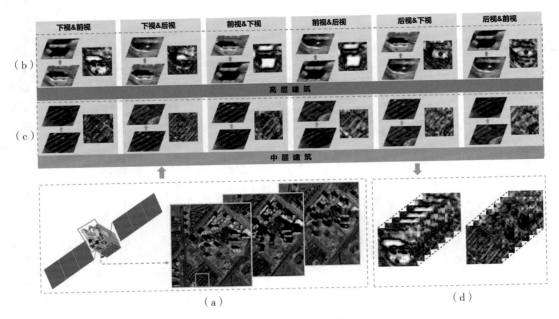

图 5.5.9　PSI^{MAD}特征示例

📚 **案例 5.5.2** 基于多视角形状特征用 ZY-3 卫星影像进行城市地物分类

1. 实验设置

在本章节的实验中，我们选取了武汉、合肥和上海主城区的 ZY-3 影像作为数据集。共划分了 9 种地物类别，如表 5.5.5 所示，并通过对 ZY-3 正视影像和 Google Earth 高分影像的目视解译用多边形绘制了参考样本，每个多边形中的像素属于同一类别。在每个城市中，均实施 10 次独立重复试验来获取稳健的精度评价。

表 5.5.5　每个数据集的训练和测试样本

类别	武汉		合肥		上海	
	训练样本	测试样本	训练样本	测试样本	训练样本	测试样本
低层居民楼	159	171	95	93	162	168
中层居民楼	214	225	771	782	387	415
高层居民楼	126	120	241	211	1140	1137
工厂	188	194	163	168	364	375
道路	134	139	124	121	194	209
植被	324	330	218	224	247	247
裸土	142	147	62	58	98	97
水体	326	332	129	129	338	339
阴影	253	272	487	543	627	679
总计	1866	1930	2290	2329	3557	3673

基于不同影像组合得到的 PSI[MAD] 构成了一个三阶张量，分别代表行、列以及角度，对 PSI[MAD] 特征的有效解译提供了获取更准确的城市分类图的机会。然而，传统的基于向量的特征解译和分类方法会对张量特征进行矢量化，比如支持向量机（Support Vector Machine，SVM）（Cortes et al.，1995）、随机森林（Random Forest，RF）（Breiman et al.，2001）等，会导致原始张量数据结构的破坏和信息的损失。为了保留光谱特征和从不同角度影响的组合中提取的 PSI[MAD] 的局部上下文关系，我们将多光谱影像和 PSI[MAD] 叠加，并用大小为 $W \times W$ 的空间窗口提取中心像素周围的局部邻域作为三阶的光谱-空间-角度张量数据块，引入 STM 进行解译分类。

为了说明 PSI[MAD] 特征和 STM 张量解译方法（表示为 STM_S+PSI[MAD]）的有效性，我们和传统的形状特征以及最新的多角度特征进行了比较：①使用光谱特征和随机森林(RF)分类器(即 RF_S)；②叠加光谱和传统的 PSI 特征输入 SVM 分类器中(表示为 SVM_S+PSI)；③使用光谱和 nDSM 作为 RF 分类器的输入(表示为 RF_S+nDSM)。在计算 PSI^{MAD} 时，较多的方向线可以提供对地物形状更精细的描述，我们将方向线总数设为 20。方向线扩展过程中，将限制中心像素和周围邻域像素之间的最大光谱距离的阈值 T_1 设置为 5，方向线的最大长度 T_2 取 5。

2. 实验结果

表 5.5.6 至表 5.5.8 展示了在三个数据集上的实验结果，将每个类别的最高分类精度加粗表示。从三个表中可以看出，STM_S+PSI^{MAD} 在三个数据集上均优于其他方法，能够有效地提高城市环境的分类精度。考虑到从正视影像中提取的特征，STM_S+PSI^{MAD} 的分类效果明显优于 RF_S 和 SVM_S+PSI。和 RF_S 相比，加入 PSI^{MAD} 特征后，OA 显著提高了 13.9%~14.9%。同时，和 SVM_S+PSI 相比，STM_S+PSI^{MAD} 将 OA 提高了 8.6%~10.4%，由于对低层、中层和高层居民楼、道路和裸土更好地区分，平均精度分别提高了 37.6%、12.7%、33.5%、15.4% 和 25.8%。这些结果表明，与单视角形状特征相比，PSI^{MAD} 具有描述地物形状的角度变化特性的优势，可以更有效地区分城市区域中光谱和空间特征相似的地物，尤其是人造地物。

表 5.5.6　武汉数据集的分类结果

类别	RF_S	SVM_S+PSI	RF_S+nDSM	STM_S+PSI^{MAD}
低层居民楼	0.778±0.020	0.763±0.036	0.776±0.020	0.785±0.040
中层居民楼	0.518±0.048	0.487±0.033	0.520±0.034	**0.724±0.077**
高层居民楼	0.241±0.074	0.214±0.031	0.246±0.043	**0.711±0.044**
工厂	0.559±0.046	0.587±0.060	0.594±0.047	**0.646±0.052**
道路	0.524±0.077	0.744±0.053	0.710±0.036	**0.780±0.044**
植被	0.925±0.040	0.979±0.005	**0.987±0.021**	0.974±0.013
裸土	0.636±0.047	0.979±0.005	0.772±0.053	**0.880±0.061**
水体	0.941±0.022	0.951±0.013	0.964±0.012	**0.988±0.008**
阴影	**0.988±0.038**	0.952±0.024	0.968±0.018	0.927±0.022
OA	0.988±0.038	0.785±0.008	0.786±0.007	0.871±0.012

144

表 5.5.7　上海数据集的分类结果

类别	RF_S	SVM_S+PSI	RF_S+nDSM	STM_S+PSI^{MAD}
低层居民楼	0.368±0.057	0.216±0.037	0.347±0.028	**0.779±0.052**
中层居民楼	0.687±0.026	0.656±0.034	0.718±0.028	**0.780±0.041**
高层居民楼	0.756±0.027	0.677±0.029	0.718±0.028	**0.856±0.018**
工厂	0.873±0.021	0.887±0.025	0.883±0.023	**0.900±0.021**
道路	0.240±0.031	0.603±0.044	0.455±0.049	**0.847±0.019**
植被	0.983±0.015	0.996±0.043	0.989±0.003	**0.997±0.003**
裸土	0.150±0.049	0.283±0.064	0.579±0.063	**0.815±0.032**
水体	0.975±0.009	**0.985±0.003**	0.984±0.006	0.983±0.005
阴影	0.968±0.009	**0.988±0.003**	0.984±0.005	0.981±0.003
OA	0.760±0.006	0.805±0.005	0.808±0.007	0.909±0.007

表 5.5.8　合肥数据集的分类结果

类别	RF_S	SVM_S+PSI	RF_S+nDSM	STM_S+PSI^{MAD}
低层居民楼	0.046±0.028	0.051±0.038	0.038±0.031	**0.595±0.057**
中层居民楼	0.836±0.020	0.857±0.017	0.861±0.014	**0.877±0.043**
高层居民楼	0.286±0.014	0.412±0.050	0.338±0.041	**0.741±0.026**
工厂	0.704±0.047	0.727±0.121	0.743±0.057	**0.839±0.032**
道路	0.625±0.036	0.711±0.027	0.763±0.052	**0.893±0.038**
植被	0.914±0.021	0.978±0.035	0.970±0.011	**0.987±0.016**
裸土	0.673±0.076	0.673±0.042	0.667±0.128	**0.869±0.062**
水体	0.814±0.054	0.818±0.029	0.823±0.034	**0.859±0.072**
阴影	0.904±0.018	**0.930±0.009**	0.959±0.012	0.916±0.022
OA	0.740±0.007	0.930±0.009	0.780±0.007	0.879±0.015

　　和其他多角度特征进行比较，STM_S+PSI^{MAD}的 OA 比 RF_S+nDSM 高了约 9.5%。STM_S+PSI^{MAD}的分类结果优于 RF_S+nDSM，尤其是对形状比较规整的人工地物，例如底层居民楼和道路在三个数据集上的平均精度分别提高了 33.3% 和 19.7%。nDSM 的分类精度不

如 PSI^{MAD}的原因一方面在于生产 nDSM 过程中的匹配误差，会导致提取的高度信息不够准确；另一方面，nDSM 仅仅提取了高度视差，忽略了多角度影像中隐含的空间-角度上下文信息，而 PSI^{MAD}则挖掘利用了这一信息。

3. PSI^{MAD}参数的敏感性分析

在计算 PSI^{MAD}的过程中，需要用到三个参数：方向线总数 D 和方向线扩展阈值 T_1，T_2。参考 PSI 对方向线的推荐，本案例将 D 设置为 20，可以对形状特征进行比较精细的描述。为了分析 T_1 和 T_2 的取值对分类精度的影响，在不失通用性的情况下，我们在上海数据集上进行了一系列讨论。首先固定 $T_2 = 5$，当 $T_1 = \{5, 10, \cdots, 60\}$ 时，STM_S+PSI^{MAD} 的整体分类精度如图 5.5.10 所示。可以看出，使用 $T_1 = 5$ 时计算的 PSI^{MAD}得到的分类精度最高，并且随着 T_1 的增加，OA 逐渐降低。这是由于一个同质区域内像素的光谱值往往比较接近，较小的 T_1 值可以更准确地描述该区域的形状，当 T_1 值较大时，可能会受到其他区域像素的影响。

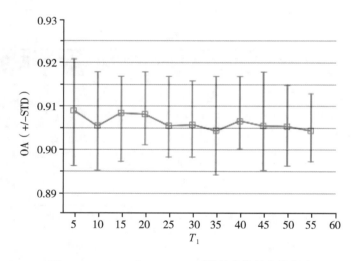

图 5.5.10　T_1 对 STM_S+PSI^{MAD}的整体精度的影响

固定 T_1 为最优值 5，对 T_2 和整体精度的关系进行讨论，如图 5.5.11 所示。T_2 值限制了方向线延伸的最大长度，与影像中地物的大小有关。当 T_2 值逐渐增大时，STM_S+PSI^{MAD} 的 OA 缓慢下降，但最高（$T_2 = 5$）与最低（$T_2 = 35$，55）精度之间的差异只有 0.5%，T_2 的取值对 OA 的影响较小。这一方面是因为 $T_2 = 5$ 比较接近影像中房屋的长度和宽度的平均值；另一方面，即使 T_2 取值比较大，方向线的长度仍然会受到 $T_1 = 5$ 的限制而在同一形状区域内延伸。

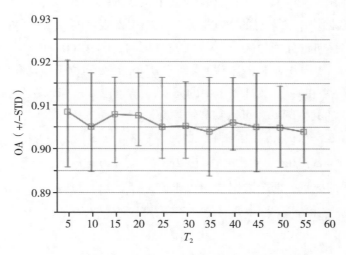

图 5.5.11　T_2 对 STM_S+PSI^{MAD} 的整体精度的影响

5.5.4　多视角纹理特征

GLCM 在多角度影像上的应用可以为捕捉三维上下文关系提供机会。具体来说，我们将介绍角度内和角度间 GLCM 特征。在不同的观测视角下，由于观测角度、太阳观测截面（Matasci et al.，2015）、侧面的展现（Jing et al.，2012）、表面各向异性以及来自其他地物和阴影的遮挡（Pacifici et al.，2014），同一区域的多角度影像之间往往存在明显的差异。这些因素均会影响到多角度影像灰度级的空间分布并且反映了不同土地覆盖类别的三维结构，对捕捉城市场景的垂直结构信息非常重要。

多角度灰度共生张量（Multi-angle Gray-level Co-occurrence Tensor Feature，GLCM^{MA-T}）将适用于单角度纹理描述的 GLCM 概念框架进行扩展，把像素对之间的平面空间偏移量扩展到包含行、列和角度维的三维空间中，以描述不同多角度影像的灰度空间分布的变化模式和相关性，捕捉城市区域的三维空间信息。

为了减少计算代价，首先将多角度影像量化至 N_g 个灰度级。用一个大小为 $W_x \times W_y \times N_a$ 的滑动窗口提取数据块 I，它包含有 N_a 个多角度全色波段和 $W_x \times W_y$ 个空间像素。由于 ZY-3 多角度影像被排列为一个三维张量结构，像素位置可以表示为 $(x, y, a) \in S$，$a = [0, -1, 1]$ 分别表示正视、前视和后视影像，$S = \{(x, y, a) \mid x \in D_x, y \in D_y, a \in D_a\}$ 表示数据块 I 中像素的行、列和角度坐标，$D_x = \{0, 1, \cdots, W_x - 1\}$，$D_y = \{0, 1, \cdots, W_y - 1\}$，$D_a = \{0, 1, \cdots, N_a - 1\}$。

　　用矢量 $\boldsymbol{\Delta} = (\Delta_x, \Delta_y, \Delta_a)$ 来描述像素对在空间和角度域的偏移,该像素对之间的距离和方向可以定义为 $r = \sqrt{\Delta_x^2 + \Delta_y^2 + \Delta_a^2}$ 和 $\theta = \arctan(\Delta_y/\Delta_x)$。图 5.5.12 展示了 ZY-3 多角度影像组成的三维数据块中像素对的空间关系,其中用 $\boldsymbol{\Delta}$ 表示的像素 A 和它的邻域像素 B_1,B_2 和 B_3 之间的偏移向量分别为$(0, 1, -1)$,$(0, 1, 0)$ 和 $(0, 1, 1)$,图中的像素 A 和 B_2 位于正视影像上($\Delta_a = 0$ 对于 B_2 来说),像素 B_1 和 B_3 分别位于前视和后视影像上,对应的 Δ_a 取值分别是 -1 和 1。GLCM 张量中的元素(i, j)记录了 3-D 数据块 I 中间隔偏移向量 $\boldsymbol{\Delta}$ 的像素对灰度级的共生频率。可以将其描述为:

$$P(i, j, \boldsymbol{\Delta}) = \#\{(x_1, y_1, a_1), (x_2, y_2, a_2) \in S \mid [x_2 - x_1, y_2 - y_1,$$
$$a_2 - a_1] = \boldsymbol{\Delta}, I(x_1, y_1, a_1) = i, I(x_2, y_2, a_2) = j]\} \tag{5.5.11}$$

其中,# 表示元素的数量,两个数据块中位于(x_1, y_1, a_1) 和 (x_2, y_2, a_2) 的相邻像素的灰度级分别用 $i, j \in \{1, 2, \cdots, N_g\}$ 表示。

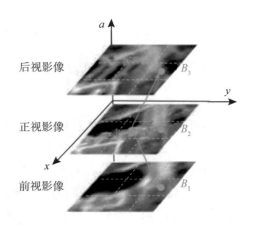

图 5.5.12　多角度影像中相邻像素的空间关系示例

　　图 5.5.13(a)以及从三个分别属于道路 (图(b)和图(c)分别为角度内和角度间纹理)、工厂(图(d)和图(e)分别为角度内和角度间纹理)和高楼(图(f)和图(g)分别为角度内和角度间纹理)的区域中提取的 GLCM[MA-T]特征,图(h)为对应的多角度 GLCM 张量。图中展示使一系列偏移向量 $(x, y) = [(1, 0); (1, 1); (0, 1); (-1, 1)]$,$a = [0, -1, 1]$以及相关方向 $[0°, 45°, 90°, 135°]$在区域 R,F 和 B 中计算的 GLCM[MA-T]特征,三个区域的中心像素分别属于道路、工厂和高楼。根据像素对是否来自同一影像,我们将特征分为角度内和角度间纹理。角度内纹理是基于正视影像计算的($\Delta_a = 0$),在同一个观测角下,角度内纹理能够在四个方向上捕捉二维平面空间中像素灰度共生的不同特性。并且,角度内纹理之间的差异对于低矮地物来说比较小(例如在图 5.5.13(b)中,多角度影像中没有

明显的形状和空间位置变化的道路)，对于高层地物(如图 5.5.13(d)和 5.5.13(f)中的楼房)则稍大。同时，使用多角度影像组合计算的角度间纹理 ($\Delta_a \neq 0$) 可以直接反映不同观测角下灰阶空间分布的变化模式。从不同的多角度影像的组合中提取的角度间纹理的差异高层地物比低层地物更为明显。以房屋为例，前视影像中的区域 F 和 B 比正视影像中对应区域包含更多的阴影像素，而在后视影像中该区域则更多地受到房屋侧面的影响。图 5.5.13(e)和图 5.5.13(g)分别展示了从不同的多角度影像组合中提取的角度间纹理，可以看出，高层房屋比低层房屋展现出了更明显的角度间纹理的差异，这是由于高层房屋在不同角度下的观测截面变化更加突出。GLCM$^{MA\text{-}T}$ 可以有效地描述多角度影像中地物的变化特征，提高土地覆盖类别的可分性。值得注意的是，当城市地物在多角度影像中的位置和灰度变化较小时，角度间纹理会和正视影像的角度内纹理相似，如图 5.5.13(c)所示。

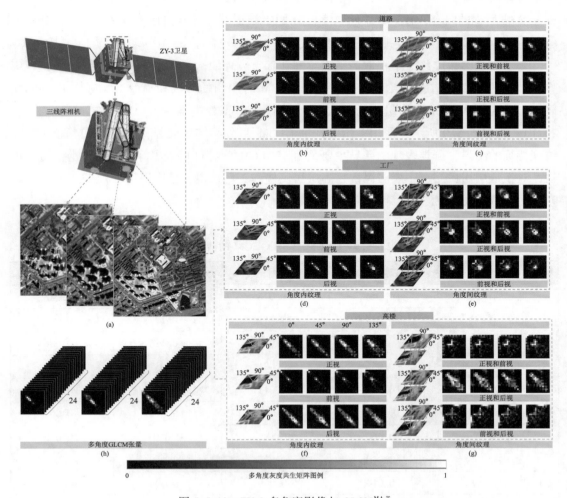

图 5.5.13 ZY-3 多角度影像与 GLCM$^{MA\text{-}T}$

📚案例 5.5.3 基于多视角纹理特征用 ZY-3 卫星影像进行城市地物分类

案例采用与 5.5.3 节中同样的四组 ZY-3 卫星影像。GLCM^{MA-T}在提取特征前首先将原始影像通过线性变换量化为 16 灰度级，参考 Haralick 等(1973)的建议。使用长宽为 $W_x = W_y = 19$ 像素大小的滑动窗口，多角度影像中像素对之间的偏移向量为距离 $r = 1$、方向 $\theta = [0°，45°，90°，135°]$。这些用于计算特征的参数取值设置参考了 ZY-3 影像的空间分辨率和研究区的地物大小。GLCM^{MA-T}是由角度内和角度间纹理组成的三阶张量特征，在角度内纹理的计算过程中，偏移向量 $\Delta_a = 0$，$(\Delta_x，\Delta_y)$ 的取值为$[(1，0)；(1，1)；(0，1)；(-1，1)]$，对正视、前视和后视影像分别计算，得到大小为 16×16×4×3 即 16×16×12 像素的特征；对于角度间纹理，偏移向量中的 $\Delta_a = (1，-1，2)$，对应正视-前视、正视-后视、前视-后视的组合，$(\Delta_x，\Delta_y)$ 的取值与角度内纹理相同，得到的特征大小也为 16×16×12。叠加角度内纹理和角度间纹理特征即得到大小为 16×16×24 的 GLCM^{MA-T}张量特征。

为了展示多角度影像中提取的平面纹理和垂直纹理的优势，本案例和传统的从正视影像中计算的 GLCM 进行了比较。生成传统 GLCM 时用到的参数和提取 GLCM^{MA-T}用到的相同，包括窗口大小和偏移量。为了公平地进行比较，分类器采用 M^2-3DCNN(Li et al.，2021)。如表 5.5.9 所示，使用多角度特征 GLCM^{MA-T}分类结果明显优于基于单角度 GLCM 纹理特征的结果，分类表现的差异主要是由于 GLCM^{MA-T}特征可以更好地区分地上的城市地物，对于低层居民楼、中层居民楼、高层居民楼和工厂来说，精度平均分别提高了 5.5%、9.6%、7.0% 和 2.8%。

表 5.5.9 GLCM^{MA-T} 与 GLCM 的精度比较

类别	武汉	合肥	上海	西安
低层居民楼	+0.044	+0.018	+0.110	+0.048
中层居民楼	+0.099	+0.119	+0.127	+0.039
高层居民楼	+0.043	+0.036	+0.116	+0.086
工厂	+0.056	+0.009	+0.031	+0.015
道路	+0.000	-0.011	+0.026	+0.033
植被	0.000	0.000	+0.014	+0.007
裸土	-0.060	0.000	0.000	+0.015
水体	+0.000	-0.013	+0.010	+0.009
阴影	+0.017	+0.009	+0.004	+0.015
OA	+0.019	+0.047	+0.065	+0.036

光谱数据块和 GLCM[MA-T] 特征都是通过局部滑动窗口获取的，即在多光谱影像中取窗口内部的像素，并且在窗口内部的多角度影像上计算 GLCM[MA-T] 特征。窗口大小和影像的空间分辨率和目标地物的大小有关。为了分析窗口大小对分类效果的影响，使用一系列不同大小的窗口进行实验，即窗口大小 $W_x \times W_y$ 分别取 5×5、7×7、11×11、15×15、19×19 和 23×23。图 5.5.14 描述了武汉、合肥、上海和西安四个研究区，使用一系列不同大小的窗口提取输入数据时得到的整体分类精度，可以注意到，GLCM[MA-T] 分类结果的 OA 随着 W_x 和 W_y 参数的增大而逐渐提高，直到大于 19×19。这种窗口大小的影响可以解释为过小的窗口尺寸无法提供充足的空间和角度信息，而较大的窗口尺寸则会导致窗口内包含更多来自周围邻域地物的像素，样本间的可分离性减少。因此，窗口大小取可以得到最优分类结果的19×19。

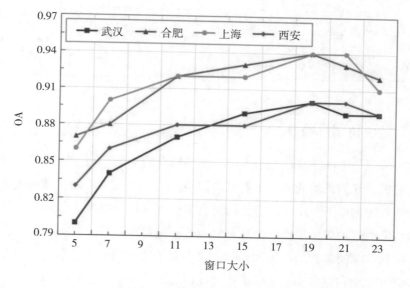

图 5.5.14　整体分类精度

除了窗口大小外，偏移量也是提取 GLCM[MA-T] 特征时使用的参数，可以通过方向 θ 和距离 r 来表示。其中根据经验一般将 θ 设置为 [0°，45°，90°，135°]，对距离参数进行讨论，窗口大小固定。在 19×19 大小的窗口内，使用不同空间距离参数 $r = 1, 3, 5$，提取 GLCM[MA-T] 并分别使用它们进行分类，以合肥数据集为例进行实验，对应的结果如表 5.5.10 所示。可以看出使用三个不同距离值得到的 M^2-3DCNN$_{S+MA}$ 的分类精度比较接近，$r = 1$ 时的分类结果稍优于 $r = 3$ 和 $r = 5$ 的结果，OA 分别提升了 1.6% 和 3.1%。并且，CNN 也具有捕捉邻域空间关系的能力。因此，在本案例中，我们只使用一个空间距离来计算 GLCM[MA-T]

特征，即 $r = 1$。

表 5.5.10 使用不同距离值提取 GLCM^{MA-T} 特征时 M^2-3DCNN 网络的分类结果(合肥)

类别	$r=1$	$r=3$	$r=5$
低层居民楼	0.691	0.620	0.688
中层居民楼	0.968	0.954	0.911
高层居民楼	0.912	0.908	0.906
工厂	0.789	0.725	0.737
道路	0.943	0.927	0.925
植被	0.979	0.975	0.956
裸土	0.953	0.919	0.861
水体	0.919	0.959	0.925
阴影	0.979	0.978	0.979
OA	0.936	0.920	0.905

5.5.5 多视角属性特征

为了弥补单视角影像在描述复杂城市三维结构上的不足，利用地物在高分辨率多角度遥感影像上光谱、几何结构的差异，提取数据-特征-标签层的多层次角度属性特征集合。

在不同的观测角度下，由于垂直结构复杂多样，城市地物在高分辨率影像上会展现出不同的空间特征，这种多角度空间信息可以通过不同角度的影像内部和影像之间的基于纹理、形状、结构和空间位置的特征来描述，比如多角度纹理模式。因此，有必要开发新的空间特征来更有效地利用多角度影像中的角度信息。Huang 等(2018)将多角度影像在三种不同层次之间的差异视为可以反映城市结构和材料的附加信息。通过在像素级、特征级和标签级上差异的分析，提取了角度差分特征(Angular Difference Features，ADFs)，即分别对多角度影像的原始像素、形态学属性序列特征和城市基元类别标签(如建筑物和阴影等)进行差分，从不同方面提供了对城市地物在多角度影像中的差异特性的全面描述。分类结果显示，ADFs 在城市场景的分类上有较好的表现，尤其是对于人造地物类。然而，将ADFs 作为矢量来处理和分类的方式，将导致多角度影像中固有的三维上下文结构的损失。

1. 角度差异特征

基于高分辨率多视角影像，ADF 从三个层次上表征地物的角度特性：①数据层(ADF-pixel）；②特征层（ADF-feature）；③标签层（ADF-label）。多层次的 ADF 可以较为全面地体现地物的角度特性。然后，用基于超像素分割的方法来对 ADF 进行优化，以减轻椒盐噪声的同时保持局域内的主要角度特性。

1）数据层（ADF-pixel）

在近实时采集多角度影像的条件下，可以假设在采集过程中地表覆盖没有发生明显的变化，因此多角度影像之间的差异是由角度变化引起的。基于该假设，可以通过直接比较多角度影像之间的像素值来表征角度信息。最直接和简单的方法就是图像差分，用残差的绝对值表示数据层的角度差异。对于一对在相同区域获取的立体全色影像 X_1 和 X_2，将其数据层的角度差异特征 ADF-pixel 定义为：

$$P = |X_1 - X_2| \tag{5.5.12}$$

数据层 ADF 可以突出有显著角度差异的像素，因此可用于识别有一定高度的类别（例如建筑物），并将其与道路和土壤等类别区分开。

2）特征层（ADF-feature）

数据层 ADF 通过计算多视角影像之间的灰度值差异来描述角度信息。类似地，可以从多角度影像提取纹理、形态和结构等特征，并提取特征层的角度差异。一方面，空间特征能充分利用高分辨率遥感影像所提供的空间细节信息，弥补光谱特征的不足。另一方面，有一定高度的物体在不同的观测视角下呈现出明显的形态结构变化，这种变化可以体现物体的三维特性。形状结构的变化可以通过形状和结构特征表征。为了有效地描述高分辨率图像的空间结构信息，本章节采用属性形态学方法（Morphological Attribute Profiles，AP）对影像进行多尺度表征，并提取不同类型的形态结构信息（Dalla et al.，2010）。AP 是形态学特征的推广，通过一系列属性滤波器来提取不同类型的空间特征。假设 n 个属性形态学粗化运算 ϕ^T 和 n 个属性形态学细化运算 γ^T，则它们根据标准 T 处理图像 f，然后用形态学重建的方法得到 AP：

$$AP(f) = \{\phi_n^T(f), \phi_{n-1}^T(f), \cdots, \phi_1^T(f), \gamma_1^T(f), \cdots, \gamma_{n-1}^T(f), \gamma_n^T(f)\} \tag{5.5.13}$$

将在连通区域 C 上根据属性 α 计算的值与设定的参考值 λ 进行比较，如果满足标准 T，则该区域保持不变；否则，根据所执行的变换是粗化还是细化，将该区域的值设置为更暗或更亮的周围区域的灰度值。根据所使用的属性 α，可以从图像中提取不同的结构信息。在本章节中，构建 AP 特征时使用四个属性：面积（area），标准差（standard deviation），对角线（diagonal of the box）和惯性矩（moment of inertia）。

基于不同属性的 AP，特征层的角度差异 ADF-feature 可定义为：

$$F(\alpha) = |AP_\alpha(X_1) - AP_\alpha(X_2)| \tag{5.5.14}$$

其中，$AP_\alpha(X_1)$ 和 $AP_\alpha(X_2)$ 分别表示多角度影像 X_1 和 X_2 属性为 α 时的 AP 特征。

图 5.5.15 展示了 4 个特征层 ADF 的例子，数据来自北京的 ZY-3 影像。可以看出，基

于 AP 的多角度特征表达对不同类别的城市地物具有一定的区分性。特征层 ADF 可以区分建筑物和裸土道路，因为前者在不同角度下展现出较大的差异，而后者在不同视角下呈现相对一致的结构。例如，高层建筑(高于 10 层)显现出与光谱相似的中层建筑(6 至 9 层)和比道路更高的 ADF 特征值。

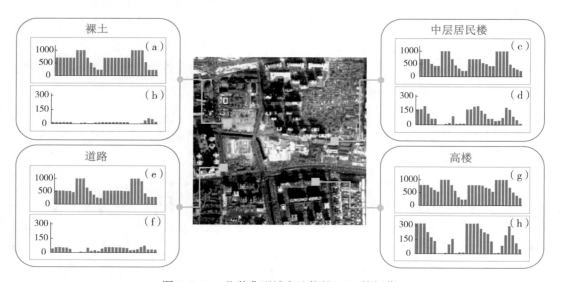

图 5.5.15　几种典型城市地物的 ADF 特征值

3)标签层(ADF-label)

数据层 ADF 和特征层 ADF 分别从数据和特征层次描述角度差异的强度。在标签层次，影像中的城市地物基元被明确地标识出来，可以体现与特定的地物类别相关的多角度信息。本节使用建筑物和阴影这两种城市基元，因为它们在不同视角下的大小、形状和位置可能表现出较为显著的变化(Lee and Kim, 2013)。建筑物和阴影随视角的变化可为三维地物的提取提供重要线索。如图 5.5.16 所示，标签层 ADF 的主要计算步骤为：①标签表示，用基元自动提取的方法将城市场景用基元表示；②标签层角度特征计算，统计城市基元的频率和空间排列，然后计算标签层的角度差异。

第 1 步：标签表示。使用形态学房屋指数(Morphological Building Index，MBI)和形态学阴影指数(Morphological Shadow Index，MSI)提取建筑物和阴影城市基元。使用 MBI 和 MSI 这两个指数的原因是它们能够有效地从高分辨率遥感影像中自动地提取建筑物和阴影。MBI 通过用一系列形态学算子来表征建筑物的光谱和空间特性(亮度、对比度、大小和方向)，从而提取高分辨率遥感影像上的建筑物。一般情况下，建筑物屋顶的反射率较高，而与其空间相邻的阴影反射率则较低，与建筑物形成了较高的对比度，而 MBI 可以利

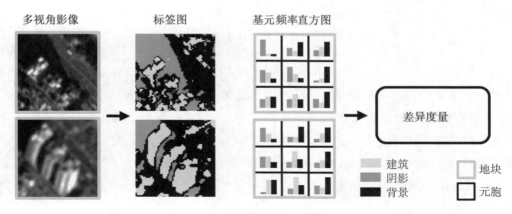

图 5.5.16　标签层 ADF 计算方法

用这种局部的高对比度来提取建筑物。MBI 的计算公式为：

$$\text{MBI} = \frac{\sum\limits_{s \in S} \sum\limits_{d \in D} (\text{DMP} - \text{WTH}(s, d))}{N_S \times N_D} \quad (5.5.15)$$

式中，DMP-WTH 表示差分顶帽形态学变换，能够突出局部明亮的结构；d 和 s 分别表示结构元素的方向和尺度；N_S、N_D 分别表示尺度和方向的数量。MSI 可以视为 MBI 的对偶算子，因为阴影的特点是反射率低而局部对比度高。因此，底帽变换（BTH）能够突出结构元素方向上和尺度内的暗结构，可用于构造阴影指数：

$$\text{MSI} = \frac{\sum\limits_{s \in S} \sum\limits_{d \in D} (\text{DMP} - \text{BTH}(s, d))}{N_S \times N_D} \quad (5.5.16)$$

随后选择阈值分别对 MBI 和 MSI 进行二值化分割，就可以得到标签图。本章根据 Huang 等（2017）的研究选择 MBI 和 MSI 的阈值。

第 2 步：标签层角度特征计算。得到多视角标签图后，通过在格网层次上统计频率直方图来描述城市基元的组成和空间分布（Wen et al.，2016），然后用计算多角度基元频率直方图差异的方法得到标签层 ADF。首先将影像分为一系列 $N \times N$ 像素大小的 block，block 是计算角度差异特征的基本单元。然后，如图 5.5.16 所示，将每个 block 进一步分成 $n \times n$ 个 cell，用 cell 中基元的频率来表征 block 中基元的空间分布和排列。这样每个 block 都可以用 $n \times n$ 个直方图来描述，而每个直方图都能表现对应 cell 中各类地物出现的频率。这种基于格网的方法的主要优点是能够同时描述城市基元的频率和空间分布。然后，通过计算多角度 block 的直方图相似度，就可以度量该 block 中多角度影像中城市基元 i 的成分和空间排列差异，得到标签层角度特征：

$$L(i) = \sum_{x=1}^{n \times n} | H_1^x(i) - H_2^x(i) |,$$

$$(5.5.17)$$

$$i \in \{building, \ shadow, \ background\}$$

其中 $H_1^x(i)$ 和 $H_2^x(i)$ 分别表示两个角度的图像在第 x 个单元格中基元 i 的频率($1 \leqslant x \leqslant n^2$)。在计算标签层 ADF 时使用的是半重叠格网。半重叠格网的主要优点是既能够结合丰富的上下文信息,同时又可以减少由移动窗口引起的空间细节的丢失。如图 5.5.17 所示,先将影像分成一系列半重叠的格网,在每个格网中计算标签层 ADF,并将最终的特征值定义为重叠区域的平均值。

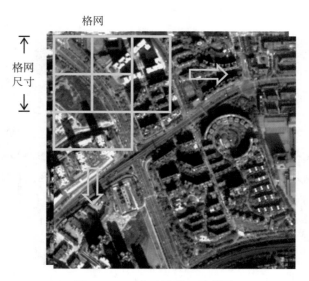

图 5.5.17 半重叠窗口示意图

图 5.5.18 展示了标签层角度特征的三个例子,图(a)为 RGB 影像;图(b)为标签 ADF 假彩色图像;图(c),(d)和(e)分别表示道路、高层建筑和高层建筑的示例。从图中可以看出这种特征能够比较有效地捕捉局部的角度差异。建筑物在多角度标签图和直方图上呈现较大的差异,对于高层建筑这种现象更明显,因此标签层角度信息具有区分光谱相似的不同城市类别的潜力。例如,可以在图 5.5.18(b)中看到,将标签层 ADF 以假彩色显示,则高层建筑物(超过 10 层)显示为亮蓝色,中层建筑物(6~9 层)显示为紫色或黄色,而土壤和道路的特征值低得多,所以多呈现黑色。

高分辨率影像场景中的超像素被定义为类别单一且较均匀的地块,一般来说,地物由若干个相邻的超像素组成(Jiayi et al.,2015)。使用像素的上下文信息可以提高土地覆盖分类的准确性。此外,Johnson 和 Xie(2013)发现,通过考虑像素邻域提供的相对同质的局

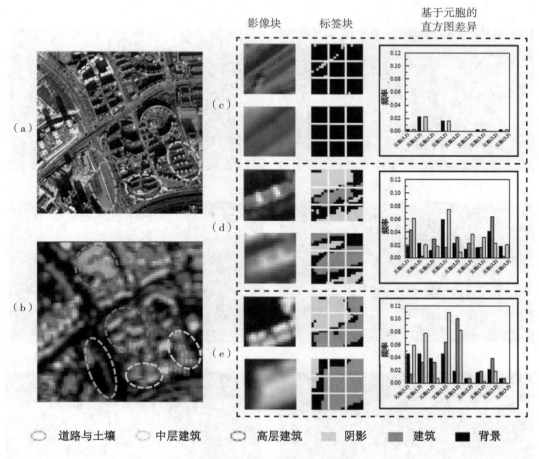

图 5.5.18　标签层 ADF 示意图

部信息，超像素级的特征比像素级的特征更具有鲁棒性。因此，本节对像素级 ADF 进行优化，将其处理成超像素级。

在获得多层次 ADF 之后，对其进行基于超像素的优化，主要目的为：①减轻椒盐噪声；②减轻计算多角度特征时不可避免的配准误差造成的影响；③保持地物边缘。基于超像素的 ADF 特征优化的具体方法为：首先用正视全色影像进行超像素分割，然后对每个超像素内的像素级 ADF 计算平均值，得到超像素 ADF。

图 5.5.19 比较了像素级和超像素级(Jiayi et al.，2015)的多层 ADF。虽然像素级 ADF 也能够突出具有显著角度差异的像素，但它在一定程度上受到椒盐噪声的影响。在进行了基于超像素的特征优化之后，可以去除大部分噪声，同时保留了地物的角度特性。此外，通过结合正视影像上超像素的边界，可以更好地保留建筑物等地物的边缘。

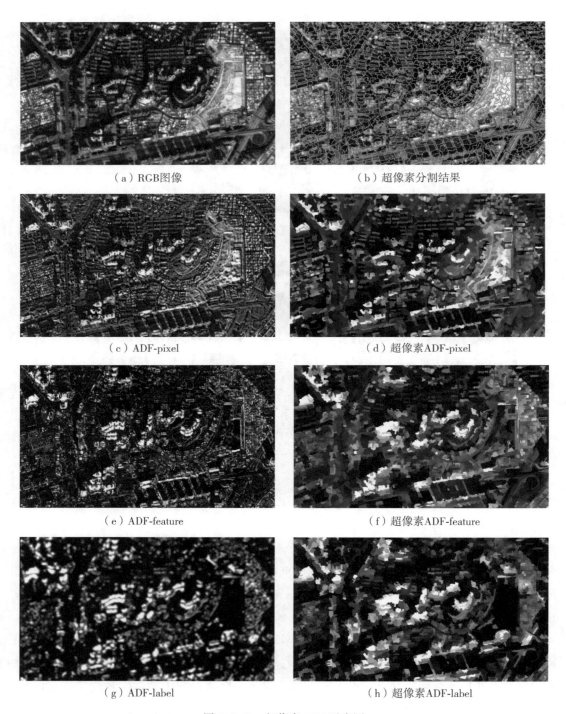

（a）RGB图像

（b）超像素分割结果

（c）ADF-pixel

（d）超像素ADF-pixel

（e）ADF-feature

（f）超像素ADF-feature

（g）ADF-label

（h）超像素ADF-label

图 5.5.19　超像素 ADF 示意图

📚案例5.5.4 **基于多视角属性特征用 ZY-3 卫星影像进行城市地物分类**

1. 实验设置与评价指标

本案例使用三个 ZY-3 多角度数据集来评估方法的性能。前两个数据集于 2013 年 12 月在深圳市获得，第三个数据集是 2012 年 10 月北京地区的影像。三个实验数据集的大小分别为 824×830，1098×1097 和 1197×1194 像素(图 5.5.20)。实验样区是具有复杂场景的典型城市区域，具有不同尺寸和形状的各种人造地物，包括道路和不同类型的房屋。对这些样区的影像进行分类的关键挑战在于房屋类别之间的混淆，这些类型通常在高分辨率影像中呈现相似的光谱特性。本案例采用随机森林作为分类器，并基于随机森林的判断进行特征重要性分析。

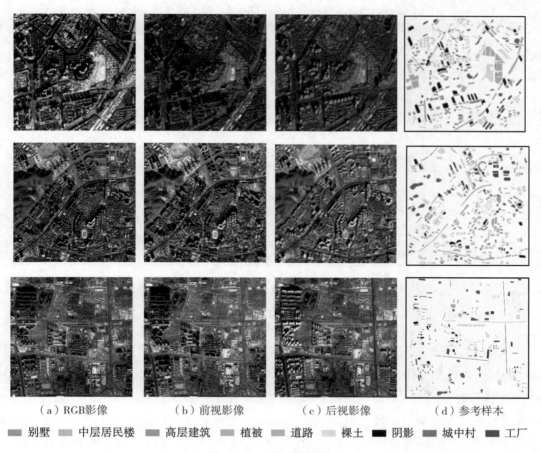

　　（a）RGB影像　　　　　　（b）前视影像　　　　　　（c）后视影像　　　　　　（d）参考样本

▇ 别墅　　▇ 中层居民楼　　▇ 高层建筑　　▇ 植被　　▇ 道路　　▇ 裸土　　▇ 阴影　　▇ 城中村　　▇ 工厂

图 5.5.20　实验数据集

试验区中定义了 9 个类别：别墅，中层居民楼，高层建筑，植被，道路，裸土，阴影，城中村和工厂，用来测试 ADF 是否具有区分不同房屋的能力。图 5.5.19(d) 展示了通过对 ZY-3 和 Google Earth 影像目视解译，从相应的正视影像上人工勾画的参考样本。对于每个实验样区，从参考样本中对每个类别随机选择 100 个样本以训练随机森林分类器。表 5.5.11 列举了每个数据集的训练样本和测试样本数量。随机森林分类器的决策树数量设置为 100。所有实验均用随机选择的训练样本重复进行 10 次，并用评价测度的平均值和标准差来评价分类性能。本章用三个测度来评价分类精度：①总体准确度(OA)；②Kappa 系数(KC)；③房屋(包括别墅，中层居民楼，高层建筑，工厂和城中村)的 Kappa 系数(KCM)。这个系数用于评估方法区分不同类型房屋的能力。

表 5.5.11　训练样本和测试样本数量

类别	数据集 1		数据集 2		数据集 3	
	训练	测试	训练	测试	训练	测试
别墅	100	1890	100	996	100	1210
中层居民楼	100	10404	100	15446	100	4150
高层建筑	100	13043	100	22814	100	9658
植被	100	7956	100	18944	100	19818
道路	100	9183	100	10982	100	13225
裸土	100	6153	100	9816	100	13092
阴影	100	20376	100	14979	100	6023
城中村	100	18441	100	10555	100	6457
工厂	100	3435	100	8978	100	6015
总体	900	90881	900	113510	900	79648

2. 精度分析

多层级 ADF 的简写见表 5.5.12。本案例将多层级的 ADF 与用正视影像提取的属性形态学特征，以及用立体像对计算的 nDSM 进行了比较。DSM 是使用半全局匹配 SGM 算法用 ZY-3 立体像对生成的。随后，用形态学重建的方法计算 nDSM(Qin，2016)。属性形态学特征的参数设置与 Marpu 等(2013)相同。ADF 是超像素级的特征，为了公平比较，用基于超像素的优化方法也处理了用于比较的特征(即光谱特征，属性形态学特征和 nDSM)。

表 5.5.12　角度差异特征简写

符号	描　述
P	ADF-像素
F(面积)	ADF 用面积属性建立的 ADF 特征
F(对角线框)	ADF 用对角线框属性建立的 ADF 特征
F(惯性矩)	ADF 用惯性矩属性建立的 ADF 特征
F(标准差)	ADF 用标准差属性建立的 ADF 特征
L(阴影)	ADF-label 用阴影基元建立的 ADF 标签
L(建筑物)	ADF-label 用建筑物基元建立的 ADF 标签
L(背景)	ADF-label 用背景基元建立的 ADF 标签

　　用正视影像进行超像素分割，根据影像的分辨率和测试区域中的地物对象大小来选择超像素数量 T。数据集 1 的超像素数都设置为 3000，数据集 2 和 3 的超像素数都设置为 5000。ADF-label 的 cell 大小设置为 3 像素，每个 block 被分成 3×3 个 cell($n=3$)以捕获细微的角度差异。ZY-3 数据有三个角度的影像，所以可以产生三个角度组合。因此，可以通过组合不同角度计算出三组 ADF，即正视和前视(NF)，正视和后视(NB)，以及前视和后视(FB)。将这三组 ADF 特征堆叠起来，构成特征向量并用作分类的输入。实验比较了七组特征(表 5.5.13)，首先，分别考虑各个层级的 ADF(编号 4~6)，然后同时考虑所有层级的 ADF(编号 7)。

表 5.5.13　实验特征组合及特征维数

编号	简写	特征	特征维数
1	S	多光谱	4
2	S+AP	多光谱+属性形态学	36
3	S+nDSM	多光谱+nDSM	5
4	S+P	多光谱+ADF-pixel	7
5	S+F	多光谱+ADF-feature	100
6	S+L	多光谱+ADF-label	13
7	S+PFL	多光谱+all ADF	112

　　三个 ZY-3 测试样区的分类结果分别在表 5.5.14 至表 5.5.16 中，分类图显示在图 5.5.21 至图 5.5.23 中。从三个表中可以看出，多层级 ADF 和光谱的特征组合(S+PFL)在

所有数据集中均具有最高的总体精度和 Kappa 系数。在具有复杂城市场景的数据集 1 和数据集 2 中，与仅使用光谱特征 S 相比，S+PFL 较为显著地提高了 OA(8.8% ~ 11.7%)。数据集 3 的场景主要是城郊，S+PFL 的精度提高相比数据集 1 和 2 要低一些(3.8%)。这表明了角度信息在复杂城市场景解译中的优越性。分别考虑各个层次的 ADF(即 S+P，S+F 和 S+L)时，也可以看出角度信息的有效性。实际上，在大多数情况下，使用单一层次的 ADF，就已经优于对比特征(即 AP 和 nDSM)的结果了。

KCM 表示不同房屋类别之间的 Kappa 系数。与 Kappa 系数相比，KCM 的值相对较低，这表明房屋的分类更有挑战性。在所有三个数据集中，多层级 ADF 和光谱特征(S+PFL)的特征组合均达到最大的 KCM 值，与仅使用光谱特征相比，S+PFL 的 KCM 提高了 0.12 ~ 0.23。此外，从表 5.5.14 至表 5.5.16 可以看出，通过加入 ADF 特征，大多数类别的准确度得到较为显著的提高。实验中大部分房屋类别的精度在加入角度信息后有较大的提高。例如，在数据集 2 最复杂的场景中，仅用光谱特征几乎无法对中层住宅、高层建筑和城中村进行分类(参见表 5.5.14 至表 5.5.16 的第一列)，这些类别的准确度不到 70%。在加入多层级 ADF 后，这几个类别的准确度分别提高了 11.8%，30.4% 和 13.2%。别墅和工厂的精度提高相对较低，因为这些类别在光谱特征 S 上已经达到 89% 以上的准确度，这可能是因为这些类别具有比较单一的颜色特性。

表 5.5.14　数据集 1 的实验精度

	S	S+AP	S+nDSM	S+P	S+F	S+L	S+PFL
别墅	0.894±0.018	0.920±0.027	0.895±0.023	0.881±0.020	0.933±0.029	0.907±0.021	0.942±0.026
中层	0.716±0.038	0.767±0.031	0.752±0.029	0.787±0.029	0.838±0.021	0.837±0.030	0.857±0.032
高层	0.650±0.041	0.721±0.032	0.755±0.021	0.801±0.021	0.902±0.018	0.845±0.029	0.907±0.017
植被	0.946±0.018	0.946±0.024	0.941±0.021	0.945±0.020	0.949±0.019	0.945±0.022	0.948±0.014
道路	0.814±0.050	0.933±0.027	0.932±0.025	0.944±0.021	0.961±0.016	0.908±0.026	0.960±0.015
裸土	0.970±0.019	0.984±0.014	0.996±0.003	0.977±0.013	0.973±0.017	0.981±0.013	0.975±0.014
阴影	0.934±0.020	0.943±0.013	0.936±0.016	0.949±0.016	0.953±0.017	0.947±0.013	0.953±0.015
城中村	0.720±0.030	0.884±0.036	0.886±0.025	0.865±0.030	0.934±0.019	0.852±0.028	0.937±0.016
工厂	0.970±0.018	0.970±0.023	0.989±0.008	0.961±0.021	0.978±0.013	0.952±0.029	0.971±0.023
OA	0.817±0.011	0.882±0.006	0.884±0.004	0.892±0.005	0.931±0.006	0.898±0.006	0.934±0.005
KC	0.786±0.012	0.861±0.006	0.864±0.005	0.874±0.006	0.919±0.006	0.881±0.007	0.923±0.006
KCM	0.700±0.018	0.830±0.014	0.831±0.010	0.848±0.011	0.926±0.014	0.859±0.009	0.929±0.013

接下来关注各个层次 ADF 的准确性。与仅用光谱特征相比，特征层 ADF 的 OA 提高幅度最大(3.7%～11.4%)，接着是标签层 ADF(3.1%～8.5%)，而数据层 ADF，作为最原始和简单的角度差异特征，也有较大的精度提升(3.7%～7.5%)。一方面，这表明从多角度影像中先提取信息，再计算差异，无论是在特征层还是在标签层，都可以更好地利用多角度信息，并更好地提升分类性能。另一方面，尽管数据层 ADF 是角度差异信息最简单的形式，特征维数很低(一个角度组合仅有一个特征)，它仍然取得了较好的结果，这进一步表明了角度差异信息的有效性。

表 5.5.15　数据集 2 的实验精度

	S	S+AP	S+nDSM	S+P	S+F	S+L	S+PFL
别墅	0.917±0.028	0.963±0.029	0.964±0.014	0.952±0.024	0.959±0.023	0.949±0.025	0.962±0.014
中层	0.658±0.030	0.726±0.016	0.719±0.041	0.719±0.041	0.745±0.039	0.761±0.032	0.776±0.033
高层	0.566±0.035	0.716±0.033	0.795±0.024	0.791±0.020	0.862±0.021	0.842±0.020	0.870±0.024
植被	0.952±0.010	0.931±0.017	0.938±0.015	0.938±0.012	0.888±0.016	0.927±0.018	0.879±0.021
道路	0.796±0.034	0.861±0.015	0.848±0.028	0.840±0.036	0.873±0.023	0.864±0.025	0.881±0.016
裸土	0.919±0.025	0.957±0.021	0.953±0.017	0.944±0.023	0.954±0.022	0.936±0.021	0.952±0.022
阴影	0.960±0.012	0.969±0.014	0.963±0.011	0.963±0.010	0.964±0.009	0.959±0.016	0.959±0.014
城中村	0.664±0.022	0.829±0.036	0.726±0.015	0.797±0.035	0.801±0.027	0.790±0.027	0.796±0.033
工厂	0.959±0.023	0.960±0.021	0.968±0.018	0.971±0.024	0.956±0.022	0.951±0.034	0.954±0.026
OA	0.791±0.011	0.853±0.008	0.858±0.009	0.863±0.008	0.876±0.005	0.876±0.008	0.879±0.007
KC	0.761±0.013	0.831±0.009	0.837±0.010	0.842±0.009	0.857±0.006	0.857±0.009	0.861±0.008
KCM	0.657±0.021	0.769±0.014	0.780±0.020	0.786±0.013	0.840±0.010	0.817±0.015	0.848±0.016

表 5.5.16　数据集 3 的实验精度

	S	S+AP	S+nDSM	S+P	S+F	S+L	S+PFL
别墅	0.904±0.033	0.927±0.039	0.916±0.029	0.966±0.016	0.972±0.014	0.952±0.024	0.982±0.009
中层	0.856±0.022	0.899±0.029	0.927±0.018	0.876±0.034	0.908±0.023	0.925±0.025	0.921±0.029
高层	0.806±0.019	0.816±0.036	0.847±0.029	0.905±0.010	0.906±0.010	0.884±0.013	0.910±0.010
植被	0.928±0.026	0.934±0.027	0.923±0.037	0.924±0.031	0.879±0.030	0.926±0.033	0.884±0.043
道路	0.783±0.041	0.920±0.027	0.856±0.024	0.873±0.027	0.931±0.028	0.870±0.030	0.931±0.020
裸土	0.946±0.023	0.950±0.035	0.965±0.019	0.966±0.014	0.963±0.027	0.950±0.019	0.959±0.021

	S	S+AP	S+nDSM	S+P	S+F	S+L	S+PFL
阴影	0.952±0.020	<u>0.955±0.021</u>	0.950±0.027	0.947±0.020	0.944±0.017	0.951±0.022	0.937±0.013
城中村	0.882±0.033	0.920±0.028	0.913±0.031	0.946±0.027	0.946±0.015	0.915±0.027	<u>0.948±0.017</u>
工厂	0.970±0.024	0.975±0.016	0.980±0.013	0.980±0.018	0.979±0.012	0.973±0.015	<u>0.981±0.014</u>
OA	0.889±0.009	0.922±0.011	0.915±0.010	0.926±0.009	0.926±0.008	0.920±0.009	<u>0.927±0.010</u>
KC	0.870±0.011	0.908±0.013	0.900±0.011	0.913±0.010	0.913±0.009	0.907±0.011	<u>0.915±0.011</u>
KCM	0.839±0.013	0.921±0.013	0.901±0.013	0.920±0.015	0.957±0.009	0.922±0.014	<u>0.960±0.009</u>

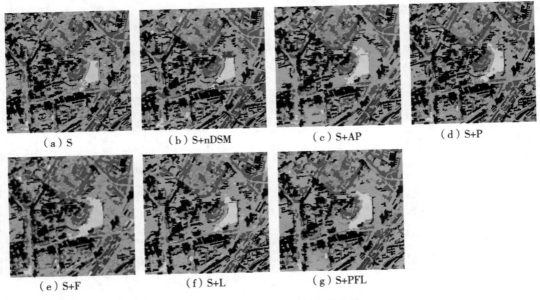

（a）S　　　　（b）S+nDSM　　　　（c）S+AP　　　　（d）S+P

（e）S+F　　　　（f）S+L　　　　（g）S+PFL

图 5.5.21　数据集 1 的分类结果

　　将从多视角影像中提取的两种特征(即 nDSM 和 ADF)与属性形态学 AP 进行比较,可以看出 ADF 明显优于 AP,而 nDSM 与 AP 准确度非常接近。与 AP 相比,ADF 大大提高了 KCM,由此可以看出,ADF 总体精度比 AP 高的主要原因是房屋类别的精度更高。这表明多角度信息能增强城市场景中最常被错分的人造地物类别的可分性。比较 ADF 和 nDSM,前者的分类精度更高。这是因为 nDSM 的分类精度会受到立体匹配误差的影响。而在复杂城市场景中,严重的遮挡和阴影会在较大程度上影响 SGM 方法的精度。例如,如图 5.5.22 所示,对于黄色方框内 nDSM 难以识别的部分高层建筑物,ADF 能够成功识别它们。这是因为 ADF 可以体现角度特性,而 nDSM 直接提取高度,并依赖于立体匹配精度。

（a）S　　　　（b）S+nDSM　　　　（c）S+AP　　　　（d）S+P

（e）S+F　　　　（f）S+L　　　　（g）S+PFL

图 5.5.22　数据集 2 的分类结果

（a）S　　　　（b）S+nDSM　　　　（c）S+AP　　　　（d）S+P

（e）S+F　　　　（f）S+L　　　　（g）S+PFL

图 5.5.23　数据集 3 的分类结果

实验结果表明，ADF 的高层建筑准确度比 nDSM 要高 6.3%～15.2%。对 ADF 较好表现的另一种解释是，多层次 ADF 能够进一步表征 nDSM 忽略的隐式角度信息。因此，它们对区分具有相似高度的不同房屋类别也有一定用处。例如，在数据集 1 中，中层住宅和城中村的平均 nDSM 值分别为 16.5m 和 20.7m，由于其高度相似，所以使用 S+nDSM 特征组合难以区分中层住宅和城中村。然而，S+PFL 特征组合能够更好地区分这两个类别。中层住宅和城中村的 F(Area)特征的平均值分别为 34.8 和 62.7，而数据集 1 中中层住宅的精度从 75.2%（S+nDSM）提升到 85.7%（S+PFL），城中村的准确率从 88.6%（S+nDSM）提升到 93.7%（S+PFL）。在数据集 2 中也可以观察到类似的现象，中层住宅和城中村的平均 nDSM 值分别为 18.5m 和 21.2m。与 nDSM 相比，多层级 ADF 这两个类别的分类精度都有所提高，中层住宅的精度要高 5.7%，城中村的精度要高 7.0%。结果表明，ADF 比 nDSM 在增加不同房屋类别的可区分性上具有一定的优势，可以进一步提高城市地物分类的准确性。

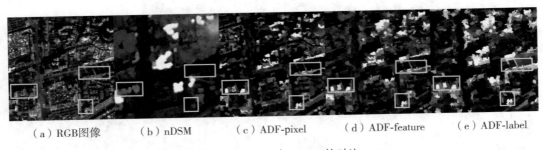

（a）RGB图像　　　（b）nDSM　　　（c）ADF-pixel　　　（d）ADF-feature　　　（e）ADF-label

图 5.5.24　ADF 与 nDSM 的对比

　　为了验证基于超像素分割的特征优化方法的有效性，将未经过优化的像素级的光谱，AP，nDSM 和 ADF 特征输入分类器进行分类，所得精度如表 5.5.17 所示。可以看出，在大部分情况下，堆叠了光谱特征和多层次角度差异特征的 S+PFL 仍然取得了最佳的分类结果。从 KCM（即房屋类别之间的 Kappa 系数）这个精度评价指标来看，S+PFL 在三个样区均取得了最佳的分类精度，这再次说明了角度差异特征在区分房屋上的有效性。将表 5.5.17 和前述三表进行对比，可知在进行了基于超像素的特征优化处理后，各个特征的表现均有较大的提高，尤其对 ADF 的优化十分明显。这是因为像素级 ADF 上有较多的噪声，而超像素级的 ADF 上噪声大大减少，同时能够表征局域内的角度特性。

3. 特征分析

　　如上节所述，多层级 ADF 可以较为显著地提高分类精度。我们对各个层级的 ADF 对城市地物分类的贡献度进行定量分析。首先将样本中的特征值加入噪声，然后用 RF 分类器对袋外样本（out-of-bag，没有用于训练决策树的样本）进行分类，将由噪声引起的准确度降低的平均值定义为特征重要度。若给某个特征随机加入噪声之后，袋外样本的准确率大

表 5.5.17　像素级特征分类精度

特征	数据集1		数据集2		数据集3	
	KC	KCM	KC	KCM	KC	KCM
S	0.574±0.008	0.320±0.008	0.558±0.006	0.323±0.010	0.664±0.009	0.468±0.013
S+AP	0.721±0.007	0.569±0.014	0.697±0.006	0.540±0.012	0.838±0.011	0.787±0.019
S+nDSM	0.774±0.008	0.654±0.011	0.725±0.007	0.584±0.010	0.791±0.008	0.712±0.014
S+P	0.663±0.008	0.477±0.012	0.639±0.006	0.438±0.007	0.781±0.007	0.693±0.011
S+F	0.816±0.005	0.745±0.005	0.703±0.007	0.589±0.013	0.797±0.014	0.844±0.011
S+L	0.740±0.004	0.603±0.007	0.704±0.010	0.563±0.011	0.797±0.008	0.744±0.009
S+PFL	0.842±0.005	0.780±0.007	0.725±0.010	0.627±0.012	0.802±0.016	0.862±0.009

幅度降低，则说明该特征对分类结果的影响大，重要程度高。表 5.5.18 中列出了多层级 ADF 的平均特征贡献(Average Contribution，AC)和总体特征贡献(Total Contribution，TC)。从平均特征贡献度来看，数据层 ADF 是贡献度最大的特征，其次是标签层 ADF，特征级 ADF 单一特征的贡献相对较小。然而，特征级 ADF 的总体贡献度是最大的，因为它由一系列 AP 组成，能够较好地表征复杂的城市场景。对于标签层 ADF，L(build)和 L(shadow)都对分类结果有较大的影响，也有较大的特征贡献度，这表明阴影和建筑基元对城市场景的表达和分类有重要作用。

表 5.5.18　多层次 ADF 的特征贡献度

	P	F(area)	F(std)	F(diag)	F(iner)	L(back)	L(build)	L(shadow)
数据集1								
AC	0.020	0.012	0.012	0.013	0.011	0.021	0.027	0.018
TC	0.060	0.294	0.300	0.304	0.260	0.062	0.082	0.055
数据集2								
AC	0.021	0.011	0.014	0.017	0.009	0.018	0.023	0.023
TC	0.064	0.273	0.327	0.411	0.206	0.053	0.068	0.070
数据集3								
AC	0.027	0.015	0.012	0.017	0.016	0.025	0.017	0.023
TC	0.082	0.359	0.283	0.418	0.381	0.075	0.051	0.068

对 ADF 特征对各个类别的贡献度进行进一步分析。特征层 ADF 的维数比数据层和标签层 ADF 明显更高,这不便于贡献度的比较。因此,不考虑尺度参数选择的影响,为了分析特征层 ADF 重要性,对每个属性的贡献度在不同尺度上取平均值。用数据集 1 来进行各个类别的特征度贡献分析,结果用图 5.5.25 展示。可以看出,特征对不同地物类别的贡献度有所差异。光谱特征对植被和阴影这两个类别的贡献最大,因为它们具有独特的光谱特性。而 ADF 特征对具有相似光谱特性的各类建筑物和道路有较大的贡献。具体而言,数据层 ADF 对道路和别墅的贡献最大。这可能是因为数据层 ADF 是角度差异信息最原始的形式,信息损失最小。标签层 ADF 在识别土壤方面起着比较重要的作用。通过分析类别贡献度,可以看出各层级的 ADF 特征能相互补充,从不同方面来表征角度特性,从而提高各个类别的分类精度。

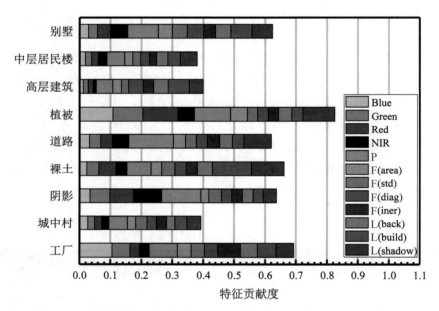

图 5.5.25 多层次 ADF 的各类别特征贡献度

ZY-3 影像有三个角度的影像数据,所以一共有三种角度组合,分别为下视和前视(NF),下视和后视(NB)以及前视和后视(FB)。用不同的角度组合也可以计算出不同的角度差异特征。接下来分析不同的角度组合方式对分类结果的影响。除了对比各个单一的角度组合之外,我们用特征堆叠和线性加权两种方法来组合用不同的像对计算出的 ADF。特征堆叠的方法是将三组角度特征堆叠起来,构成特征向量。线性加权的方法则是将三组角度特征进行加权的线性运算。表 5.5.19 中列举了不同角度组合下得到的分类结果的 Kappa 系数,其中"权值不相等"指 NB,NF 和 BF 的线性加权权重分别为 1,1 和 2。结果显示,由单一角度组合计算出的 ADF 所得的分类精度与 ADF 特征堆叠的差异不大，而且不同的特征组合方法对结果的影响也不大，说明这些角度组合都包含了丰富的角度信息，都能有效提升城市地物分类的精度。

　　下一步讨论基于超像素分割对分类精度的影响。图 5.5.26 展示了不同超像素分割尺度下用 S+PFL 特征组合得到的分类结果的 Kappa 系数，横轴表示影像中的超像素数量，纵轴表示在相应分割尺度下进行 10 次独立重复试验所得到的 Kappa 系数的均值。可以看到，随着超像素数量的增加，Kappa 系数先是快速增大，在达到最大值后逐渐趋于平稳，并有缓慢下降的趋势。这说明为了达到最佳的分类精度，应该选择一个比较合适的分割尺度。如果欠分割了，则难以表现出细微的角度差异信息，也难以提取较小或较窄地物（如别墅和道路）的角度信息；若过分割了，则无法反映足够的局域角度差异信息，而且容易受到噪声的干扰。

表 5.5.19　不同角度组合下的 Kappa 系数

数据集	单一角度组合			特征堆叠	线性加权权值相等	权值不相等
	NB	NF	BF			
1	0.902±0.010	0.905±0.008	0.910±0.006	0.923±0.006	0.911±0.007	0.914±0.006
2	0.857±0.016	0.848±0.011	0.840±0.005	0.861±0.008	0.858±0.012	0.858±0.010
3	0.922±0.016	0.919±0.010	0.924±0.010	0.915±0.011	0.915±0.010	0.913±0.010

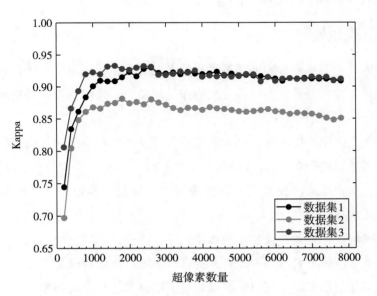

图 5.5.26　不同超像素分割尺度下的 Kappa 系数

第6章 变化特征提取

变化检测是指利用多时相遥感图像获取地物变化信息的过程，是遥感影像解译出现最早、应用最广泛的领域之一。变化检测从技术框架上可以分为4个处理阶段：预处理、变化特征提取、阈值分割和精度评定。本章重点介绍预处理和变化特征提取阶段。预处理主要包括几何预处理和光谱预处理，而变化特征提取可以分为灰度比较法、变化向量分析法、变化域特征比较法和特征驱动比较法。

6.1 多时相影像预处理

多时相影像预处理主要包括几何预处理和光谱预处理。几何预处理是确保多时相影像空间对应的像素表示同一地理位置，主要包括几何校正和几何配准。光谱预处理主要指辐射校正，用来减少多时相影像间光谱差异性。

6.1.1 几何预处理

在传感器内部、遥感平台和地球等因素的影响之下，同一地物的图像位置与其对应的地面实际位置通常存在差异，这种差异被称作几何畸变。几何校正就是对畸变进行校正的一种预处理方法。

几何校正根据采用的方法可以分为粗校正和精校正两种类型。几何粗校正是利用卫星和传感器参数等数据进行的校正。在完成几何粗校正之后，应对影像进行几何精校正处理。几何精校正是根据地面控制点的影像位置和实际位置确定影像与实际位置之间的联系，以实现校正的目的。

在减轻几何畸变，得到符合要求的影像之后，应进行影像配准。由于几乎所有的变化检测算法都要求对应像素表示同一位置，所以对影像进行精确的配准非常重要。影像配准的步骤和原理与几何校正非常相似，配准方法主要分为绝对配准和相对配准。绝对配准是通过控制点将多时相遥感影像经过旋转平移和仿射变换等操作校正到同一地理坐标系下。

170

绝对配准往往需要对每期遥感影像进行地面控制点的选取以校正到同一地理坐标系中，而大量地面控制点的选取需要大量人工操作。此外，绝对配准的误差是多个时相影像校正误差的累积，而且总体上比较理想的配准精度并不能保证局部上是空间相互配准。相对配准不需要地面控制点，是通过多时相影像之间的同名点实现配准的。

6.1.2 光谱预处理

由于不同时相下大气条件、光照条件、土壤湿度、植被物候以及不同视角下光谱辐射特性的不同，同一地物在多时相影像中也会产生较为明显的光谱差异。因此，为了减少多时相影像的光谱差异，我们就需要对影像进行辐射校正的预处理操作，使得两幅影像未变化部分的光谱值大致相同，以确保变化检测的精度。辐射校正主要包括传感器校正、大气校正、地形校正和太阳高度角校正。

传感器校正的目的是减轻自身导致的辐射误差，其主要分为相对辐射定标和绝对辐射定标。首先相对辐射定标将初始像元值归一化，确保像元值相同的像素接收到的辐射量也相同，以减弱传感器带来的误差。在完成相对辐射定标之后需要进行绝对辐射定标，确定像元值与辐射量之间的关系，从而确定入射辐射实际大小。

由于大气的密度和成分随时间变化，所以多时相遥感影像受到的大气吸收和散射影响常常不同，需要进行大气校正。大气校正的方法又可以分为统计模型和物理模型，常用的统计模型有内部平均相对反射率法、经验线性法等。常用的物理模型有 6S、MODTRAN 模型等。

在完成传感器校正和大气校正之后，由于地形坡度的影响，遥感影像上不同地表位置会接收到不同大小的辐射，为了解决这个问题，需要进行地形校正。目前地形校正主要基于三类数据，分别是波段比、DEM 和超球面。类似地，由于太阳角度的不同也会导致不同位置所接收到的辐射不一致，通常利用对影像的平均像元值进行修正以实现太阳高度角校正的目的。

6.2 从灰度比较法到变化向量分析法

灰度比较法是最简单、最直接的一种变化特征提取方法。该方法通过直接比较对应像元的灰度值来表征变化信息，具体算法包括：差值法、比值法和回归分析法等。变化向量分析法（Change Vector Analysis，CVA）由差值法扩展而来，是差值法在多光谱影像中的形式。

6.2.1　灰度比较法

1. 差值法

差值法的基本原理是将图像中对应像元的灰度值相减，所得到的差值图像用来表示所选两个时间中目标区域所发生的变化。理论上，差值图像中像元值越接近于 0 表明对应位置越有可能未发生变化，反之越有可能发生变化。

2. 比值法

比值法通过计算两个时相遥感影像对应像素灰度值的比值，生成比值影像。若某个像素上没有发生变化，则比值接近 1；反之，比值将明显高于或低于 1。相较于差值法，比值法对乘性噪声不敏感，因此主要应用于 SAR 图像。

3. 回归分析法

回归分析法的基本思想是假设多时相影像是线性相关的，该方法通过最小二乘回归法建立两时相像素灰度之间的线性关系，利用回归灰度值减去对应的实际的灰度值来反映变化程度。

$$\hat{a} = b \times k_1 + k_2 \tag{6.2.1}$$

$$\mathrm{DR}_{i,j} = \hat{a}_{i,j} - a_{i,j} \tag{6.2.2}$$

式中，a 和 b 分别为多时相影像的灰度值；k_1 和 k_2 为回归方程的系数；$\hat{a}_{i,j}$ 为像素 (i, j) 的回归灰度值；$\mathrm{DR}_{i,j}$ 为回归分析法中的变化特征，特征值越接近于 0 代表变化的可能性越低。回归分析法的优势是可以减少辐射差异对于变化检测的影响。

6.2.2　变化向量分析法

CVA 通过对双时相影像中每个像素的各个波段数据进行差分计算以得到变化向量。变化向量的模代表变化的程度，角度代表地物变化的方向，公式如下：

$$\boldsymbol{V} = a_{i,j} - b_{i,j} = \begin{bmatrix} a_{i,j,1} - b_{i,j,1} \\ a_{i,j,2} - b_{i,j,2} \\ \vdots \\ a_{i,j,k} - b_{i,j,k} \end{bmatrix} \tag{6.2.3}$$

$$\rho = |\boldsymbol{V}| = \sqrt{\sum_{k=1}^{n} (a_{i,j,k} - b_{i,j,k})^2} \tag{6.2.4}$$

$$\theta_k = \arccos\left(\frac{a_{i,j,k} - b_{i,j,k}}{\rho}\right) \tag{6.2.5}$$

式中，V 代表变化向量；$a_{i,j,k}$ 和 $b_{i,j,k}$ 分别代表变化前后第 i 行第 j 列中第 k 波段的像素值；ρ 代表变化向量的长度，即变化强度；θ_k 代表第 k 波段的变化方向；n 为波段总数，n 为 2 时变化向量如图 6.2.1 所示。

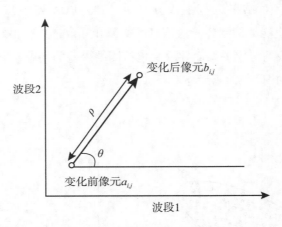

图 6.2.1　变化向量分析法示意图（$n=2$）

6.3　变化域特征比较法

变化域特征比较法的思想是针对多光谱数据进行数学变换来消除或减少多时相影像的波段相关性，保留有效的变化信息。变化域特征比较法主要包括主成分分析法、多元变化检测法、缨帽变换、独立成分分析法等。我们重点讲解其中最具有代表性的算法：主成分分析法和多元变化检测法。

6.3.1　主成分分析法

主成分分析法（Principal Component Analysis，PCA）是通过正交变换将一组数据转换到一组不相关的数据的方法，该方法能够有效地减弱噪声并减少信息冗余。具体计算方式如下：

（1）对给定的样本 S 进行去中心化处理。

（2）计算协方差矩阵 C。

(3)对协方差矩阵进行对角化处理,得到特征值矩阵 $\boldsymbol{\Lambda}$。

(4)根据需要选取特征值最大的 m 个特征向量作为行向量组成新的特征矩阵 $\boldsymbol{P}$。

(5)将样本 S 投影到新的特征矩阵 $\boldsymbol{P}$ 上,得到主成分影像 X,即:

$$X = \boldsymbol{P} \cdot S \qquad (6.3.1)$$

利用主成分分析进行变化检测的方法类似于传统的影像代数法,即对主成分进行简单代数计算或代数计算后对结果进行主成分分析,如:PCA 差值法、PCA 回归法和差值 PCA 法等。主成分变换能够抑制各光谱信息的交叉和冗余,具有很好的客观性。但是可能出现破坏相同波长波段的对应关系而导致变化检测结果差的问题。利用双波段数据进行两类主成分分析示意图如图 6.3.1 所示:

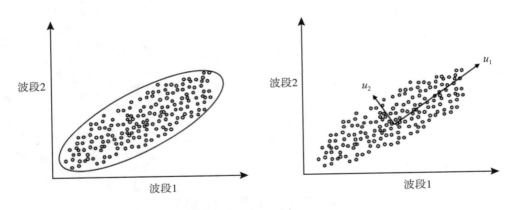

图 6.3.1　主成分分析法示意图($n = 2$)

6.3.2　多元变化检测法

多元变化检测(Multivariate Alteration Detection,MAD)的原理基于典型相关分析(Canonical Correction Analysis,CCA),其主要思想是提取投影特征差值最大方差的投影向量。对于双时相输入影像 X 和 Y,多元变化检测的主要优化对象是:

$$D = \boldsymbol{a}^{\mathrm{T}} X - \boldsymbol{b}^{\mathrm{T}} Y \qquad (6.3.2)$$

式中,D 为投影特征差值;$\boldsymbol{a}$ 和 $\boldsymbol{b}$ 分别是投影向量。MAD 的原则是使 D 的方差最大,故 MAD 可以表示为:

$$\underset{\boldsymbol{a}, \boldsymbol{b}}{\mathrm{argmax}} \big[\mathrm{Var}(D) \big] \qquad (6.3.3)$$

其中,优化方程满足约束条件 $\mathrm{Var}(\boldsymbol{a}^{\mathrm{T}} X) = \mathrm{Var}(\boldsymbol{b}^{\mathrm{T}} X) = 1$。根据约束条件可将优化方程转化为:

$$\underset{a, b}{\arg\max}\{2 - [1 - \rho(a^{\mathrm{T}}X, \ b^{\mathrm{T}}Y)]\} \tag{6.3.4}$$

式中，ρ 为相关系数，满足优化条件的投影向量可以通过构造 Lagrange 等式求得。

根据中心极限定理，由于 MAD 特征是 X 与 Y 的线性组合，故其近似满足正态分布，因此 MAD 变量的平方除以方差之和服从自由度为 n 的卡方分布：

$$T_{i, j} = \sum_{k=1}^{n} \left(\frac{D_{i, j, k}^2}{\sigma_k} \right) \in \chi^2(n) \tag{6.3.5}$$

式中，$D_{i, j, k}$ 表示第 i 行第 j 列第 k 个波段的 MAD 特征，共有 n 个波段；σ_k 表示第 k 个波段的方差。

多元变化检测法能够探测出影像之间最大的差异信息，是变化检测中最常用的影像变换法之一。

6.4　特征驱动比较法

成像条件差异和地表变化均会使多时相光谱发生变化。成像条件差异可细分为大气成像条件（是否有云和大气透射率等）和成像系统（传感器类型、传感器成像模式、季节效应和传感器角度等）的差异；而地表变化又细分为环境条件（沙漠化、冰川融化和积雪覆盖等）、自然灾害（地震、洪涝和风暴等）、人为活动（森林砍伐、建筑物/其他人造地物的变化）和植被物候等导致的变化（Bruzzone et al.，2013）。而变化检测的任务就是有效区分相关和非相关的差异信息，非相关信息所称的"伪变化"信息表现在最终的变化检测结果就是误差的来源。举例来说，当我们进行城市变化检测时，人为活动所导致的地物变化信息是我们所关心的，而与成像条件差异、环境条件、自然灾害和植被物候等相关的差异信息就成为不相关的变化信息。

传统的基于像元灰度或光谱的方法并不能实现对"伪变化"的抑制。为此，我们可以提取多时相的纹理特征、深度特征、对象级特征和角度特征等空间特征。空间特征可以用来表征地物的局部纹理和结构特性等空间上下文信息，可以作为光谱特征进行有效补充。另一方面，空间特征较为稳定，不易受到成像条件差异的影响。为此，基于多时相特征的比较，即特征驱动比较法，可以提高"伪变化"与真实地表变化的区分度。它主要包括以下类别：基于代数、变换和机器学习的比较法。

基于代数和变换的特征驱动比较法将原始算法中的光谱特征扩展至光谱-空间特征。以 CVA 为例，该方法通过将多时相光谱-空间特征进行差值，从而得到每个像素在各个特征中的变化向量。如图 6.4.1 所示，基于资源三号变化检测数据集，我们对比了不同特征的 CVA 结果,包括 GLCM(灰度共生矩阵)、APs(属性形态学谱)、CT(轮廓波)、MABI(多角度建成区指数)、GLCM-Obj(对象级 GLCM)和深度特征。该结果表明光谱特征无法检测光谱相似类别之间的变化,例如裸露土壤和建筑物,同时具有光谱变化的未变化地物被错误地判定为变化。GLCM、AP 和 CT 可以描述纹理变化,例如灰度值、几何结构和局部细节的空间分布。其中,CT 给出了更完整的变化区域,AP 则有更多的虚警。MABI 强调建筑物的变化,但它对其他变化(如土壤、植被和道路等)不敏感,因此会导致较大的漏检。GLCM-Obj 比其逐像素版本具有更小的漏检和更大的误检。基于深度特征的 CVA 优于其他方法,但仍然可以观察到阴影和季节性影响导致的误检无法消除。

基于机器学习的变化检测本质是通过多时相遥感影像特征的提取,挖掘变化样本的特征信息,从而转换为分类问题。适用于单一影像分类的所有分类器,如支持向量机、最小距离分类、极大似然分类、支持张量机、深度学习网络等均可用于变化检测。根据多时相特征融合方式的差异,基于机器学习的变化检测可以分为分类后比较法和联合分类法。

1. 分类后比较法

分类后比较法的基本思想是对多时相影像进行特征提取、构建光谱-空间特征,然后分别进行每个时相下影像的分类,得到分类结果。通过直接对比分类结果可以得到对应区域是否发生了地物类别变化,以及确定由什么变为什么(from-to)的变化类型信息。基于分类后比较法变化检测的精度是多时相分类精度的乘积,因此该方法的关键在于如何保证分类的精度。图 6.4.1 是基于不同空间特征的变化检测(Bruzzone et al.,2021)。

2. 联合分类法

联合分类的基本思想是对多时相影像计算特征,堆叠成多时相光谱-空间特征,然后进行一次分类,直接得到分类结果(是否变化或变化类型)。由于土地覆盖变化占据整个研究区的比例是十分有限的,因而在感兴趣的变化类别和未变化类别之间存在巨大的类别不平衡。因此,联合分类的最大问题是实际类别的样本不平衡。

一般的基于机器学习的变化检测方法,将特征提取和分类器学习分别实现,并且所提取的特征是由专家知识手工设计和选取以适用于不同的场景和数据集。然而,深度学习可以联合特征学习与特征比较在一个端对端的学习框架中,即直接获取从数据到标签(如是否变化或变化类别)的映射。深度学习下的变化检测详见 8.4 节。

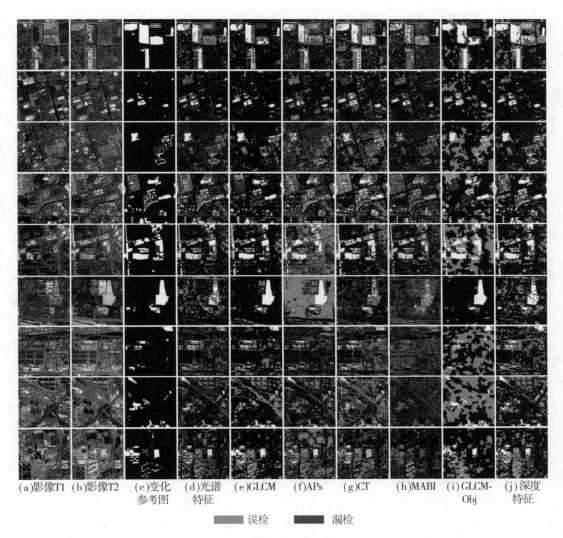

(a)影像T1　(b)影像T2　(c)变化参考图　(d)光谱特征　(e)GLCM　(f)APs　(g)CT　(h)MABI　(i)GLCM-Obj　(j)深度特征

■ 误检　■ 漏检

图 6.4.1　基于不同空间特征的变化检测

第7章　遥感影像解译方法

7.1　遥感影像计算机分类方法

遥感影像的计算机分类，是模式识别在遥感领域中的具体应用，它表示用一个影像数据集构造一个有意义的专题图的过程。影像分类器按照实施方案可以分为监督分类和非监督分类。非监督分类，是指事先对分类过程不施加任何的先验知识，而仅凭遥感影像地物的特征分布规律，随其自然地进行"盲目"的分类；其分类结果只是对不同的类别实现了区分，而并未确定类别的具体属性。其类别属性可以通过后处理分析(如经验知识、目视判别、实地调查)来得到。监督分类，是指利用人们对实验区域的先验知识，去定义地物的类别，通过选择训练样本将先验知识应用于分类过程，对不同分类器进行训练，然后用训练好的判决规则或者判决函数对未知数据进行分类；一旦分类结束，不但各类之间得到区分，同时也确定了各自的地物属性。

7.1.1　非监督分类方法

遥感图像上的同类地物在相同的表面结构特征、植被覆盖、光照等条件下，一般具有相同或相近的光谱特征，从而表现出某种相似性，归属于同一个光谱空间区域；不同的地物，光谱信息特征不同，归属于不同的光谱空间区域。这就是非监督分类的理论依据。非监督分类主要采用聚类分析的方法，根据光谱或者空间特征，把像素按照相似性归成若干类别。它的目的是使得属于同一类别的像素之间的距离尽可能小，而不同类别上像素间的距离尽可能大。在非监督分类的情况下，并无基准类别的先验知识可以利用，因而，只能先假定初始的参量，并通过预分类处理来形成集群；再由集群的统计参数来调整初始参量，接着再聚类，再调整，通过迭代的方式，直到有关参数达到允许的范围为止。因此，非监督算法的核心问题是初始类别参数的选定以及迭代调整的问题。常用的非监督聚类的方法有：

(1)K-Means 法：其基本思想是通过迭代，移动各个基准类别的中心，直至得到最好的聚类结果为止，如图 7.1.1 所示。该算法能使得聚类域中所有样本到聚类中心的距离平方和最小，它的结果受所选聚类中心的个数 K 及初始聚类中心选择的影响，也受到样本的几何性质及排列次序的影响，实际应用中，需试探不同的 K 值和不同的初始聚类中心。

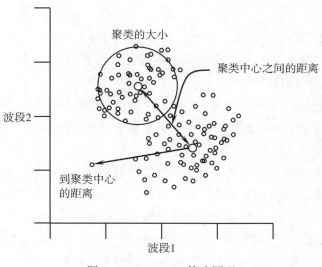

图 7.1.1　K-Means 算法原理

K 均值（K-Means）算法的步骤如下：

① 任选 k 个初始聚类中心：Z_1^1，Z_2^1，$\cdots$，Z_k^1（上标为寻找聚类中的迭代次数）。一般可选定样本集的前 k 个样本作为初始聚类中心，也可进行初始聚类中心的选择，如最大最小距离选心法、直方图选心法等。

② 对于第 t 步迭代，若对某一样本 X 有 $|X - Z_j^t| < |X - Z_i^t|$，则 $X \in S_j^k$，其中 S_j^t 是以 Z_j^t 为聚类中心的像素集。以此种方法将全部像素分配到 k 个类中。

③ 计算新的聚类中心向量：

$$Z_j^{t+1} = \frac{1}{n_j} \sum_{x \in s_j^t} X \quad (j = 1,\ 2,\ \cdots,\ k) \tag{7.1.1}$$

式中，n_j 为 S_j 中所包含的样本数。在这一步要计算 k 个聚类中心的样本均值，因此该算法称为 K 均值算法。

④ 若 $Z_j^{t+1} \neq Z_j^t$，$j = 1,\ 2,\ \cdots,\ k$，则回到第②步，将全部样本重新分类，迭代计算。若 $Z_j^{t+1} = Z_j^t$，$j = 1,\ 2,\ \cdots,\ k$，则迭代结束。

（2）迭代自组织的数据分析算法 ISODATA（Iterative Self Organizing Data Analysis Techniques Algorithm）：此算法与 K 均值有相似之处，即聚类中心是通过样本均值的迭代运算来决定的，但 ISODATA 算法能利用中间结果所得到的经验，在迭代过程中可将某一类别一分为二，亦可能将二类合二为一，即"自组织"功能，故这种算法已具有启发式的特点。ISODATA 法实质上是以初始类别为"种子"进行自动迭代聚类，它可以自动地进行类别的合并和分裂，各个参数也在聚类调整中逐渐确定，并最终构建所需要的判别函数。因此，可以说基准类别参数的确定过程，也是利用光谱特征的统计性质对判别函数不断调整和训练的过程。

ISODATA 算法过程简述如下：

①指定算法控制参数，包括：所要求的类别数，允许迭代的次数，每类集群中像素的最小数目以及集群分裂和合并标准。

②聚类：在已选定的初始类别参数的基础上，用距离判别函数进行分裂判别，从而获得每个初始类别的集群成员。同时，对每一类集群统计其成员总数、总亮度以及各类的均值和方差。

③类别取消：对上次迭代后的各类成员总数进行检查，若小于一定阈值，则表示该集群不可靠，应将其删除并返回第②步。

④判断迭代是否结束：若当前迭代次数已经达到指定的次数；或该次迭代得到的各类中心与上次迭代的结果小于一定阈值，则迭代结束。此时的相关参数将作为基准类别参数，并用于构建最终的判别函数。否则，继续进行以下步骤。

⑤类别的分裂：对每一类进行考核，若其标准差超过了阈值，则该类别需要分裂。每次允许分裂的类别数一般不应超过已有类别数的一半。分裂处理结束后返回第②步做下一次迭代。若本次迭代没有一个类别需要分裂，则转入合并处理。

⑥类别的合并：计算每两类集群的中心距离，然后将其与限值比较，若小于预先设定的阈值，则把这两类合并，计算新类别的均值和方差，同时修改集群总数，并将相应的参数进行更新。在迭代过程中，每次合并后的类别总数不应小于指定的类别数的一半。合并类处理结束后返回第②步进行下一次迭代。

（3）自组织映射网络 SOM（Self-Organizing Mapping），又称为自组织特征映射网络 SOFM（Self-Organizing Feature Mapping），是芬兰学者 Kohonen 根据生物神经元自组织的这一特性提出的。自组织映射网络引入了网络的拓扑结构，并在这种拓扑结构上进一步引入变化邻域概念来模拟生物神经网络中的侧抑制现象，从而实现网络的自组织特性。

7.1.2　监督分类方法

监督分类，即用已知类别的样本去识别未知类别像元的过程。在这种分类中，分析者在图像上对每一种类别选取一定数量的训练区，计算每种训练样区的统计或其他信息，将每个像元和训练样本作比较，按照不同规则将其划分到与样本最相似的类别。在选择训练区时应注意：①训练样本必须具有典型性、代表性、正确性、随机性；②对所有使用的辅助图件要求时间和空间上的一致性，确定数字图像与地形图(或土地利用图、地质图、航空影像等)的对应关系时，所用的两类图件在时间上一致，即使不一致，也要尽量找时间上相近的；同时，两类图件在空间上应能很好地匹配。

常用的监督分类器有：

(1)盒式分类器，其原理为：当某特征点落入包络某类集群的矩形盒子里时，该点就属于盒子所在的类别，如图 7.1.2(b)所示。盒式分类器的设计原理非常简单，但是对于重叠区域内的像素不能做出正确的判别。

(2)最小距离法是利用各个类别训练样本在各波段的均值作为代表点，根据各像元离代表点的距离作为判别函数，如图 7.1.2(c)所示。距离分类器是以地物光谱特征在特征空间中按集群方式分布为前提的，这种判别方式偏重特征点的几何位置，而不是统计特性。

(3)极大似然分类器，它主要根据相似的光谱性质和属于某类的概率最大的假设来指定像元的类别。通过对各个集群的分布规律进行统计描述，来划分不同集群的分界线(面)。通常假设特征点的统计分布为正态分布，用均值、协方差统计量来表示集群的概率密度函数。与最小距离规则相比，极大似然法更偏重特征点的统计分布特性，而非几何位置，如图 7.1.2(d)所示。极大似然法的算法原理如下：

从概率统计分析，要想判别向量 X 的类别属性，判别函数要从条件概率 $P(W_i|X)$ (i = 1，2，3，$\cdots$，m) 来决定，W_i 代表第 i 个类别，P 表示在模式 X 出现的条件下，X 属于 W_i 的概率。判别的基本原则是：计算向量 X 属于每一类的概率，然后比较其大小，向量的类别归属于出现的概率最大的那一类，即：

$$\text{if } P(W_i \mid X) > P(W_j \mid X) \ (i \neq j,\ j = 1,\ 2,\ 3,\ \cdots,\ m);\ \text{then } X \in W_i \quad (7.1.2)$$

遥感影像的极大似然分类是一种典型的基于统计分析的监督分类器，其理论基础是 Bayes 准则，是以错分概率或风险最小为准则建立的判别规则。需要用到的相关概念包括：

①条件概率密度函数 $P(X \mid W_i)$：表示类 W_i 中的像素具有特征 X 的概率，通常是首先假设其分布形式，然后利用训练样本去估计分布函数的各个参数。

②类别先验概率 $P(W_i)$：表示类 W_i 出现在影像中的概率，它可以从图像以外的信息中获得，如地面测量数据，现有的专题图或历史数据，或者假设各类先验概率相等。

③后验概率 $P(W_i \mid X)$：表示向量 X 属于类别 W_i 的概率，它是判别函数的依据，也可以作为概率输出，为分类后处理提供信息。

根据 Bayes 公式：

$$P(W_i \mid X) = \frac{P(X \mid W_i)P(W_i)}{\sum_{i=1}^{m} P(X \mid W_i)P(W_i)} \quad (7.1.3)$$

我们知道,用训练样本可以估计出条件概率和先验概率,因此,极大似然法的后验概率判别函数(式(7.1.2))便可以建立。需要注意的是,MLC分类器一般情况下假设样本数据在特征空间上服从正态分布,即像素 X 在第 i 类的条件概率密度为:

$$p(X \mid W_i) = \frac{1}{|\Sigma_i|^{1/2}(2\pi)^{N/2}} \exp\left[-\frac{1}{2}(X - \mu_i)^{\mathrm{T}} \sum_i^{-1} X - \mu_i\right] \qquad (7.1.4)$$

式中, Σ_i 和 μ_i 是第 i 类训练样本的协方差矩阵和均值向量。

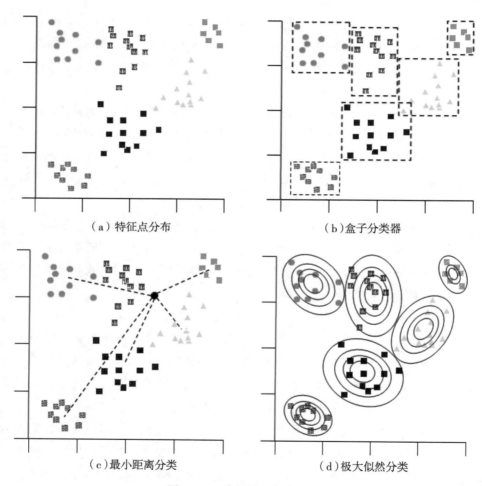

（a）特征点分布　　　　　　　　　　（b）盒子分类器

（c）最小距离分类　　　　　　　　　（d）极大似然分类

图 7.1.2　常用的监督分类器

（4）光谱角制图（Spectral Angular Mapper，SAM）：其基本原理是把待识别的像素与参考光谱相比较,根据参考光谱和未知光谱之间的相似程度来判别未知光谱的属性。参考光谱的确定方式一般有：

①通过实地或者实验室的光谱仪测量，该方法对天-地数据的定标和校正要求很高。

②通过多、高光谱影像端元(endmember)选择的方法，在影像中选取合适的参考光谱值。

SAM 的实现方式是通过比较参考光谱(r)和像素的多光谱矢量(t)之间的夹角(α)，把最小角度值对应的参考光谱类别作为未知光谱的属性。两个光谱矢量的相似性用以下式来表示：

$$\alpha = \arccos\left(\frac{\sum_{i=1}^{n} t_i \cdot r_i}{\left(\sum_{i=1}^{n} t_i^2\right)^{1/2}\left(\sum_{i=1}^{n} r_i^2\right)^{1/2}}\right) \qquad (7.1.5)$$

式中，n 为光谱的维数；t_i 和 r_i 是待识别光谱和参考光谱的第 i 维特征分量。

7.1.3　智能分类器和机器学习算法

上一节涉及的都是统计模式分类方法，它们依赖于对光谱属性的统计量(如均值、方差、协方差等)，用概率或者距离相似性度量来判别未知类别的属性。本节讨论的是智能化学习的分类算法，主要内容包括：多层感知器(Multilevel Perceptron，MLP)，概率神经网络(Probability Neural Network，PNN)，支持向量机(Support Vector Machine，SVM)以及关系向量机(Relevance Vector Machine，RVM)。相对于 Bayes 以及其他的统计分类器而言，智能化机器学习算法的最大优势是它们能直接从数据本身来建立输入-输出的决策关系，并不需要估计概率密度函数。换句话说，智能化学习方法是非参数化的分类方式，不依赖于特征点的分布特性，因此，有必要比较、测试和研究这些智能化学习机对于复杂的高分辨率影像模式的分析能力。下面简述本节将要测试的几种机器学习算法的基本原理。

1. 多层感知器(MLP)

多层感知器(MLP)是一种重要的神经网络类型。它是一种基于监督学习的前馈型人工神经网络。在深度学习时代来临之前，狭义的人工神经网络(Artificial Neural Network，ANN)指的就是 MLP。MLP 由三部分组成(如图 7.1.3 所示)：①输入单元，即输入层；②计算节点，即隐含层；③输出节点，即输出层。

MLP 是一种前向传播的网络结构，它最常用的训练算法是反向误差传播(Back Propagation，BP)。在很多应用中，基于 BP 训练的 MLP 通常直接称为 BP 神经网络。它的基本原理是：输入向量通过网络的前向计算，产生一个输出向量，和理想输出单元相比较，然后，网络权值在误差的反向传播中根据误差项进行调整。

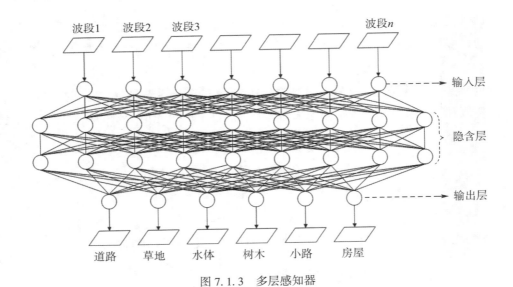

图 7.1.3　多层感知器

2. 概率神经网络（Probability Neural Network，PNN）

PNN 是 Specht（1990）提出的，它是 Parzen 非参数概率密度函数估计和 Bayes 分类规则的神经网络版本。它可以视为径向基函数（Radial Basis Function，RBF）神经网络的一种特殊形式。和 MLP 相比，PNN 是一次性（One-Pass）训练方式。它的基本原理简述如下：

对于一个输入模式 x，Bayes 分类策略的原则是使期望风险最小化，Bayes 分类器采用的是最大后验概率的决策方式：

$$C(x) = \underset{c_i}{\arg\max} P(x \mid c_i) P(c_i) \quad (i = 1, 2, \cdots, K) \tag{7.1.6}$$

式中，$C(x)$ 是输入向量 x 所属的类别；$P(c_i)$ 是类别 c_i 的先验概率；$P(x \mid c_i)$ 是其条件概率。$P(c_i)$ 通常假定为各类地物的平均分布，所以 Bayes 分类器的关键问题就是从训练数据集提取各类的条件概率。在高斯分布假设下，类别 c_i 的条件概率 $P(y \mid c_i)$ 的估计式为：

$$p(y \mid c_i) = \frac{1}{N_i (2\pi)^{d/2} \sigma^d} \sum_{j=1}^{N_i} \exp\left[-\frac{(y - x_i^{(j)})^{\mathrm{T}}(y - x_i^{(j)})}{2\sigma^2} \right] \tag{7.1.7}$$

式中，y 代表输入特征向量（维数为 d）；N_i 是属于类别 c_i 的训练样本的个数；$x_i^{(j)}$ 是类别 c_i 的第 j 个样本。

PNN 是式（7.1.7）的一种非常直接的神经网络实施方式。如图 7.1.4 所示，它由三个前馈网络层构成：输入层（input layer），模式层（pattern layer）和决策层（summation layer）。输入层接收待识别的输入向量，并提供给模式层。模式层由 K 个神经元 pools 组成，每个 pool 存放每个类别的训练样本，第 $i(i = 1, 2, \cdots, K)$ 个 pool 有 N_i 个模式神经元。对于每

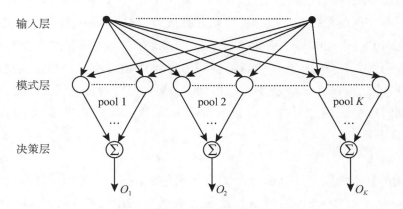

图 7.1.4　概率神经网络

个输入层的向量 y，每个模式层对它的响应值为：

$$f(\boldsymbol{y},\ \boldsymbol{w}_i^{(j)},\ \sigma) = \frac{1}{N_i\ (2\pi)^{d/2}\ \sigma^d} \sum_{j=1}^{N_i} \exp\left[-\frac{(\boldsymbol{y} - \boldsymbol{w}_i^{(j)})^{\mathrm{T}} (\boldsymbol{y} - \boldsymbol{w}_i^{(j)})}{2\sigma^2} \right] \qquad (7.1.8)$$

式中，$\boldsymbol{w}_i^{(j)}$ 是第 i 个 pool 的神经元 j 的权向量；非线性函数 $f(\cdot)$ 代表神经元的激活函数。对于每个输入向量 y，经过模式层的激活函数运算，在决策层得到 K 个概率值：O_1，…，O_i，…，O_K，其中 O_i 为第 i 个 pool 所有神经元激活函数值的总和：

$$O_i = \sum_j f(y,\ \boldsymbol{w}_i^{(j)},\ \sigma) \qquad (7.1.9)$$

向量 y 的类别属性通过简单的比较获得：

$$O_k > O_i,\quad i \neq k,\quad i,\ k \in [1,\ K] \Rightarrow y \in c_k \qquad (7.1.10)$$

PNN 的训练非常简单，对于类别 c_i 的训练样本 x，其训练过程就是在第 i 个 pool 中加入一个等于 x 的权值向量。它的这种 One-Pass 训练方式的缺点就在于：一旦训练样本过多，会造成模式层的存储、计算量增大，而且神经网络的测试仿真过程也因此需要更多的时间。

3. 支持向量机(Support Vector Machines，SVM)

SVM 是一种基于统计学习理论的机器学习算法，采用结构风险最小化(Structural Risk Minimization，SRM)原理，在最小化样本误差的同时缩小模型的泛化误差，从而提高模型的泛化能力。不同于传统机器学习算法通常采用经验风险最小化(Empirical Risk Minimization，ERM)准则，SVM 采用统计学习理论的一种新策略：将函数集构造为一个函数子集序列，使各个子集按照 VC 维(Vapnik–Chervaonenkis dimension，瓦普尼克–切尔沃宁维数，是子集中各函数的复杂度测度)的大小排列；在每个子集中寻找较小经验风险，在子集间考虑经验风险和置信范围，取得实际风险的最小，这种思想称作结构风险最小化。SVM 对特征空间的维数并不敏感，因此它被认为是对 Hughes 效应具备鲁棒性的分类器(Bruzzone and Carlin，2006)。下面我们将简述 SVM 的基本原理和主要公式概念。

对于一个两类分类问题，在 d 维特征空间中有 N 个训练模式，每个模式的目标属性 $y_i \in \{-1, +1\}$。非线性 SVM 把数据投影到一个更高维的特征空间 $\phi(x)$，在这个空间里，两个类别的区分是通过寻找一个权向量为 w 偏置为 b 的超平面(Optimal Separating Hyperplane，OSH)：

$$f(x) = w \cdot \phi(x) + b \tag{7.1.11}$$

$f(x)$ 是超平面的判别函数，与 OSH 平行且在平面 $f(x)=\pm1$ 上的训练样本称为支持向量(Support Vectors，SVs)。OSH 通过最大化两个超平面的距离和最小化训练错误来优化计算：

$$\min_{w, b, \xi_i} \left\{ \frac{\|w\|^2}{2} + C \sum_{i=1}^{N} \xi_i \right\} \tag{7.1.12}$$

式中，ξ_i 是松弛变量，用来考虑不可分的样本；C 是惩罚系数，它控制区分函数的形状，影响 SVM 的泛化能力。式(7.1.12)的最小化问题可以通过 Lagrange 对偶优化来解决，同时，在式(7.1.11)中，可以用核技巧在低维空间表示高维特征空间 $\phi(x)$：

$$f(x) = \left(\sum_{i \in SVs} \alpha_i y_i K(x_i, x_j) + b \right) \tag{7.1.13}$$

式中，$K(\cdot)$ 是核函数；SVs 是支持向量集合，代表非零 Lagrange 乘子 α_i 对应的样本。通常采用的核函数有以下两种：

多项式函数(Polynomial Kernel)：$K(x_i, x_j) = (x_i \cdot x_j + 1)^d \tag{7.1.14}$

径向基函数(Radial Basis Function)：$K(x_i, x_j) = \exp(-\gamma \|x_i - x_j\|^2) \tag{7.1.15}$

式中，d 是多项式函数的阶数；γ 是 RBF 函数的宽度。

SVM 最初用来解决两类模式识别问题，通常有两种多类 SVM 算法(Foody and Mathur，2004)：一对一(One Against One，OAO)和一对多(One Against All，OAA)。OAO 对每个两类问题使用一个 SVM，最终的类别归属用投票的方式确定；而 OAA 则是对 K 类问题采用 K 个分类器，每个分类器解决类别 i 和其他所有类别的区分问题，最终根据区分函数值 $f(x)$ 的大小来确定每个样本的属性。

4. 关系向量机(Relevance Vector Machines，RVM)

RVM 是 SVM 的 Bayesian 扩展形式，它的出现是针对 SVM 的以下缺点：

(1)SVM 只能输出一个类别标号的预期值，不直接支持概率输出，因此不能提供分类过程的不确定性信息；

(2)尽管 SVM 在一定程度上也是稀疏的(sparse)，但所使用的核函数的数量(参考式

（7.1.13），核函数的数量即为支持向量的个数）仍然会随着训练样本的增加而显著增加；

（3）核函数 $K(\cdot)$ 必须满足 Mercer 条件；

（4）SVM 的具体实施，需要预先确定惩罚系数和核参数，通常采用的交叉验证（cross validation）方式会显著增加计算时间。

基于以上背景，Tipping（2001）提出一种关系向量机（RVM），对式（7.1.13）中的每一个权值向量 $w_i = \alpha_i y_i$ 都赋予一个先验值 α（RVM 的参数，称为 hyperparameter），然后用迭代的方式，通过 Bayesian 学习来更新权值向量。与支持向量不同的是，对于 RVM，非零权值所对应的关系向量（Relevance Vectors，RVs）并不分布在决策边界的周围，而是作为各类样本的典型代表模式。

假设一个输入-输出数据集 $\{x_n, t_n\}_{n=1}^{N}$（x_n 为样本，t_n 为标号），RVM 用下式来表达数据 t 的似然分布：

$$P(t|w) = \prod_{n=1}^{N} \sigma\left(y(x_n; w)\right)^{t_n} \left[1 - \sigma\left(y(x_n; w)\right)\right]^{1-t_n} \qquad (7.1.16)$$

式中，w 是可迭代调整的权值；$y(\cdot)$ 为均值函数；$\sigma(\cdot)$ 表示函数 $\sigma(x) = \dfrac{1}{1+e^{-x}}$。权值向量 w 通过对函数 $P(t|w)$ 的最大化来求取，初始值 α 在迭代的过程中逐步更新，当迭代终止时，非零权值所对应的就称为关系向量。

与 SVM 类似，RVM 最初也是针对两类问题，多类（K 类）问题的解决可以通过对式（7.1.16）进行扩展：

$$P(t|w) = \prod_{n=1}^{N} \prod_{k=1}^{K} \sigma\left(y_k(x_n; w_k)\right)^{t_{n_k}} \qquad (7.1.17)$$

相对于 SVM，RVM 的最大特点在于其稀疏性：可以用非常少的核函数实现和 SVM 相同的分类和泛化能力。RVM 的代价函数是用数据点的概率分布来表示的，通过 Bayesian 学习来估计其参数，因此能够直接输出每个模式的后验概率。由于 RVM 大量减少了核函数的数量，所以它的稀疏性质更适合于小样本的学习，同时减少学习的复杂度。而且，RVM 只需要设置权向量的初始值，不含 SVM 中的惩罚系数、核参数等，因此它的应用非常直接和方便。

5. 随机森林（Random Forest，RF）

RF 是由决策树作为基分类器，通过基于 Bagging 方法集成基础上，引入随机属性选择扩展而来。随机森林采用的是无剪枝的决策树。

决策树是一种常见的分类算法。它是一种树状结构，由根节点、内部节点、叶子节点构成。根节点对应的是训练数据或预测数据，内部节点对应的是对象的属性，叶子节点对应的是预测分类标签输出。从每个根节点到任意一个叶子节点都对应着一个判断序列。划分属性的原则是决策树的核心问题，常用的方法有：信息增益、基尼指数等。通常为了防止决策树出现过拟合问题和进行剪枝处理。

Bagging 是一种常用的并行式集成学习方法，它通过采用自助采样法，从 m 个样本集中产生了 T 个采样集，通过独立使用这些采样集产生独立的基分类器，再将这些基分类器进行组合。简单投票法常被采用在 Bagging 方法中用来对预测输出进行结合。

随机森林的特点：

(1)随机森林通过建立多个决策树进行组合决策，以避免无剪枝的单个决策树有可能出现的过拟合和局部最优解问题。

(2)对于大数据集也较为有效。

(3)随机森林能够给出各个特征的重要性。

📚案例 7.1.1 使用高光谱-高空间分辨率影像对比典型遥感影像计算机分类方法

实验采用的 DC 数据集是用 HYDICE 传感器于 1995 年获取的华盛顿特区的高光谱影像，该影像最开始包含 210 个波段，光谱范围覆盖 $0.4\sim2.4\mu m$。移除掉由水气吸收产生的噪声波段后，得到 191 个光谱波段的高光谱影像。该影像包含 1280×307 个像素和 19332 个可以用来测试分类器的样本。实验区的地物信息类别包含以下 7 类：道路(roads)、草地(grass)、水体(water)、小路(trails)、树木(trees)、阴影(shadow)和房屋(roofs)。该数据的解译难点在于：

(1)该区域地物类型复杂，组成屋顶的材料包括沥青、水泥、砖等，因此对于房屋这一类不存在典型的光谱特性。

(2)房屋、道路和小路具备非常相似的光谱特征，因为它们是由相似的材料构成的。同时，阴影和水体的光谱特性也非常相似，几乎不可能用光谱特征来区分。

(3)该数据是在干燥季节获取的，大部分草地没有完全生长，显示出与裸土和土壤相似的光谱特性，因此小路与这几类地物之间的区分同样是一个难点。

ISODATA 和 K-Means 的分类结果如图 7.1.5(a)、(b)所示。分类图的类别颜色设置：浅绿(草地)、蓝(水体)、黄(小路)、紫(阴影)、橙(屋顶)、深绿(树)、白(道路)、黑(未分类)。从该图中可以看出，非监督分类算法不能很好地提取影像的专题图信息，无法区分水体-阴影和房屋-小路等具有相似光谱特性的目标。同时，在对非监督聚类的结果进行后处理(类别合并)的时候，仍然需要实验区的先验知识和较多的人工操作。两种方法的详细精度统计和混淆矩阵如表 7.1.1(a)和(b)所示。

传统的统计监督分类器的分类结果如图 7.1.5(c)、(d)、(e)所示，图(c)为最小距离法(MDM)，OA=78.5%；图(d)为极大似然法(MLC)，OA=78.3%；图(e)为光谱角制

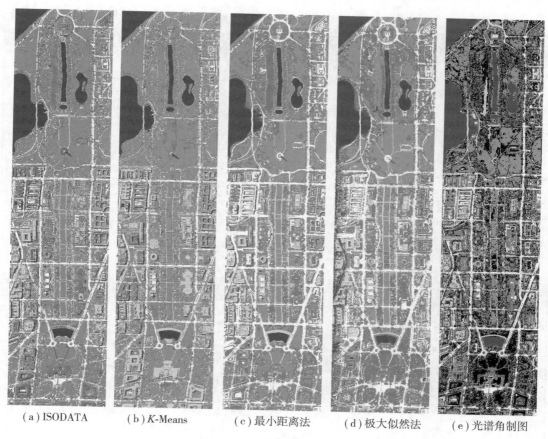

（a）ISODATA　　　（b）K-Means　　　（c）最小距离法　　　（d）极大似然法　　　（e）光谱角制图

图 7.1.5　实验区的分类结果

图（SAM），OA=70.6%。三种方法的混淆矩阵如表 7.1.2 所示。总体上比较非监督聚类和统计监督分类的效果，可以发现后者显著提高了影像解译的精度，如：总体精度 OA 从 65.7%（ISODATA）提高到 78.5%（MDM）。但是，从视觉上分析图 7.1.5 可以发现，MDM，MLC 和 SAM 仍然不能很好地区分树木-草地，房屋-道路-小路，水体-阴影这些具有相似光谱特征的目标。

表 7.1.1　DC Mall 实验非监督分类方法精度统计

（a）ISODATA

	道路	草地	水体	小路	树木	阴影	房屋	
道路	2479	0	14	1	10	16	49	2569
草地	5	2819	0	6	985	0	7	3822

	道路	草地	水体	小路	树木	阴影	房屋	
水体	13	0	2620	0	2	1075	0	3710
小路	73	1	0	577	56	2	2263	2972
树木	3	0	0	0	993	0	0	996
阴影	281	0	0	5	0	0	601	887
房屋	21	255	0	445	1	0	2343	3065
	2875	3075	2634	1034	2047	1093	5263	18021

注：OA = 65.7%；Kappa = 0.592。

(b)K均值聚类

	道路	草地	水体	小路	树木	阴影	房屋	
道路	2300	0	12	0	23	15	21	2371
草地	11	2982	0	1	1195	0	80	4269
水体	13	0	2622	0	2	1077	0	3714
小路	35	1	0	804	72	1	3479	4392
树木	8	2	0	0	755	0	17	782
阴影	0	0	0	0	0	0	0	0
房屋	508	90	0	229	0	0	1666	2493
	2875	3075	2634	1034	2047	1093	5263	18021

注：OA = 61.8%；Kappa = 0.550。

表 7.1.2 DC Mall 实验统计监督分类方法精度统计

(a)MDM

	道路	草地	水体	小路	树木	阴影	房屋	
道路	2805	0	12	6	48	17	592	3480
草地	13	2723	0	11	169	0	13	2929
水体	0	0	2402	0	0	441	0	2843
小路	8	0	0	1011	0	0	1799	2818
树木	15	352	0	1	1827	1	117	2313
阴影	12	0	220	0	3	634	0	869

续表

	道路	草地	水体	小路	树木	阴影	房屋	
房屋	22	0	0	5	0	0	2742	2769
	2875	3075	2634	1034	2047	1093	5263	18021

注：OA = 78.5%；Kappa = 0.746。

（b）MLC

	道路	草地	水体	小路	树木	阴影	房屋	
道路	2729	0	0	13	24	211	635	3612
草地	1	2682	0	14	43	0	9	2749
水体	8	2	2123	0	0	112	19	2264
小路	4	0	0	996	0	0	1618	2618
树木	25	391	0	11	1947	1	113	2488
阴影	82	0	511	0	33	769	6	1401
房屋	26	0	0	0	0	0	2863	2889
	2875	3075	2634	1034	2047	1093	5263	18021

注：OA = 78.3%；Kappa = 0.744。

（c）光谱角制图

	道路	草地	水体	小路	树木	阴影	房屋	
道路	2455	0	84	0	0	55	226	2820
草地	0	2169	0	0	353	0	0	2522
水体	0	0	2403	0	0	437	0	2840
小路	20	55	0	968	1	0	1699	2743
树木	5	12	0	0	1273	0	4	1294
阴影	29	0	144	0	0	593	2	768
房屋	323	0	2	8	0	0	2869	3202
	2875	3075	2634	1034	2047	1093	5263	18021

注：OA = 70.6%；Kappa = 0.657。

接下来我们对智能分类器进行测试，包括：①多层感知器神经网络（MLP），网络的训练使用 BP（Back Propagation）方式，以及归一化共轭梯度法（Scaling Conjugate Gradient，

SCG);②概率神经网络(PNN);③支持向量机(SVM);④关系向量机(RVM)。

(1)MLP:对于 BP 训练的 MLP(BP-MLP)而言,主要的训练参数有:隐含层神经元个数(n),学习率(lr),动量项(mc);对于 SCG 训练的 MLP(SCG-MLP)而言,由于它对代价函数的优化过程不需要设置如学习率和动量项这样的参数,只需要考虑隐含层的神经元数量 n。本节采用三层 MLP 设置,第一层为输入层,其神经元数为输入模式的特征维数,即多光谱的波段数;第二层为隐含层,其神经元数需要根据训练进行调整和优化;第三层为输出层,定义为影像的类别数。实验中,SCG 的训练误差明显小于 BP 的训练误差,最小的训练误差由 13 个神经元的 SCG 得到。对于 BP-MLP,选择较小的学习率(0.01)以及合适的动量值(0.6)能够发生较小的误差。由于更多的神经元数会增加神经网络的复杂度,导致更长的训练和推理时间,因此,通过参数分析,我们采用 3 层(4-13-7)的 SCG-MLP 作为神经网络的配置。其结果如图 7.1.6(a)所示,OA = 85.0%,混淆矩阵见表 7.1.3(a)。

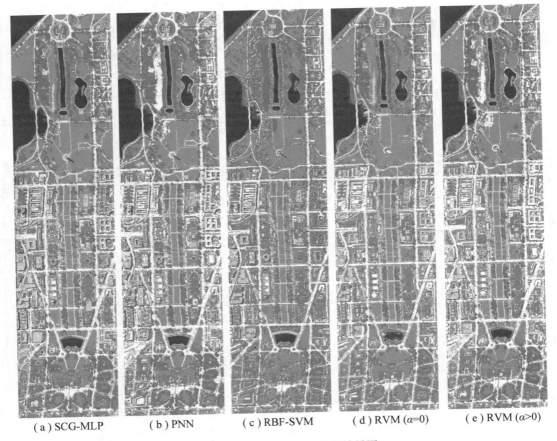

(a) SCG-MLP (b) PNN (c) RBF-SVM (d) RVM ($\alpha=0$) (e) RVM ($\alpha>0$)

图 7.1.6 智能分类器的分类结果图

（2）PNN：PNN 没有训练过程，它的隐含层由不同的 pools 组成，每个 pool 存放一个信息类的所有训练样本，因此在本节的实验中，共有 7 个 pools，包含 777 个神经单元，组成一个 3 层的 PNN。它的训练时间为 0，但推理时间较长，训练样本越多，模式层越复杂，所需的处理时间也越长。PNN 的测试结果 OA=85.8%，混淆矩阵见图 7.1.6（b）和表 7.1.3（b）。

（3）SVM：实验中，我们测试了 SVM 的核函数（如：RBF 函数和多项式函数Polynomial），以及惩罚系数 C 对分类精度的影响。对于 RBF 核半径参数，实验中取波段数的倒数值（1/4=0.25），它表示 RBF 核函数的响应宽度，它对精度的影响在本实验中并不明显。图 7.1.6（c）显示了 RFB-SVM（C=100）的分类结果，OA=82.4%，表 7.1.3（c）为相应的混淆矩阵。

（4）RVM：RVM 的主要参数为 α，表示权值向量的初始值。实验发现，当 α=0 时，RVM 的精度为：OA=84.2%，Kappa=0.810；当 α>0 时，RVM 精度为：OA=86.3%，Kappa=0.837（实验测试了 α={0.1，0.2，…，1，2，…，10} 时，RVM 的精度都相同，即此时 α 对分类结果没有影响）。α=0 和 α>0 时的 RVM 解译结果分别如图 7.1.6（d）和（e）所示，关系向量机 RVM（α=0），OA=84.2%，关系向量机 RVM（α>0），OA=86.3%，相应的混淆矩阵分别见表 7.1.3（d）和（e）。

表 7.1.3　DC Mall 实验智能与机器学习分类方法精度统计

（a）SCG-MLP

	道路	草地	水体	小路	树木	阴影	房屋	
道路	2704	1	1	3	1	2	261	2973
草地	17	3057	0	32	51	0	33	3190
水体	2	0	2437	0	0	163	1	2603
小路	76	5	0	977	0	0	1729	2787
树木	4	12	0	0	1992	2	3	2013
阴影	18	0	196	0	3	923	1	1141
房屋	54	0	0	22	0	3	3235	3314
	2875	3075	2634	1034	2047	1093	5263	18021

注：OA=85.0%；Kappa=0.823。

（b）PNN

	道路	草地	水体	小路	树木	阴影	房屋	
道路	2748	291	1	18	3	5	641	3707
草地	9	2746	0	46	5	0	6	2812
水体	0	0	2401	0	0	134	0	2535
小路	10	0	0	927	0	0	959	1896
树木	4	38	0	0	2038	5	2	2087
阴影	58	0	232	0	1	949	0	1240
房屋	46	0	0	43	0	0	3655	3744
	2875	3075	2634	1034	2047	1093	5263	18021

注：OA = 85.8%；Kappa = 0.830。

（c）RBF-SVM

	道路	草地	水体	小路	树木	阴影	房屋	
道路	2646	0	21	3	22	21	336	3049
草地	3	2693	0	44	35	0	2	2777
水体	0	0	2318	0	0	156	0	2474
小路	10	0	0	973	0	0	1500	2483
树木	37	382	0	0	1990	1	99	2509
阴影	76	0	295	0	0	915	3	1289
房屋	103	0	0	14	0	0	3323	3440
	2875	3075	2634	1034	2047	1093	5263	18021

注：OA = 82.4%；Kappa = 0.792。

（d）RVM（$\alpha = 0$）

	道路	草地	水体	小路	树木	阴影	房屋	
道路	2706	0	107	1	2	431	284	3531
草地	14	3064	0	36	342	0	6	3462
水体	0	0	2239	0	0	13	0	2252
小路	18	11	0	964	2	0	1113	2108
树木	1	0	0	0	1691	1	1	1694

	道路	草地	水体	小路	树木	阴影	房屋	
阴影	2	0	288	0	10	648	0	948
房屋	134	0	0	33	0	0	3859	4026
	2875	3075	2634	1034	2047	1093	5263	18021

注：OA＝84.2%；Kappa＝0.810。

(e) RVM(*α*>0)

	道路	草地	水体	小路	树木	阴影	房屋	
道路	2790	103	14	3	8	98	431	3447
草地	9	2967	0	44	22	0	8	3050
水体	0	0	2298	0	0	37	0	2335
小路	12	5	0	958	0	0	1242	2217
树木	1	0	0	0	2010	1	2	2014
阴影	4	0	322	0	7	957	0	1290
房屋	59	0	0	29	0	0	3580	3668
	2875	3075	2634	1034	2047	1093	5263	18021

注：OA＝86.3%；Kappa＝0.837。

从实验结果可知：智能分类器能显著改善传统的统计模式识别分类方式，如总体精度 OA 从 MDM 的 78.5% 提高到 RVM 的 86.3%；相应地，Kappa 系数从 0.746 增加到 0.837。智能分类器的主要优势在于能够显著减少草地-树木，树木-草地和阴影-水体的错误率。同时，PNN，RVM 也能在较大程度上改善房屋-小路的识别。需要注意的是，从分类结果和混淆矩阵可以看到，智能分类器仍然存在明显的错分，错误仍然发生在具有相似光谱反射的地物。

7.2　混合像元分解

图像空间分辨率的限制及地面物质具有异质性：一个像元相对于地面瞬时视角 (Ground Instance Field of View，GIFOV) 通常涵盖多种不同的地物，该像元的光谱反射值为各种不同地物的光谱反射以非线性的方式迭合而成，即为像元光谱混合 (Spectral Mixing)。

　　一个像元内仅包含一种地物，则这个像元称为纯净像元(或端元)；一个像元内包含几种地物，称该像元为混合像元。如果每个混合像元能够被分解，而且它的覆盖类型组分(端元组分)占像元的百分含量(丰度)能够求得，分类将更精确，因混合像元的归属而产生的错分、误分问题也就迎刃而解。这一过程称为混合像元分解。

　　混合像元分解技术是解决混合像元问题的有效方法，该方法通过对遥感成像原理的分析，建立光谱混合模型，将观测像元光谱表达为对该光谱具有贡献的各物质光谱之间的函数关系。它把混合像元分为两个核心部分：一部分是构成它的基本光谱集合，称为"端元"，一般是指场景中熟悉的宏观物体，例如水、道路、草地、建筑物等；另一部分是该端元对应的比例或者百分含量，称为"丰度"。混合像元分解技术主要包括端元提取以及丰度估计两个核心任务，即解决像元中有什么(端元提取)，有多少的(丰度估计)问题，混合像元分解技术如图7.2.1所示。混合像元分解的本质是一种特殊的广义逆问题，利用传感器接收到的观测信号进行参数估计得到最终的丰度矩阵。

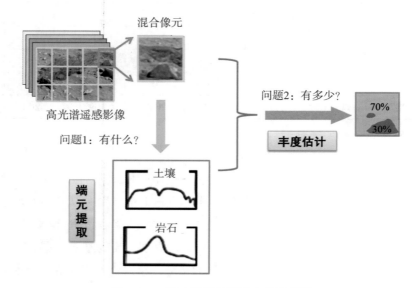

图 7.2.1　混合像元分解技术的示意图

　　根据两个核心任务的紧密关系，混合像元分解技术可以分为两大类(图7.2.2)：一类是端元提取与丰度估计是可分的，遵循"先端元后丰度"规则，虽然端元提取是丰度估计的前提，但是丰度估计结果不会影响端元提取，即端元提取与丰度估计是相对独立的；另外一类是端元提取与丰度估计是不可分的，这类算法能够同时计算得到端元光谱矩阵以及相对应的丰度分布矩阵，端元提取与丰度估计相互影响。

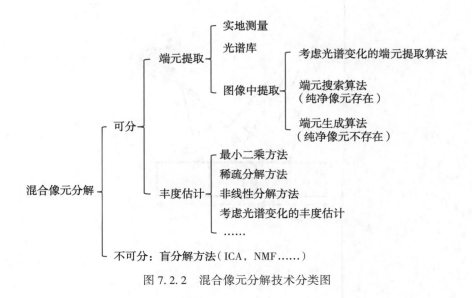

图 7.2.2 混合像元分解技术分类图

7.2.1 光谱混合模型

光谱混合模型是分析描述传感器接收到的光谱信号与端元信号之间关系的数学表达。在已知光谱混合模型的情况下，混合像元分解技术根据光谱成像的逆过程，从收集到的光谱中推断出端元和丰度。根据到达传感器的光子与地面上的物质发生作用的关系，光谱混合模型主要包括线性光谱混合模型以及非线性光谱混合模型。

线性混合模型假设混合尺度是宏观的，到达传感器的光子没有在地物间发生二次甚至多次反射，混合像元的光谱特征是由端元光谱特征及其对应的丰度线性组合而成，如图 7.2.3 所示。由于丰度表示的是一个比例，因此，丰度必须满足两个条件：①不存在丰度为负的像元，即非负约束条件；②观测光谱向量能够完全分解为各个端元的贡献，即和为一约束条件。由于线性混合模型的模型简单，易于解释和分析结果，因此，线性混合模型更常用。

线性混合模型的表达式为：

$$x = \sum_{i=1}^{p} a_i s_i + e = A \cdot s + e \qquad (7.2.1)$$

式中，x 表示大小为 $L \cdot 1$ 的像元光谱向量；$A = (a_1, a_2, \cdots, a_p)$ 表示大小为 $L \cdot p$ 的端元光谱矩阵；$s = (s_1, s_2, \cdots, s_p)^{\mathrm{T}}$ 表示 $p \cdot 1$ 的丰度向量；p 为图像中端元的数目；e 表示噪声向量或者模型误差向量。

由丰度的物理意义可知，丰度需要满足和为 1（Abundance Sum-to-one Constraint，

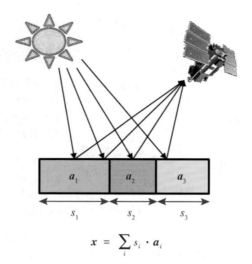

$$x = \sum_i s_i \cdot a_i$$

图 7.2.3　线性的光谱混合模型

ASC)，且非负(Abundance Nonnegative Constraints，ANC)两个约束条件：

$$\sum_{i=1}^{p} s_i = 1 \tag{7.2.2}$$

$$s_i \geqslant 0 \quad i = 1, 2, \cdots, p \tag{7.2.3}$$

式中，$s = (s_1, s_2, \cdots, s_p)^{\mathrm{T}}$ 表示 $p \cdot 1$ 的丰度向量；p 为图像中端元的数目。

当地物的空间结构复杂琐碎，例如存在石头或者树木散布于地表(如图7.2.4(a)所示)，或者地物各组成成分紧密关联时(如图7.2.4(b)所示)，光子很有可能经过多次散射才到达传感器。非线性光谱混合是由于地物间多次反射和散射造成的，因此，非线性光谱混合模型可以表示为端元与丰度的二次多项式形式：

$$x = f(A, s) + e \tag{7.2.4}$$

其中，f 表示非线性二次多项式函数；x 表示大小为 $L \cdot 1$ 的像元光谱向量；$A = (a_1, a_2, \cdots, a_p)$ 表示大小为 $L \cdot p$ 的端元光谱矩阵；s 表示 $p \cdot 1$ 的丰度向量，p 为图像中端元的数目；e 表示噪声向量或者模型误差向量。

最简单的情形是，光子最多作用于两种不同的地物。Singer 和 McCord(1979)提出两端元的双线性混合模型用于火星表面研究，该模型将双线性作用项看作第三个端元，这里的两端元的双线性模型本质上来说是一种特殊的经典线性混合模型：

$$\begin{aligned} & x = s_1 a_1 + s_2 a_2 + s_{12} a_1 \odot a_2 \\ & s_1 \geqslant 0, \ s_2 \geqslant 0, \ s_{12} \geqslant 0 \\ & s_1 + s_2 + s_{12} = 1 \end{aligned} \tag{7.2.5}$$

其中，⊙表示哈达玛积(Hadamard)。上述模型中，可以把非线性项 $a_1 \odot a_2$ 看作第三个端元，因此，两端元的双线性混合模型也可看作一种特殊的线性混合模型。

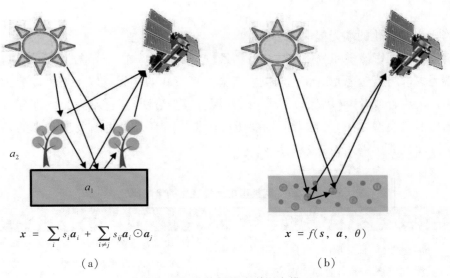

$$x = \sum_i s_i a_i + \sum_{i \neq j} s_{ij} a_i \odot a_j$$

(a)

$$x = f(s, a, \theta)$$

(b)

图 7.2.4 非线性的光谱混合模型

非线性光谱混合模型能够更精确地描述成像过程，尤其是植被存在的区域，但是，非线性模型的缺点在于：①模型复杂，参数多；②由于非线性项是两个端元光谱的乘积项（该项远远小于端元光谱的量级），这部分会干扰非线性项与阴影项的判别。而线性混合模型较为简单，精度也能满足现有的应用需求。

7.2.2 端元提取方法

获取端元光谱曲线最直接的方法是实地测量，但是这种方法耗时费力，应用之前需要辐射校正，一般情况下不采用这种方法获取端元光谱曲线。端元光谱还可以从光谱库中获得，许多稀疏混合像元分解方法就是利用现有的光谱库训练字典；然而由于成像条件的影响，从光谱库中得到的端元光谱与图像中的端元光谱存在较大的辐射差异，应用之前也需要辐射校正，而且目前光谱库并不全面，光谱库中并不包含所有地物的典型光谱。因此，目前较为常用的端元提取方法就是直接从图像中提取，这种方式简单易行，与影像数据有相同的成像环境，得到的结果更准确，这就是我们常说的端元提取算法。

基于凸几何理论的端元提取算法认为高光谱遥感影像中所有的像元光谱向量构成一个单形体，单形体的顶点即为影像的端元。根据是否满足图像中纯净像元存在假设、是否考虑光谱的变化，是否考虑空-谱信息联合，端元提取算法又可以分为四大类：考虑光谱变化的端元提取算法、经典的端元搜索算法、端元生成算法和联合空间-光谱信息的端元提取算法。考虑光谱变化的端元提取算法以及端元搜索算法需要满足图像中存在纯净像元的假设，而端元生成算法则不需要这样的假设；端元搜索算法以及端元生成算法不需要考虑光谱变化问题。

1）考虑光谱变化的端元提取算法

当高光谱遥感影像空间分辨率较高，场景较为复杂时，单一光谱曲线不足以描述类别特征，端元提取需要考虑光谱变化问题。考虑光谱变化的端元提取策略可以分为两大类：①端元为一个集合或者束(可认为是基于线性混合模型方法)；②端元为统计分布(也可以认为是随机混合模型方法)。前者的发展历史较长，后者是最近新发展起来的一类方法，二者的优点及挑战比较如表 7.2.1 所示。

表 7.2.1　两类考虑光谱变化的策略比较

	端元为束	端元为统计分布
优点	没有参数，不需要任何特殊光谱分布的假设，物理约束条件容易实现	使用一个高效、紧凑、连续的表达表示占有一定范围的光谱值，这些值有可能在一个离散的真实光谱库中并不存在
挑战	精度受到限制	精度依赖于模型及参数的选择；得到的端元没有物理意义

最常用的考虑光谱变化的方式是端元束，根据是否已知纯净像元集合(光谱库)，考虑光谱变化的端元束提取算法分为两类：一类是从端元光谱库中搜索最具有代表性的端元组合，这类方法需要已知纯净像元集合，因此我们将这一类方法看作是考虑光谱变化的丰度估计算法，本节不做介绍；另外一类就是从图像中自动地提取端元束，也是更常用的一类方法。从图像中自动提取端元束的方法目前发展还不太成熟，最早的工作是半自动的端元束提取(Bateson et al.，2000)，首先人工选择一个"端元种子点"，然后在整个图像中寻找与该种子点高度相关的像素，共同组成一个端元集合(束)。随后 Somers 等(2012)提出了一种全自动的端元束提取算法，该方法将图像随机分成多个部分，每个部分分别执行经典的端元搜索算法，如基于单纯形理论的顶点成分分析(Vertex Component Analysis，VCA)(Nascimento and Bioucas-Dias，2005)等，每个部分都得到一定数量的端元光谱曲线，最后将每个部分得到的所有端元进行聚类，最终得到每个类别的光谱集合。

另外一类考虑光谱变化的方式是将端元看作一个多变量的统计分布，如式(7.2.6)所示：

$$a_i \sim f(\theta_i), \quad i=1, 2, \cdots, p \qquad (7.2.6)$$

式中，f 表示一个多变量统计分布；θ_i 表示第 i 种端元的统计分布参数；p 表示端元数目。线性混合模型可以表示为：

$$x = \sum_{i=1}^{p} a_i s_i \qquad (7.2.7)$$

式中，x 表示观测光谱向量；a_i 表示满足公式(7.2.7)分布的随机端元向量；s_i 表示丰度。

2）端元搜索算法

端元搜索算法是基于图像中存在纯净像元假设成立的条件下，按照某种规则（体积最大、误差最小等）从图像数据中搜索一组最具代表性的端元集合。端元搜索算法是最早发展起来的、最成熟的一类端元提取方法。经典的端元搜索算法包括：像元纯净指数算法（Pixel Purity Index，PPI）（Boardman et al.，1995），N-FINDR（Winter，1999），正交子空间投影（Orthogonal Subspace Projection，OSP）（Ren and Chang，2003），基于单纯形理论的顶点成分分析（Vertex Component Analysis，VCA）（Nascimento and Bioucas-Dias，2005）等。端元搜索算法相对简单，执行速度快，可以满足一般场景的应用需求。

3）端元生成算法

端元生成算法并不需要纯净像元假设成立。尤其是当影像的空间分辨率较低，混合像元现象更严重，这时端元定义比较模糊，图像中不一定存在纯净的有代表性的像元。从图像像元中搜索的方法不再适用，但是可以通过端元生成的算法来提取端元。根据 Craig 准则，能够包络所有像元的具有最小体积的单形体的顶点能够更好地代表端元光谱（Craig，1994）。端元生成算法主要包括：迭代限制端元算法（Iterative Constrained Endmember，ICE）（Berman et al.，2004），最小体积单形体分析（Minimum-Volume Simplex Analysis，MVSA）（Li and Bioucas-Dias，2008），最小体积封闭单形体算法（Minimum-Volume Enclosing Simplex，MVES）（Chan et al.，2009）和分裂增广拉格朗日方法（Simplex Identification via Variable Splitting and Augmented Lagrangian，SISAL）（Bioucas-Dias，2009）等。这类方法在理想状况下有很好的结果，但是在真实数据实验中容易受噪声的影响，得到的端元光谱曲线物理意义并不明确。

4）联合空间-光谱信息的端元提取

如今，图像的空间信息越来越受到重视，在端元提取的过程中，也更多地考虑到相邻像素间的关系，使用空间信息提高端元提取的精度。比如：自动形态学端元提取（Automated Morphological Endmember Extraction，AMEE）算法利用拓展后的腐蚀膨胀算子来定位最纯像素（Plaza et al.，2002）。空间光谱端元提取算法（Spectral Spatial Endmember Extraction，SSEE）（Mei et al.，2009）利用联合空间-光谱信息的奇异值分解计算空间邻域内像素的纯度。此外，空间预处理也是一种利用空间信息的途径，此类方法联合空间信息将处于边缘的像素排除，只留下可能性较大的候选端元，从而减少候选端元集合的数量，然后，再利用传统的端元搜索算法在候选端元集的基础上提取端元。

7.2.3 盲分解方法

盲信号分离(Blind Source Separation，BSS)源于现代信号处理领域和神经网络领域，目的是没有先验信息时，从观测信号中分离出原信号的方法。由于其应用广泛，一直是一个挑战性的热门方法。BSS 已经应用于无线电通信和语音处理，现在，对图像处理领域也有突出贡献。

由于盲信号分离处理的问题与混合像元分解问题极其相似，后被学者引入混合像元分解领域，演化为盲分解方法，盲分解方法可以有效地避免"先端元后丰度"模式造成的误差累积。传统的分解方法在端元光谱未知时，无法进行丰度估计获得丰度图，导致丰度估计精度受端元提取精度的影响。而基于盲信号分离发展起来的盲分解方法则不需要端元光谱特征的先验信息。

传统的盲信号分离是设计一个矩阵分离的过程，它的输出满足某些假设所需要的条件。例如，最具代表性的盲信号分离算法独立成分分析(Independent Component Analysis，ICA)假设信号是相互独立的随机过程(Hyvarinen et al.，2001)。对一个特定的应用来说，如何选择合适的盲信号分离方法，主要在于检查该方法的基本假设是否适合这个特定的应用。

因为图像本身是一种非负的信号，所以在高光谱图像处理中，主要关注的是基于信号非负假设的非负盲信号分离。近年来，广泛应用于混合像元分解的盲源分解方法主要包括两大类。一类类似于 ICA，这类方法大部分基于统计理论，假设图像信号是非负的且统计独立的，如：非负 ICA(non-negative ICA，nICA)(Plumbley，2003)。但是，统计信号独立的假设在高光谱图像分析中有时并不成立，所以此类方法直接用于高光谱图像处理中效果不佳。另外一类方法不依赖于统计假设，直接利用矩阵的非负分解达到某种最小二乘拟合的效果。最常见的方法是非负矩阵分解(Nonnegative Matrix Factorization，NMF)(Lee and Seung，1999)。NMF 的优势在于不需要假设信号统计独立。NMF 问题是一个凸优化问题，最常用的求解方式是梯度下降法。近几年，学者们专注于加入额外的惩罚函数或者约束项来增加非负矩阵分解的独特性，如：最小分离约束的 NMF(minimum dispersion constrained NMF)(Huck et al.，2010)，最小体积约束的 NMF(minimum vol ume constrained NMF)(Miao and Qi，2007)等。

盲分解方法不需要纯净像元存在假设成立，通过盲源分离的方法来生成端元，同时得到丰度影像。在理想状况下，当不存在纯净像元时能取得较好的结果，但是得到的光谱曲线物理意义不明确，同时算法较为复杂。

7.3　面向对象的遥感影像解译

面向对象的遥感影像分析方法同时考虑像素的光谱特征及其空间上下文像素的光谱和空间特征，获取具有物理意义的区域或图斑。面向对象的影像分割和分类算法，在影像的分割阶段整合了光谱和空间信息，并产生了影像对象的概念。本节以遥感影像面向对象的多尺度分割和分类等问题为主要内容，系统地展示遥感影像的多尺度分割模型以及面向对象分类的理论和方法。

7.3.1　遥感影像分割方法

遥感影像分割是面向对象影像解译的前提和关键技术。本节首先介绍几种经典的遥感影像分割算法。

1. Graph 分割

基于 Graph(G) 的影像分割算法，通常用 $G = (V,\ E)$ 来表达无向图。其中，V 表示顶点，E 代表边界。每个边界$(v_i,\ v_j) \in E$ 对应一个非负的权重 $w(v_i,\ v_j)$，用来衡量两相邻顶点 v_i 和 v_j 间的差异性。在影像分割中，顶点 V 是指影像像素；边界权重指两相连像素的一些如强度、颜色、运动和位置等特征差异性的度量。

在基于图的分割算法中，将一个图斑 $S \in V$ 分割为几个小图斑，其中每一部分（区域）$C \in S$ 对应于图的一部分：$G' = (V,\ E')$。其中 $E' \in E$，换句话说，任何分割是通过边界 E 的子集引入的。有很多方法可以用来度量分割质量，不过通常采用图斑内像素的相似度，或者不同图斑像素的差异度来度量，即，属于同一区域的两顶点间的边界权重较低，而属于不同区域的两顶点间的边界权重较大。

图思想被广泛地用于影像分割，早期的基于图的分割算法（Urquhart，1982；Zahn，1971）是用固定的阈值和局部度量来获得分割结果。Zahn(1971) 提出了一个基于图的最小跨越树（Minimum Spanning Tree，MST）分割算法，这种方法同时起到像素聚类和影像分割的效果。影像分割中，图的边界权重是基于像素间的强度差计算得到的；而像素聚类，边界权重则用来度量像素间的距离。该方法是通过切断权重大的 MST 边界获得分割结果，但对具有复杂纹理特征的图像效果不理想。Urquhart(1982) 则提出归一化边界权重解决上述问题。

2. 分水岭分割

分水岭算法是一种基于拓扑理论的数学形态学分割方法，是对影像梯度的分割。其基本思想是把影像看作地学的自然地貌，影像中像素的灰度值代表该点的海拔高度，每一个局部极小值及其影响区域称为集水盆，集水盆的边界则称为分水岭。分水岭的概念和形成可通过模拟浸没过程来说明：假设在每一个局部最低处，刺穿一个小孔，然后将整个模型缓慢浸入水中，随着水位的上升，每一个局部最低处的影响域慢慢向外扩展，在不同的两个集水盆汇合处构筑大坝，即形成分水岭。由于分水岭方法的计算速度较快、物体轮廓线的封闭性、定位的准确性，而成为一种常用的分割方法。

比较经典的分水岭算法是由 Vincent(1991) 提出的。分水岭算法是一种形态学的非线性分割方法，它把影像看作地形曲面，灰度级对应地形海拔高度。分水岭分割算法主要包含两个步骤：排序过程和淹没过程。首先，对所有像素的灰度级由低到高排序，然后在由低到高实现淹没的过程中，对每一个局部极小值的影响域采用先进先出的结构进行判断及标注。分水岭变换得到影像的集水盆图像，集水盆间的边界点即为分水岭。显然，分水岭是影像的极大值点。为了得到影像边缘信息，通常把影像的梯度图作为输入数据。下面介绍几种经典的分水岭分割算法。

1)算法 1：基于灰度图像的分水岭分割

基于灰度图像的分水岭分割算法步骤如下：

(1)获得整幅影像的灰度值，并将其视为自然地形。

(2)寻找局部最小值作为种子点，并赋予一个值 i（i 为区域编号，取值为正整数），代表所属区域。

(3)从该种子点出发，与邻域像素点进行对比，若周围某一点未被赋值，且灰度值大于该种子点，将此点视为种子点，并赋值 i。

(4)重复步骤(3)，直至没有新的种子点产生，则赋值为 i 的点构成了一个区域。

(5)寻找下一个局部最小值，赋予新的值来代表所属区域，且将其视为新的种子点，并转到步骤(3)。

(6)遍历整幅影像，直到所有像素点都被赋予一个代表其所属区域的值。

2)算法 2：基于梯度图像的分水岭分割

由于不同地物其特征的不同，两地物衔接处的灰度对比往往较大。因此，在梯度图像上，对应的值也比较大。而同类地物内部像素具有同质性，对象内部梯度值较小。结合分水岭算法的原理及流程，将梯度图像视为拓扑地形来进行分水岭分割，可以较好地获取地物的边缘(Vincent, 1991)。处理步骤如下：

(1)若影像为灰度图，获得整幅影像的灰度值，计算梯度图像。若图像为 RGB 影像，分别计算 R、G、B 三个通道的梯度，并取三个通道的梯度均值作为梯度图像上各像素的值。

(2)获得整幅影像的灰度值，并视为自然地形。

（3）寻找局部最小值作为种子点，并赋予一个值 i（i 代表区域的编号，取值为正整数），代表其所属区域。

（4）从该种子点出发，与邻域的像素点进行对比，若周围某一点未被赋值，且灰度值大于该种子点，将此点视为种子点，并赋值 i。

（5）重复步骤（4），直至没有新的种子点产生，则赋值为 i 的点构成了一个区域。

（6）寻找下一个局部最小值，赋予新的值来代表其所属区域，且将其视为新的种子点，并转至步骤（4）。

（7）遍历整幅影像，直到所有像素点都被赋予一个代表其所属区域的值。

3）算法 3：标记分水岭遥感影像分割

分水岭算法对微弱边缘具有良好的响应，影像中的噪声、物体表面细微的灰度变化，可以保证连续边缘的封闭，但同时会产生过度分割的现象。通常采用两种处理方法消除分水岭算法的过度分割：一是利用先验知识去除无关边缘信息；二是修改梯度函数以使集水盆只响应感兴趣目标。要对梯度函数进行修改，一个简单的方法是对梯度图像进行标记处理，用标记限制梯度图像以消除灰度的微小变化产生的过度分割，获得适量的区域。

标记分水岭算法是在分水岭变化之前，对图像上满足特定条件的像素进行标记处理，从而有效地减少过分割现象（Vincent，1991）。具体处理步骤如下：

（1）若影像为灰度图像，获得整幅图像的灰度值，计算梯度图像；若影像为 RGB 图像，分别计算影像 R、G、B 三个通道的梯度，并取三个通道的梯度均值作为梯度图像上各像素的值。同时，获得原始图像所对应的梯度图像，并将其视为拓扑地貌。

（2）设置一个阈值 T，若影像上某点的梯度值不大于阈值，则需要对该点进行标记；反之，则无须标记。通过阈值抑制较小的梯度。

（3）遍历影像，若某点未被划归到某一区域，再判断其是否被标记。若被标记，将该点视为种子点，并将其划归至区域 i（i 代表区域的编号，取值为一正整数），同时转到步骤（4）；如果没有被标记，转至步骤（5）。

（4）若该种子点邻域中的某一点也被标记或者梯度大于阈值，将邻域中的此点视为种子点。

（5）判断此点是否为局部极小值，若将该点视为种子点，并将其划归至区域 j（j 代表区域的编号，取值为一正整数，一般情况下，i 与 j 并不相等），若该种子点邻域中的某一点的梯度大于该种子点，则将邻域中的此点视为种子点。

（6）重复以上步骤，直至没有新的种子点产生。

（7）遍历整幅图像，直到所有点都被赋予一个代表其所属区域的值。

3. 均值漂移分割

均值漂移(Mean-Shift，MS)算法是属于在特征空间中寻找紧凑聚类的一种分割方法(Comaniciu，2002)，它是基于特征空间的聚类。首先，对数据利用保边缘信息的滤波进行平滑处理，这个平滑操作具有使属于同一聚类的像素更相似的效果。然后，以每个像素为中心，以一个固定半径扩张其超球体，寻找其聚类以及该像素相连的点。这个方法在寻找聚类时不需要每个聚类中的像素在任何固定的距离范围内。均值漂移是一种无参估计的方法，其理论框架是基于 Parzen 窗的核密度估计(Fukunaga，1975)。

假设 n 个像素点 $x_i\{i = 1，\cdots，n\}$，d 维空间的影像，像素 x 的核密度估计可以表示为：

$$\hat{f}_{h，k}(x) = \frac{c_{k，d}}{nh^d} \sum_{i=1}^{n} k\left(\left\|\frac{x - x_i}{h}\right\|^2\right) \tag{7.3.1}$$

式中，$c_{k，d}$ 是归一化常数，h 是带宽，$k(\cdot)$ 是核剖面，用于模拟像素点在该估计上的强度。特征空间分析的关键一步就是寻找密度模型 $f(x)$ 的局部最大点，即 $\nabla f(x) = 0$。MS 过程是一种不需要对密度函数进行估计而寻找局部零点的有效方式。对式(7.3.1) 微分，可以获得密度梯度估计，它包含两项：

$$\nabla \hat{f}_{h，k}(x) = \frac{2}{h^2 c} \hat{f}_{h，k}(x) \cdot m_{h，G}(x) \tag{7.3.2}$$

$$\hat{f}_{h，G}(x) = \frac{c_{g，d}}{nh^d} \sum_{i=1}^{n} g\left(\left\|\frac{x - x_i}{h}\right\|^2\right) \tag{7.3.3}$$

$$m_{g，G}(x) = \frac{\sum_{i=1}^{n} x_i \cdot g\left(\left\|\frac{x - x_i}{h}\right\|^2\right)}{\sum_{i=1}^{n} g\left(\left\|\frac{x - x_i}{h}\right\|^2\right)} - x \tag{7.3.4}$$

式中，核平面 G 定义为 $g(x) = -k'(x)$，其中 $c_{g，d}$ 是归一化参数，$c = c_{g，d}/c_{k，d}$ 是一个归一化常量。在式(7.3.2) 中，第一项是 x 的核为 G 的密度估计，如式(7.3.3) 所示，第二项是 MS，如式(7.3.4) 所示。从式(7.3.4) 可以看出，MS 是加权均值(由核 G 获得权重) 和 x(核中心) 之间的差。根据式(7.3.2)，MS 可以写为：

$$m_{g，G}(x) = \frac{1}{2} h^2 c \frac{\nabla \hat{f}_{h，k}(x)}{\hat{f}_{h，k}(x)} \tag{7.3.5}$$

上式表示，MS 向量与在 x 处的概率密度函数 $f(x)$ 的梯度成正比，其方向总是指向最大局部密度的地方。在密度函数极大值处，均值漂移量趋于 0，即 $\nabla f(x) = 0$。因此，MS 是一种自适应快速上升算法，可以通过计算，找到极大局部密度的位置，并向该位置漂移。

在均值漂移分割算法用于影像的分割处理中，通常将 RGB 色彩空间转换到 LUV 特征空间，可以更好地实现特征空间的分离。RGB 空间是非线性的，不具有较好的空间统计性及尺度对应关系，而 LUV 则是最佳逼近感知均匀的色彩空间。将彩色影像映射到特征空间 L 后，结合像素在影像中的空间位置信息 (X, Y)，得到 5 维特征，即 (X, Y, L^*, U^*, V^*)。其中，L^* 表示图像的亮度，U^* 和 V^* 表示色差。通过聚类，把空间和颜色欧氏距离相近的点归为一类，实现影像的分割。由于该方法在 RGB 三波段影像分割时，将影像由 RGB 色彩空间转换到了 LUV 特征空间，用于三波段的影像分割时，效果较好。但同时也造成该算法对大于三个波段的影像分割时失效；或采取不需要色彩空间的转换，但效果稍差一些。

4. 分型网络进化算法

分型网络进化模型（FNEA）分割方法是一种区域合并的多尺度影像分割技术。一幅遥感影像是由多种不同尺度的目标组成的，与地表层次等级结构相似。遥感影像中的每个地物都是由一组像素组成的区域对象，代表了一定场景空间，并且对象可以提供有关场景的信息。不同的地表对象，如小面积的建筑物、大面积的农田、森林等，在同一幅影像中表现出的空间跨度也不同。影像中感兴趣地物类别不同，影像分析的尺度也就不同。每类对象，都需要合适的尺度来描述和传递影像信息。因此，影像分析需要在合适的尺度上进行，采用不同的尺度进行分割，生成不同尺度的影像对象层。这样，一幅影像由不同尺度的数据结构组成，组成了一个与地表相似的网络层次结构，实现像元信息在不同尺度之间传递，满足不同的应用需求。

影像对象的网络层次结构中，如图 7.3.1 所示，每个对象的属性信息，不仅包含与相邻对象间的关系属性，也包含与子对象和父对象之间的关系属性信息，一些对象的光谱和形状信息非常相近，如果将相邻对象的背景信息作为分类条件，那么，信息提取将变得比较容易。对层次关系进行操作时，上下层对象间的关系将非常重要，可以根据父对象的属性对子对象进行分类；同样，可以根据子对象的平均属性对父对象进行分类，或根据已分类子对象对父对象进行分类等。不同的分割尺度生成相应尺度的对象层，从而构建对象间的层次等级网络。该等级网络用不同的空间尺度表示了对象多边形的影像信息，每个对象都能对应于它的邻域及上下层对象。分割尺度越小，其分割结果包含的多边形越多；大分割尺度对象层对象数较少，但其多边形包含的像素数较多。对象层结构的安排上，小尺度对象层在网络等级结构的底层，大尺度对象层居网络结构的顶部（Definiens，2009）。

分型网络进化方法，是采用异质性最小的区域合并的多尺度分割算法。影像分割从像素级开始，将每个像元看作较小的影像对象，采用局部最佳相互适配合并原则，将小对象

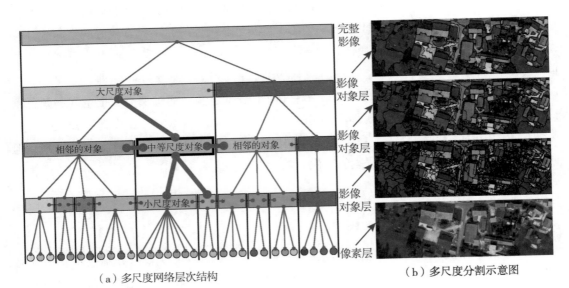

（a）多尺度网络层次结构　　　　　　　（b）多尺度分割示意图

图 7.3.1　多尺度分割层次结构图以及多尺度分割示意图

逐步合并为较大的多边形对象。分割的过程，受到对象内部异质性增长最小的约束，在给定分割尺度阈值的前提下，实现整幅影像所有分割对象的平均异质性最小。

　　FNEA 算法步骤：区域合并方法的基本思想是将具有相似特性的像素集合在一起构成区域多边形。首先，对每个需要分割的区域寻找一个种子像素作为生长起点。然后，将种子点邻域中与其相同或相似的像素合并到种子所在区域，将这些新的像素作为新的种子点继续上述过程，直至没有满足条件的像素，就生成了一个区域。为了保证分割生成的对象内部的同质性，及邻域对象的异质性的适宜度，在区域合并的过程中，需要考虑两个标准：设置像素或对象的合并准则，以及合并停止条件。这两个标准，在分割合并的迭代过程中，控制像素的归属。因此标准设置的合理与否对分割对象的有效性有直接的影响。

　　区域合并分割算法的目的是实现分割对象的平均异质性最小化，仅考虑光谱异质性最小，将会受噪声影响，而导致分割图斑边界比较破碎。因此，常将空间异质性加入。FNEA 分割算法，在分割前需要确定两种因子：光谱因子(color)和形状因子(shape)。其中，形状因子由光滑度异质性(smoothness)和紧凑度异质性(compactness)两部分组成。图 7.3.2(Definiens，2009)展示了 FENA 分割模型的异质性值的组成及各组成的权重。只有同时保证光谱异质性、光滑度异质性和紧凑度异质性最小，才能使整幅影像包含的所有对象的平均异质性最小。

　　任何一个影像对象的异质性 f 由四个变量计算得到，如式(7.3.6)所示：光谱信息因子 w_{color}、形状信息因子 w_{shape}、光谱异质性 h_{color}、形状异质性 h_{shape}，且 $w_{color} + w_{shape} = 1$。

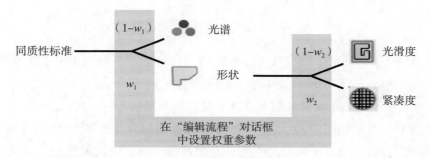

图 7.3.2 异质性规则的加权成分

$$f = w \cdot h_{\text{color}} + (1 - w)h_{\text{shape}} \tag{7.3.6}$$

$$\text{color} = \sum_{c=1}^{m} w_c \cdot \sigma_c \tag{7.3.7}$$

$$h_{\text{color}} = \sum_c w_c (n_{\text{merge}} \cdot \sigma_c^{\text{merge}} - (n_{\text{obj1}} \cdot \sigma_c^{\text{obj1}} + n_{\text{obj2}} \cdot \sigma_c^{\text{obj2}})) \tag{7.3.8}$$

影像对象的光谱(即色彩)异质性 h_{color},是将每波段的光谱标准差乘以相应波段的权重 w_c 并求和得到,如式(7.3.7)所示。其中,m 为波段数目;σ_c 为图斑内部像素的标准差,根据组成对象的像素值计算得到;n 为图斑内像素的个数;merge 表示合并;obj1 和 obj2 分别表示图斑 1 和图斑 2。两相邻图斑合并的异质性值为:两图斑合并后的异质性值与其合并前的异质性值之差。

形状异质性通过两个景观生态测度 —— 紧凑度和光滑度来计算。紧凑度异质性,是通过图斑的边界像素周长 l 和组成图斑的像素个数 n 的平方根的比值来表示的,如式(7.3.9)所示,图斑越接近圆形,其值越小。光滑度则是图斑的边界像素周长 l 与平行于栅格的图斑的最小外界矩形的周长 b 的比值,如式(7.3.10)所示,该图斑越接近矩形,其值越小。

$$\text{cmpct} = \frac{1}{\sqrt{n}} \tag{7.3.9}$$

$$\text{smooth} = \frac{1}{b} \tag{7.3.10}$$

形状异质性则包含了两个因子:平滑度 h_{smooth} 和紧凑度 h_{cmpct},如式(7.3.11)所示。其中,$0 \leqslant w_{\text{cmpct}} \leqslant 1$ 是用户定义的紧凑度在形状异质性中所占的权重。通过计算图斑合并前后的差异,来计算合并两图斑引入的形状异质性值的增长,如式(7.3.11)所示:

$$h_{\text{shape}} = w_{\text{cmpct}} \cdot h_{\text{cmpct}} + (1 - w_{\text{cmpct}}) \cdot h_{\text{smooth}} \tag{7.3.11}$$

$$h_{\text{cmpct}} = n_{\text{merge}} \frac{l_{\text{merge}}}{\sqrt{n_{\text{merge}}}} - \left(n_{\text{obj1}} \frac{l_{\text{obj1}}}{\sqrt{n_{\text{obj1}}}} + n_{\text{obj2}} \frac{l_{\text{obj2}}}{\sqrt{n_{\text{obj2}}}}\right) \tag{7.3.12}$$

$$h_{\text{smooth}} = n_{\text{merge}} \frac{l_{\text{merge}}}{b_{\text{merge}}} - \left(n_{\text{obj1}} \frac{l_{\text{obj1}}}{b_{\text{obj1}}} + n_{\text{obj2}} \frac{l_{\text{obj2}}}{b_{\text{obj2}}} \right) \tag{7.3.13}$$

其中，h_{smooth} 和 h_{cmpct}，分别如式(7.3.12)和式(7.3.13)所示，取决于组成区域的像素个数 n，以及对象向的边长 l 和图斑的最小外界矩形的边长 b。

FNEA 分割步骤为：①设置分割参数，包括各个波段的权重，即每个波段在分割过程中所占的重要性。异质性阈值 f (尺度)决定了像素、图斑合并的终止条件。根据影像地物的纹理、几何等特征，以及所提取的专题信息的需求，确定光谱因子和形状因子的权重。在形状因子中，根据大多数地物类别的结构属性，或者感兴趣地物的结构特点，来确定紧凑度和光滑度因子的权重。②以影像的任一像素为中心开始分割，初始分割时，每个像素被看作一个最小的多边形，计算其异质性值。此后，以生成的图斑为基础进行分割，同样计算异质性值 f，判断 f 与用户预先设定的阈值 S 之间的差异，若 f 小于阈值 S，则继续进行分割，反之，则停止分割，形成一个尺度为 S 的影像对象层。

分割后影像的基本单元，不再是单个像素，而是由同质性的像素组成的多边形对象。每个对象不仅包含光谱信息，而且还可以提取出形状信息、纹理信息和邻域信息。对于光谱信息相似的地物，通过多边形的特征差异就可以轻松地区别出来。如遥感影像中的道路和屋顶，通常都是由沥青等材料建造而成，光谱信息很难区分；道路一般比屋顶长、且相对长宽比小等特点，因此，可以通过多边形对象的长、宽和长宽比等几何形状信息来区分。多尺度分割不仅生成了具有物理意义的影像对象，而且还将固定分辨率的影像信息扩展到不同尺度上，形成了影像信息多尺度描述和表达。这与人类的视觉松弛过程是一致的，即是一个随着尺度的逐步增大，对影像进行逐步综合的过程。

7.3.2 马尔可夫(Markov)随机场面向对象分类模型

在图像分析中，马尔可夫随机场(Markov Random Field，MRF)模型是一种常用的概率统计模型，它提供了一种关于图像的统计描述。这种模型着眼于每个像素的邻域像素的条件分布，能够有效地描述图像的局部统计特征。Markov 随机场的研究始于 20 世纪 60 年代，其实质性的进展应归功于 70 年代初期的重要发现，即 Markov 随机场和 Gibbs 场的等价。由于 Gibbs 分布是一种简洁的表达形式，现已成为应用面很广的统计模型。该模型能够有效地描述一个质点(如：影像中的一个像素)的局部统计特征和随机场的联合统计特征。模型只用少量的参数表征对数学模型进行物理解释。Markov-Gibbs 随机场模型在图像处理上具有广泛的应用，包括纹理综合、图像分割和纹理分析。

在结合空间和光谱信息的高分辨遥感影像分类领域中，Markov 随机场模型是一种被广泛应用的技术。如：Jackson 等(2002)在 MRF 的基础上建立的自适应分类器，很好地抑制了椒盐噪声从而可以获得高质量的分类图。此外，MRF 模型可以很方便地结合多源及多尺度的信息(Gamba, 2007)。Tso 等(2009)提出了基于 MRF 的上下文分类器用于遥感影像的分类, 该方法同时结合了上下文信息和经过模糊融合处理的多尺度模糊线性特征。Trianni 等(2005)利用 MRF 建立的分类器用于城市地区的遥感影像分类, 可以融合多源数据, 包括 Landsat TM、ERS-1 和 ASAR 等影像。

MRF 用于遥感影像分类的基本思想是空间相邻的像素更可能属于同一类别。根据地理学第一定律: 任何事物都是相关联的, 但相邻的事物比相距远的事物的关联更大。同样, 在遥感影像中, 距离不同的像素, 其相互影响程度也是不同的。因此, Zhang 等(2011)提出了距离加权的 MRF(Distance-weighted MRF, DwMRF)模型。

MRF 的基本原理可以表述为: 数据集 $X = \{x_1, \cdots, x_i, \cdots, x_N\}$ 表示具有 N 个像素的遥感影像 X。任一像素 $x = \{x_1, \cdots, x_p, \cdots, x_P\}$ 具有 P 个波段或特征。$C = \{c_1, \cdots, c_k, \cdots, c_K\}$ 为影像 X 的标记层, 具有 K 个类别。X 是一个随机场, 利用贝叶斯框架建立 X 和 C 之间的关系, 满足式(7.3.14)所示条件概率关系。通常采用最大后验概率(Maximum a Posteriori, MAP)获取影像的 c, 如式(7.3.15)所示。

$$p\left(\frac{c}{x}\right)p(x) = p\left(\frac{x}{c}\right)p(c) \tag{7.3.14}$$

$$c = \operatorname{argmax} p(x \mid c)p(c) \tag{7.3.15}$$

$$U_{\text{spectr}}(x_i, c_k) = \frac{1}{2}\ln|2\pi\boldsymbol{\Sigma}_k| + \frac{1}{2}(x_i - \boldsymbol{\mu}_k)^{\mathrm{T}}\sum_{k}^{-1}(x_i - \boldsymbol{\mu}_k) \tag{7.3.16}$$

其中, $p(x \mid c)$ 是条件概率密度函数, 一般符合高斯分布。对于任一像素 x_i, 其最大后验概率的求解可以转化为对其能量函数的求解, 如式(7.3.16)所示。其中, $\boldsymbol{\mu}_k$ 和 $\boldsymbol{\Sigma}_k$ 是类别 k 的均值向量和协方差矩阵, 可以通过对训练样本计算获得。由于其条件概率分布仅依赖像素 i 的光谱值 x_i, 因此, 其能量称为光谱代价项, 即 U_{spectr}。

式(7.3.15)中, $p(c)$ 是在影像 X 标记层(类别层)上获得的先验概率。根据 MRF - Gibbs 定理, 像素 i 的全局上下文信息仅依赖于其局部邻域 N_i。因此, 在 Markov 随机场中, 标记层上的先验概率 $p(c)$ 可表示为式(7.3.17)(Li, 2009):

$$p(c) = \frac{1}{z}\exp(-u(c)) \tag{7.3.17}$$

$$u_{\text{sp}}(c(x_i)) = \sum_{j \in N_i}\beta I(c(x_i), c(x_j)) \tag{7.3.18}$$

$$I(c(x_i), c(x_j)) = \begin{cases} -1, & \text{if } c(x_i) = c(x_j) \\ 0, & \text{if } c(x_i) \neq c(x_j) \end{cases} \tag{7.3.19}$$

其中, $c(x_i)$ 是像素 i 的类别, z 是正则化常量。$u_{\text{sp}}(c(x_i))$ 是像素 i 在类别层上的空间能量函数(又称为空间代价项), 如式(7.3.18)所示。N_i 是像素 i 在类别层上的局部邻域系统, 且 $i \notin N_i, j \in N_i$。参数 β 用来控制像素 i 和其邻域像素 $j \in N_i$ 之间的相互影响强度。式

(7.3.19) 表示，如果相邻的两像素的类别相同，那么它们的势能量为 0，否则两者间的势能量为 -1。

式(7.3.15) 对最大后验概率的求解，可以转化为其能量的极大或极小的求解，如式(7.3.20) 或式(7.3.21) 所示。对式(7.3.20) 或式(7.3.21) 的求解，一般使用迭代条件模型(ICM)，以获取分类图(Trianni，2005；Tso，2005)。影像的初始分类图利用基于像素的分类器来获取。

$$U(x_i, c(x_i)) = \mathrm{argmax}(- u_{\mathrm{spectr}}(x_i, c_k) - u_{\mathrm{sp}}(c(x_i))) \tag{7.3.20}$$

$$U(x_i, c(x_i)) = \mathrm{argmin}(u_{\mathrm{spectr}}(x_i, c_k) + u_{\mathrm{sp}}(c(x_i))) \tag{7.3.21}$$

Zhang 等(2011) 进一步提出了距离加权马尔可夫分类模型(DwMRF)，其基本思想是：在类别层上，对任一像素 i，其邻域像素 $j(j \in N_i)$ 对中心像素 i 的影响力随距离的不同而变化。即：在式(7.3.19) 中，邻域像素相对于中心像素的势能值是不同的，应该依据其距离来确定。具体地，在 DwMRF 模型中，用欧氏距离来衡量两像素位置之间的距离，以该距离的倒数为邻域像素 $j(j \in N_i)$ 与其中心像素 i 的相互影响力的权重，如式(7.3.22) 所示。其中，w_{ij} 是像素 i 和 j 之间的相互影响力。

$$I(c(x_i), \underset{j \in N_i}{c(x_j)}) = \begin{cases} - w_{ij}, & \mathrm{if}\ c(x_i) = c(x_j) \\ 0, & \mathrm{if}\ c(x_i) \neq c(x_j) \end{cases} \tag{7.3.22}$$

图 7.3.3 展示像素 i 的 Markov 随机场尺度(S) 为 3 的邻域系统。图 7.3.3(a) 表示像素 i 的邻域 $N_{i,j}$，$j = 0, 1, \cdots, 7$。图 7.3.3(b) 展示了传统的 MRF 邻域像素 $N_{i,j}$ 对像素 i 的影响力权重。图 7.3.3(c) 则展示了距离加权的 MRF 邻域像素 $N_{i,j}$ 对像素 i 的影响力权重。

$N_{i,0}$	$N_{i,1}$	$N_{i,2}$
$N_{i,3}$	i	$N_{i,4}$
$N_{i,5}$	$N_{i,6}$	$N_{i,7}$

1	1	1
1	i	1
1	1	1

$1/\sqrt{2}$	1	$1/\sqrt{2}$
1	i	1
$1/\sqrt{2}$	1	$1/\sqrt{2}$

(a) 3×3 邻域窗口　　(b) 传统的 MRF 邻域权重　　(c) DwMRF 邻域权重

图 7.3.3　像素 i 的 3×3 邻域及权重

为了保持光谱代价和空间代价的量纲统一，对邻域的影响权重进行了归一化处理，以重新分配其权重，如式(7.3.23) 和式(7.3.24) 所示：

$$W_{ij} = w_{ij} \cdot \frac{J}{w_{\text{all}}} \tag{7.3.23}$$

$$w_{\text{all}} = \sum_{j \in N_i} w_{ij} \tag{7.3.24}$$

式中，J 是邻域像素数；w_{all} 是邻域系统中所有权重和；W_{ij} 是归一化后的权重。在一个固定大小和形状的邻域系统中，J 和 w_{all} 的值是固定的。从上式中不难发现，距离像素 i 越近的像素，其权重越大，对 i 的影响力也就越强。反之，距离越远，权重越小，对 i 的影响力也越小。因此，式(7.3.22)将改写为式(7.3.25)，而空间代价函数如式(7.3.26)所示。式(7.3.21)将由方程(7.3.27)所代替，参数 β 由 α 替换。

$$I(c(x_i), \underset{j \in N_i}{c(x_j)}) = \begin{cases} -W_{ij}, & \text{if } c(x_i) = c(x_j) \\ 0, & \text{if } c(x_i) \neq c(x_j) \end{cases} \tag{7.3.25}$$

$$u_{\text{sp}}(c(x_i)) = \sum_{j \in N_i} \alpha I(c(x_i), c(x_j)) \tag{7.3.26}$$

$$U(x_i, c(x_i)) = \underset{c}{\text{argmin}}((1 - \alpha) \cdot u_{\text{spectr}}(x_i, c(x_i)) + u_{\text{sp}}(c(x_i))) \tag{7.3.27}$$

α 用于调整光谱和空间能量之间的关系，且光谱和空间的能量权重和为1。

一般常使用迭代条件模型(ICM)来求解式(7.3.27)，可以快速达到稳态，但是无法收敛。ICM 算法的基本步骤如下：

(1)利用先验信息初始化分类图 c_0。由于 MRF 的光谱代价函数是去除了先验项 $(p(c))$ 的极大似然概率，因此，我们这里采用最大似然法(MLC)获得影像的分类图 c_0，当然也可以利用其他分类器获取初始分类图。

(2)对所有像素 i，利用式(7.3.27)更新 $c(x_i)$。根据像素 i 的光谱信息计算光谱代价，利用上次的迭代分类结果得到空间代价。

(3)重复第(2)步，直到连续两次迭代中，类别变化的像素数小于用户预先设定的阈值，迭代终止。

为了验证距离加权随机场(DwMRF)的效果，我们采用 HYDICE 航空影像进行实验，并与 MLC，等权随机场模型(EwMRF)以及多尺度分割方法(FNEA)进行比较。FNEA 是著名商业软件 eCognition(Definiens)的核心技术。对 FNEA 获得的分割结果，利用支持向量机进行分类，以获取分割影像的分类图。

对 HYDICE 影像的原始 191 个波段影像经过 PCA 变换后所获得的前 4 个主成分作为实验的输入数据，该数据包含七类地物：道路、草坪、水体、小道、树、阴影和屋顶。表7.3.1 展示了 EwMRF 和 DwMRF 在不同尺度中最佳分类效果的精度统计及相应参数 α 的取值。随着 Markov 随机场尺度 S(邻域窗口大小)的增加，空间代价 u_{sp} 也随之增加，参数 α 的最佳取值变小。同时也可以看出，较合适的 Markov 随机场尺度 S 包括 3，5，7，9 和 11等。且 EwMRF 和 DwMRF 的参数 α 的最佳取值在同一尺度上是相似的。

表 7.3.1　DwMRF 和 EwMRF 的参数 α 的最佳取值及分类精度

S	方法	α	OA/%	Kappa
3	EwMRF	0.70	95.01	0.9397
	DwMRF	0.65	94.95	0.9390
5	EwMRF	0.30	95.40	0.9445
	DwMRF	0.35	95.80	0.9492
7	EwMRF	0.15	95.17	0.9416
	DwMRF	0.15	95.29	0.9431
9	EwMRF	0.10	94.83	0.9374
	DwMRF	0.10	95.34	0.9436
11	EwMRF	0.10	92.15	0.9048
	DwMRF	0.10	93.90	0.9261

为了证明相同尺度中，DwMRF 的最高分类精度明显优于 EwMRF 的最高分类精度，我们采用 McNemar 测试方法。结果显示，在一个标准差期望范围内，显著水平为 0.05，测试结果 P 的值均小于 0.00002，即：相同尺度下，DwMRF 的精度明显优于 EwMRF。

表 7.3.2　图 7.3.4 分类图的精度统计

图 7.3.4	(b)	(c)	(d)	(e)
OA/%	81.57	85.75	95.51	94.12
Kappa	0.8255	0.8282	0.9457	0.9288

图 7.3.4 展示了截取的部分华盛顿地区实验数据分类图。图(a)为数据部分截取图；图(b)为 MLC 分类图；图(c)为 FNEA $S=10$，sw = 0.2，cw = 0.5 的结果；图(d)为 DwMRF 结果；图(e)为 EwMRF 结果。图 7.3.4(c)为 FNEA+SVM 分割和分类效果最好的结果图。FNEA 的异质性阈值 S、光谱权重 sw 和紧凑度权重 cw 三个参数的取值分别为 10，0.2 和 0.5。表 7.3.2 为其分类结果精度统计。在 MLC，FNEA+SVM 的结果中，一些阴影被错分为水体，屋顶被错分为小道。在 FNEA+SVM 的结果中，草坪和小道提取得很好，但存在一些屋顶被错分为道路的现象。阴影和道路由于分割不足造成的错分，导致其比实际更宽。这是由于地物具有多尺度的特点，整幅影像采用一个 FNEA 尺度，是综合考虑了该图中包含的所有地物，因此对其中的某一类别的分类效果不一定是最佳的。所以，会造成分割不足或者过度分割，进而影响分类结果。而这些错分情况，在 DwMRF 和 EwMRF 中都

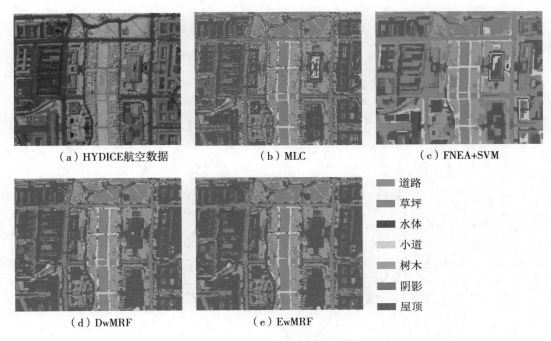

图 7.3.4　HYDICE 数据实验结果

得到了修正，且 DwMRF 的效果更好。如一些阴影和图中间部分的小道，在具有较强平滑作用的 EwMRF 中去掉了，而在 DwMRF 中则得到了很好的保留。

视觉比较和精度评价都可以看到：EwMRF 和 DwMRF 优于 MLC 和 FNEA+SVM 的分类效果。从图 7.3.5 可以看出，DwMRF 的精度总是高于 EwMRF 的精度，并且随着参数 α 的增加，这个差异也随之增加。图 7.3.6 展示了不同尺度分类图，图 Ⅰ 和图 Ⅱ：scale = 5，α = 0.4；图 Ⅲ：scale = 7，α = 0.3；图 Ⅳ：scale = 9，α = 0.4。DwMRF 和 EwMRF 的局部分类效果图进一步说明了 DwMRF 方法优于 EwMRF。

7.3.3　均值漂移的面向对象遥感影像分类

分形网络进化方法（FNEA）是一种阶梯式区域增长（hierarchical region-merging）算法，依据单元之间的临近度来获得分割结果。阶梯式算法需要更多的计算时间来处理分裂－合并过程，而且其迭代终止的条件定义起来比较困难。本节介绍另一种有效的特征空间聚类方法——概率密度估计和均值漂移，来实施面向对象分析。

对于特征空间分析而言，与阶梯式方法相对应的是概率密度估计（Probability Density Estimation，PDE）。PDE 的特点是把特征空间视为一种经验概率密度函数分布（Probability Density Function，PDF），其理论框架是基于 Parzen 窗口的核密度估计方法（Fukunaga and

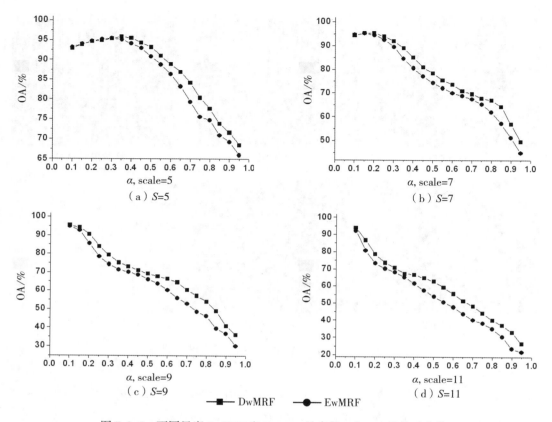

图 7.3.5   不同尺度 DwMRF 和 EwMRF 的参数 α 与 OA 的关系曲线

Hostetler，1975；Comaniciu and Meer，2002)。假设 $x_i(i = 1，\cdots，n)$ 为 d 维空间的 n 个数据点，那么点 x 的核密度估计算子可以表示为：

$$\hat{f}_{h，K}(x) = \frac{c_{k，d}}{n\,h^d} \sum_{i=1}^{n} k\left(\left\|\frac{x - x_i}{h}\right\|^2\right) \tag{7.3.28}$$

式中，$c_{k，d}$ 表示核函数 $k(\cdot)$ 的正规化参数；h 为带宽(bandwidth)。核函数和带宽代表当前数据点在密度估计中的权重。特征聚类的关键在于找到密度函数的局部极大值点，也称为众数(mode)点，对应于特征空间的密集区域。如果能够找到这些众数点，那么其带宽范围内的点集可以视为特征空间的对象。均值漂移(Mean Shift，MS)可用来估计众数点的空间位置，MS 可以在不直接计算概率密度函数的条件下，有效地估计梯度为 0 点的位置。较小的均值漂移向量对应于较小的局部梯度和较大的概率密度，大的均值漂移向量对应于较大的局部梯度和较小的概率密度。均值漂移向量总是朝着概率密度较大的方向移动，即：向众数点移动，而众数点的漂移向量接近于零。

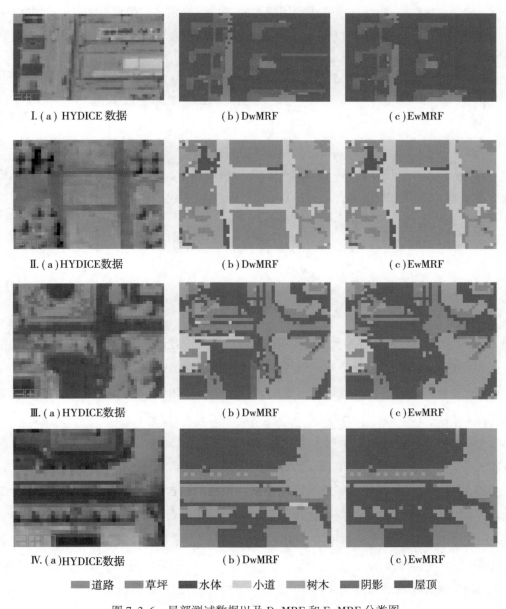

I. (a) HYDICE 数据　　　　(b) DwMRF　　　　(c) EwMRF

II. (a) HYDICE数据　　　　(b) DwMRF　　　　(c) EwMRF

III. (a) HYDICE数据　　　　(b) DwMRF　　　　(c) EwMRF

IV. (a) HYDICE数据　　　　(b) DwMRF　　　　(c) EwMRF

■道路　■草坪　■水体　■小道　■树木　■阴影　■屋顶

图 7.3.6　局部测试数据以及 DwMRF 和 EwMRF 分类图

本节介绍一种自适应均值漂移模型，用于遥感影像面向对象分类，步骤如下：

①假设 $\boldsymbol{x} = \{x^b\}_{b=1}^{B}$（$x \in I$）是影像 I 中 x 像素的光谱特征矢量，B 为光谱波段数。

②自带宽选择。均值漂移的一个关键问题就是带宽 h 的选择。Huang 等（2008）提出两种自适应带宽选择算法，一种是利用目标的可分性来选择带宽；另一种是基于像元形状指

数(Pixel Shape Index，PSI)，该方法利用影像的邻域结构来确定带宽。

③均值移动迭代。初始化设置 $j=1$ 以及 $y_1=x$，j 代表当前的迭代数，计算均值移动向量：

$$m_{h,G}(y_j)=y_{j+1}-y_j, \text{ 其中 } y_{i+1}=\frac{\sum\limits_{i=1}^{n}x_i g\left(\left\|\dfrac{x-x_i}{h}\right\|^2\right)}{\sum\limits_{i=1}^{n}g\left(\left\|\dfrac{x-x_i}{h}\right\|^2\right)} \qquad (7.3.29)$$

式中，y_j 和 y_{j+1} 表示第 j 和 $(j+1)$ 次迭代中的加权均值向量，它们的差表示均值的移动量。当这个移动量小于某个阈值时，$m_{h,G}(y_j)\leqslant\varepsilon$，认为算法收敛到概率密度最大，梯度为零的众数点。本节采用基于 PSI 的自适应带宽：

$$\begin{cases} \hat{f}_K(x)=\dfrac{c_{k,d}}{n[h(x)]^d}\sum\limits_{i=1}^{n}k\left(\left\|\dfrac{x-x_i}{h(x)}\right\|^2\right) \\ 2h(x)=\text{PSI}(x)=\dfrac{1}{D}\sum\limits_{d=1}^{D}L_d(x) \end{cases} \qquad (7.3.30)$$

式中，$\hat{f}_K(x)$ 表示点 x 的概率密度公式；$h(x)$ 表示可变带宽函数；$\text{PSI}(x)$ 为像元形状指数值。需要注意的是，PSI 表示空间同质性区域的直径，而 $h(x)$ 表示的是半径。

(4)众数合并，形成点集或对象。当相邻的收敛点之间的距离小于带宽 h 时，将这两个收敛点合并，避免过分割。合并之后的众数点称为显著性众数。

(5)面向对象分类。收敛于同一个众数点 y_c(c 为收敛迭代次数)的所有像元，构成一个对象，作为影像解译的对象单元，实现面向对象的分类。

实验采用 HYDICE 航空影像进行算法测试：该数据包含 192 波段，空间分辨率为 2m。实验中，用维数减少方法对数据进行预处理，本节采用非负矩阵分解(Non-negative Matrix Factorization，NMF)将高光谱数据减少为 3 维。

HYDICE 实验数据如图 7.3.7 所示，图(a)为彩红外影像，图(b)为 3 波段 NMF 假彩图，图(c)为测试样本。实验用 3 种不同的算法与自适应均值漂移方法进行比较，分别是：NMF 光谱特征，多尺度差分形态学特征(DMPs)，分形网络进化算法(FNEA)。每种不同的特征都采用 SVM 分类器，其分类结果如图 7.3.8 所示，不同算法的测试结果，采用的特征分别为：图(a)为 NMF 光谱特征；图(b)为 DMPs；图(c)为 FNEA 面向对象算法；图(d)为自适应均值漂移面向对象分类。图中的黑框区域表示其他 3 种算法的明显错误，4 种算法的详细精度统计如表 7.3.3 所示。

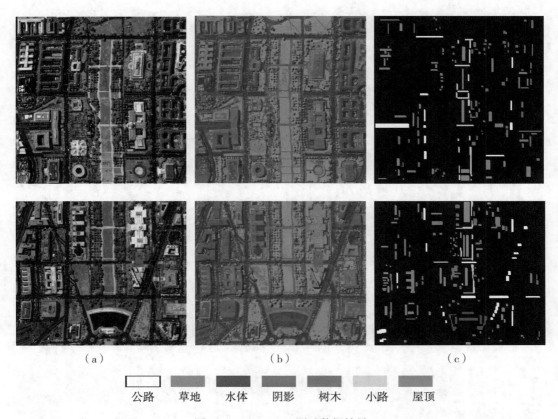

（a）　　　　　　　　　　　　（b）　　　　　　　　　　　　（c）

公路　　草地　　水体　　阴影　　树木　　小路　　屋顶

图 7.3.7　HYDICE 测试数据结果

表 7.3.3　不同特征集合的定量精度统计

类别	NMF	DMPs	FNEA	MS
道路	94.9	95.6	95.2	95.6
草地	86.1	89.2	86.7	99.2
阴影	96.4	97.6	97.4	98.1
小路	88.1	96.9	88.0	97.0
树木	86.0	88.7	86.1	99.1
房屋	90.1	95.9	89.7	95.5
AA/%	90.3	94.0	90.5	97.4
OA/%	89.4	93.4	89.6	97.2

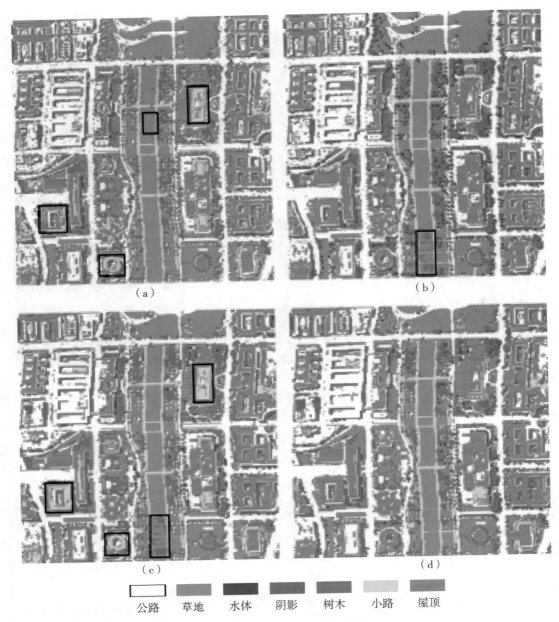

| 公路 | 草地 | 水体 | 阴影 | 树木 | 小路 | 屋顶 |

图 7.3.8   不同算法的测试结果

表中的 OA 表示总体精度，AA 表示平均精度。从图 7.3.8 中可见：基于光谱的分类会在结果中产生椒盐效应；而且，光谱特征很难区分光谱相似性目标(如图 7.3.8 中矩形区域)。图 7.3.8(b) 的 DMPs 形态学特征明显改善了光谱分类的结果(总体精度达到 93.4%)，较好地区分了屋顶和道路，这是由于 DMPs 特征能够探测多尺度的目标，但在区分草地和树木的时候，也存在一定程度的错误。至于 FNEA 算法（图 7.3.8(c)），视觉上明显增强了同质性区域的分类精度，减少了像素级分类造成的椒盐效应，但 FNEA 并未充分利用影像的空间结构特征，没有有效增强光谱相似性目标的区分效果，如图 7.3.8 所示：屋顶-小路，草地-树木的识别没有明显改善。通过表 7.3.3 的统计结果以及图 7.3.8，我们可以发现自适应均值漂移模型获得了最高的精度和最好的分类效果，成功识别了上述光谱相似性目标，消除了分类椒盐效应，也获得了最高的平均精度（AA = 97.4%），说明它对不同类型、不同尺度的目标都有更好的效果。

　　为了更好地比较 FNEA 和 MS 两种不同的分割方法，表 7.3.4 列出了两种算法在不同分割尺度下的精度。结果显示，在相似的尺度下，MS 算法明显优于 FNEA 算法，而且，前者效率更高。

表 7.3.4　FNEA 和 MS 在不同分割尺度下的效果对比

	对象数	OA/%	Kappa 系数	时间/s
FNEA	2269	89.3	0.871	3.5
	7035	89.6	0.875	2.7
	7954	89.4	0.872	2.4
	8359	89.5	0.873	2.0
MS	2286	93.6	0.922	3.3
	7032	97.2	0.965	2.2
	8007	94.8	0.937	1.6
	8326	94.3	0.932	1.7

7.4　遥感影像分类后处理

　　在遥感影像分类过程中，为了获取更精准的结果，通常使用的方法是提取影像的空间特征，以增强光谱特征的可分性。此方法可认为是一种分类预处理的方案，通过从原始影像中获取额外的空间特征提升分类精度。而另一方面，分类后处理的方式却没有得到足够的重视。分类后处理可以定义为：从标记空间出发，对分类图上各个像素的类别标记进行优化，从而提升原始分类的精度。

　　在分类后处理算法中，众数滤波是最常用的方法。基于标记影像上的移动窗口，众数滤波使用窗口内出现次数最多的类别作为中心像素的标记。Schindler(2012)结合分类概率输出，使用高斯滤波和双边滤波对分类图进行平滑，通过影像的特性给窗口内像素不同的权值，能够获得比传统的众数滤波更好的结果。由于随机场模型利用影像的空间邻域信息获得更平滑的分类图，也可以被认为是一种后处理方法。Solaiman 等(1998)提出了一种信息融合的分类后处理算法，使用从原始影像中提取的边界信息去优化分类图，从而在保持地物内部同质性的同时，确保边界的完整。为了更好地保持影像中的线性特征，可以将方向信息融入概率松弛模型对分类输出进行后处理(Rodríguez-Cuenca et al., 2013)。同时，一些研究表明，使用语义规则及人工知识对初始分类图进行优化(Huang and Zhang, 2013)，可以获得更精确的分类影像。本节介绍一些常用的分类后处理算法，可以将其分为：滤波、面向对象、随机场模型以及再学习方法。

7.4.1 基于滤波的分类后处理算法

滤波是最常用的遥感影像分类后处理算法，该方法通过影像上的移动窗口，统计窗口内的所有像素的标记及概率信息并用于识别窗口中心像素的类别。而其中，最常见的基于滤波的后处理方法有：众数投票(MV)，高斯滤波(Gaussian)，双边滤波(Bilateral)，边界滤波(Edge-Aware)以及各向异性滤波(Anisotropic)。基于滤波的分类后处理算法的决策准则是将概率函数最大化：

$$C(x) = \underset{i \in c}{\mathrm{argmax}}(\tilde{p}_{x,i}) \tag{7.4.1}$$

式中，C代表标记空间；$C(x)$是像素x最终所属的类别；$\tilde{p}_{x,i}$表示经过滤波处理后，像素x属于类别i的概率。以下对基于滤波的后处理方法进行介绍。

(1)MV：使用窗口中出现频率最高的类别作为中心像素的标记。

$$C(x) = \underset{i}{\mathrm{argmax}}(\sum_{u \in w} \mathrm{eq}(B(u), i)) \tag{7.4.2}$$

$$\mathrm{eq}(a, b) = \begin{cases} 1, & a = b \\ 0, & a \neq b \end{cases} \tag{7.4.3}$$

式中，w为中心像素为x的窗口；$B(u)$代表像素u的初始分类标记；函数$\mathrm{eq}()$用于判断参数是否具有相同的值。

(2)Gaussian：结合局部窗口w内各个像素属于不同类别的概率以及高斯距离加权模型共同决定窗口中心的类别。结合高斯距离加权的概率函数可以表示为：

$$\tilde{p}_{x,i} = \frac{1}{Z(\sigma)} \sum_{u \in w} p_{u,i} \cdot G_\sigma(\|x - u\|) \tag{7.4.4}$$

式中，G_σ是方差为σ的高斯函数；$Z(\sigma)$是归一化系数项；$p_{u,i}$代表初始分类中，像素u属于类别i的概率。

（3）Bilateral：Bilateral 滤波在 Gaussian 滤波的基础上，同时考虑了像素的空间关系及其在概率空间中的相似性，可以表示为以下形式：

$$\tilde{p}_{x,i} = \frac{1}{Z(\sigma, \gamma)} \sum_{u \in w} p_{u,i} \cdot G_\sigma(\|x - u\|) \cdot G_\gamma(\|p_{x,i} - p_{u,i}\|) \tag{7.4.5}$$

其中，空间信息及概率信息的影响分别由方差为 σ，γ 的高斯函数 G_σ，G_γ 控制。通过此种方式，可以将影像内部同质性区域进一步平滑，并保持对象的边界细节信息。

（4）Edge-aware：与 Bilateral 滤波类似，Edge-aware 滤波在考虑像素空间距离的同时，也考虑了像素光谱特征的相似性，其表达式为：

$$\tilde{p}_{x,i} = \frac{1}{Z(\sigma, \gamma)} \sum_{u \in w} p_{u,i} \cdot G_\sigma(\|x - u\|) \cdot G_r(\|I(x) - I(u)\|) \tag{7.4.6}$$

式中，$I(x)$ 和 $I(u)$ 分别代表像素 x 和 u 的光谱特性。

（5）Anisotropic：本方法旨在不模糊影像细节及边界信息的同时，减少影像噪声对分类结果的影响。Anisotropic 滤波的基本函数定义如下：

$$\frac{\partial I}{\partial t} = d^t(x, u) \Delta I + \nabla d \cdot \nabla I \tag{7.4.7}$$

式中，I 代表的是影像；t 表示进化的次数，比如迭代次数；Δ 和 ∇ 分别代表拉普拉斯和梯度函数；d 是决定传导速率的系数。为了更好地求解该函数，将其离散化，可以得到

$$I^{t+1}(x, u) = I^t(x, u) + \lambda \sum_{y \in N_x} d^t(x, u) \cdot \nabla I^t(x, u) \tag{7.4.8}$$

式中，N_x 代表中心像素 x 的邻域。λ 为常数，用于控制方程的稳定性（在本节中将其设定为 1）。传导系数 d 在一定程度上决定了该滤波的表现，通常使用以下两种函数：

$$d(\|\nabla I\|) = e^{-(\frac{\|\nabla I\|}{K})^2} \tag{7.4.9}$$

$$d(\|\nabla I\|) = \frac{1}{\left(\frac{\|\nabla I\|}{K}\right)^2 + 1} \tag{7.4.10}$$

式中，参数 K 代表传导过程中边界的影响。较大的 K 使得能量传导过程更趋向于各向同性（Perona and Malik，1990）。Anisotropic 滤波一般用于影像去噪，当用在分类后处理中时，其表达式变化为：

$$\tilde{p}_{x,i}^{t+1} = \tilde{p}_{x,i}^t + \lambda \sum_{y \in N_x} d(\|\tilde{p}_{x,i}^t - \tilde{p}_{u,i}^t\|) \cdot (\tilde{p}_{x,i}^t - \tilde{p}_{u,i}^t) \tag{7.4.11}$$

$$\text{with } \tilde{p}_{x,i}^{t=0} = p_{x,i} \text{ and } \tilde{p}_{x,i}^{t=0} = p_{u,i}$$

其中，将概率影像视为输入影像 I；梯度函数 ∇ 使用中心像素 x 及其周边邻域 N_x 的差值影像代替。从表达式中可以看出，通过考虑邻域中像素的相似性可以不断地更新每个像素的概率。

7.4.2　面向对象的分类后处理方法

面向对象的分类后处理方法(Object-based Voting，OBV)立足于影像的分割结果，结合所获得目标边界对不同目标内部的像素进行信息统计。相较于逐像素分类的方法，该方法对地物内部的同质性保持得更好，同时地物的边界信息也得到了保护。但是，OBV 依赖于影像的分割结果。到目前为止，仍然没有一种分割算法能够在不损失地物完整性的同时，将不同地物完整地分割开来。同时，在分割算法中选择合适的分割参数也是一件相当困难的事情。分别着眼于影像的标记空间和概率空间，本节我们介绍两种不同的 OBV 方法：

（1）针对标记结果的对象后处理方法(OBV-Crisp)：

$$p_{s,\,i} = \frac{1}{N_s} \sum_{u \in s} \tau(C(u) = i) \tag{7.4.12}$$

（2）针对概率输出的对象后处理方法(OBV-Soft)：

$$p_{s,\,i} = \frac{1}{N_s} \sum_{u \in s} p_{u,\,i} \tag{7.4.13}$$

其中，函数 τ 指示了分割块 s 中被判别为类别 i 的像素的个数。获取了面向对象的概率后，使用具有最大概率的类别作为当前对象的标记。

7.4.3　基于随机场的分类后处理方法

马尔可夫随机场模型(MRF)可以有效地将影像的空间信息融入分类结果中。由于该方法引入了空间平滑假设用于优化影像的初始分类结果，也可以将其视为一种分类后处理方法。MRF 的目的在于使全局概率最大化，也就是令影像全局能量最小。MRF 能量函数可以表达为：

$$E(X,\,C) = -\sum_{x \in X} \ln(p_{x,\,i}) + \beta \sum_{y \in N_x} [1 - \delta(C(x),\,C(y))] \tag{7.4.14}$$

式中，X 和 C 分别代表影像及其标记空间；$C(x)$ 和 $C(y)$ 分别对应像素 x 和 y 的标记；δ 为 Kronecker 函数(当 $x = y$ 时，$\delta(x,\,y) = 1$，否则，$\delta(x,\,y) = 0$)，用于避免邻域区域内标记不一致的情况；而参数 β 决定了周边邻域信息对于最终分类结果的影响。

值得注意的是，能量函数全局最小化是一个 NP 难的问题[1]。最简单的求解方法是采用逐像素计算的方式，每次改变一个像素的标记，其中，迭代条件模式(ICM)是一种常用的方法，选择能使能量函数迅速降低的类别，更新该像素的标记，但是该方法求解效率过低并容易陷入局部最优解。基于图割理论的求解方式在近年来得到了快速发展，如：α-

---

[1]　NP 难问题(non-deterministic polynomial hard problem)是一个数学术语，指的是该问题的解的时间复杂度是指数级别的问题。

expansion 算法求解全局能量函数最小（Fulkerson et al.，2009）。与传统的方法不同，该方法能够同时优化大量样本的标记，并获得最优的满足能量最小化的标记图。

7.4.4 再学习分类后处理方法

传统的分类后处理可以有效平滑初始分类结果，从而获得更利于目视判读的分类图。然而，它们并没有增强特征空间中不同类别间的可分性，对于具有相似光谱特性的地物的区分能力有限。因此，在本节中，我们着眼于标记影像中各个像素邻域中不同类别的空间分布情况，并将其引入学习过程以达到增强类别可分性的目的，从而进一步提升影像的分类精度。由于在这个过程中，需要不断地从标记影像中获取信息并进行重新分类学习，我们将此种方法称为再学习（relearning）（Huang et al.，2014）。本节主要介绍基于类别共生关系的再学习分类后处理（relearning-PCM）。

GLCM 是一种利用灰度级的空间共生关系描述影像纹理的方法，而 PCM（Primitive Co-occurrence Matrix）则是一种利用类别标记的空间排列信息进行后处理的方式。PCM 的基本原理如图 7.4.1 所示，其计算流程可以通过以下步骤描述：

（1）对影像进行初始分类，将所有像素根据其特性划分到 C 个类别。

（2）立足于标记影像上大小为 w 的移动窗口，可以针对每个像素获取大小为 $C \times C$ 的 PCM。其中，矩阵中"$\#(C_i, C_j)$"代表标记 i 和 j 在距离 dis 和方向 dir 上出现的次数。正如图 7.4.1 所示，PCM 也可以表示为 PCM(w, dis, dir)。

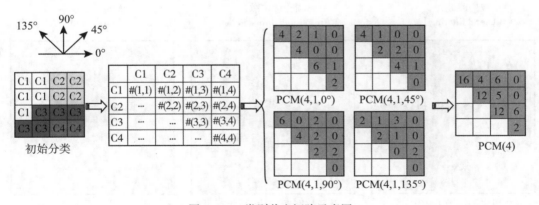

图 7.4.1 类别共生矩阵示意图

（3）考虑到影像内部地物的方向先验信息往往不易获取，实际操作中经常将各个方向的特征求和：

$$\text{PCM}(w, \text{dis}) = \sum_{\text{dir}} \text{PCM}(w, \text{dis}, \text{dir}) \qquad (7.4.15)$$

其中，方向包括 dir=（0°，45°，90°，135°）。同时，我们暂时只考虑相邻的像素，即 dis =

1，于是 PCM 可以被简化为 PCM(w)。高阶邻域也许会包含更多描述标记像素空间关系的信息，但这里暂时只考虑最简单的情况。

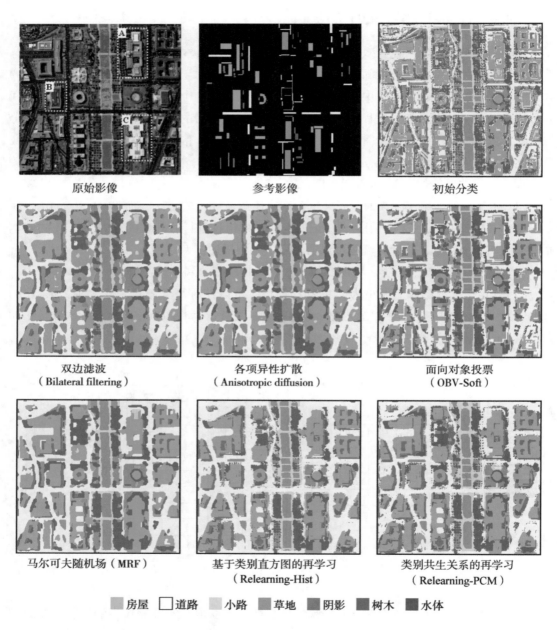

图 7.4.2　不同分类后处理算法在 HYDICE Washington DC 子影像中的分类图

（4）考虑到遥感影像中地物的多尺度性，我们将不同大小窗口下获得的 PCM 进一步求和：$\text{PCM} = \sum_w \text{PCM}(w)$。随后，将 PCM 输入分类器进行再学习，通过迭代的方式，不断利用 PCM 的反馈信息对分类模型进行优化。

除了基于类别共生关系的再学习方法以外，还有基于类别直方图的再学习分类后处理（relearning-Hist），后者仅考虑了类别共生的频率，而没有考虑共生的位置关系和空间排列。关于再学习的详细算法和实验结果分析，详见论文 Huang 等（2014）。这里仅仅用一组分类结果对不同的后处理算法进行目视比较。图 7.4.2 显示了 HYDICE 影像的一组分类图。

第8章 人工智能遥感解译

近年来，深度学习逐渐成为计算机视觉领域中一颗冉冉升起的新星，对此方法的应用愈发广泛、深刻。凭借着计算机视觉与人工智能学科的结合，使用实际的数据或已有的经验来训练计算机，使其具备通过图像认知、提取、处理目标信息等一系列的能力。遥感作为一种特殊的图像，早在 2013 年国内外学者就开始利用深度学习方法进行智能遥感解译的研究，并取得了诸多研究成果。对此，本章首先介绍深度神经网络的基本原理、训练与使用方法(8.1 节)，然后按照遥感解译的单元：地块(8.2 节)、像元(8.3 节)、时序(8.4 节)、对象(8.5 节)分别介绍几种典型的遥感深度网络。在 8.2~8.5 各小节中，我们首先介绍网络的基本架构、关键模块(与组件)，辅以具体的图像解译案例来深化认识与理解。

8.1 深度神经网络概述

8.1.1 神经网络结构

人工智能学科的核心是机器学习，其中神经网络(Neural Network，NN)，通过参数化学习过程来模仿生物脑部神经抽象计算，在遥感影像解译中很早就已经出现(见 7.1.3 节)。神经网络在解译任务驱动下构造优化目标，通过匹配参考信息与当前网络输出之间的差异来逐层调整网络，使其逐渐学习得到遥感语义。理论上讲，参数越多的神经网络，模型复杂度越高，对训练数据和计算力的需求越大，越能完成更复杂的学习任务。近年来，随着计算机算力和遥感数据获取能力的爆发式发展，以深度学习(Deep Learning，DL)为代表的复杂神经网络也开始在遥感地物分类、目标识别、变化监测、分类检测等多项解译应用中取得了出色的性能。

神经元是神经网络的基本构成单元。以图 8.1.1 所示的全连接神经元为例，它将 n 个输入信号进行权重组合，总输入值与神经元阈值进行比较，然后通过激活函数来强化或抑制比较的差异，得到该神经元的输出。神经元可以看作输入 x_1 到输出 y 的非线性映射函数。

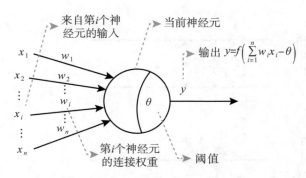

图 8.1.1　全连接神经元模型（来自周志华《机器学习》，清华大学出版社出版）

　　将大量神经元相互连接，同时将上一层的神经元输出作为下一层的神经元输入，就可以得到一种深度学习中典型的结构模型——深度神经网络（Deep Neural Network，DNN），如图 8.1.2 所示。神经网络通过层层堆叠非线性变换函数，将高层语义信息从原始数据中抽取出来，这种层次抽象的过程，就叫作"前向传播"（feed-forward）。神经网络的最后一层将解译任务形式化为目标函数（object function），通过计算预测值与参考值之间的差异或损失（loss），在反向传播算法（back-propagation）指导下，将损失由最后一层逐渐向前反馈（back-forward），更新每层参数。多次前馈-反馈交替迭代，直到网络模型收敛，能够训练得到想要的网络模型（如图 8.1.3 所示）。在网络训练完成后，将待解译影像送入训练好的模型，经过一次前馈过程，即得到解译结果。通过设计神经元间的拓扑连接关系和神经元内部的算子结构，可以决定算法模型的结构，得到不同特点、不同用途的神经网络。

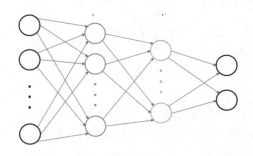

图 8.1.2　多层神经网络结构

8.1.2　前向传播

　　深度神经网络是一种层次模型（hierarchical model），在原始数据（其数据形式为 H 行、W 列、B 波段的遥感影像，记为 x^1）上逐层堆砌神经元，以损失函数的计算作为最终层。

229

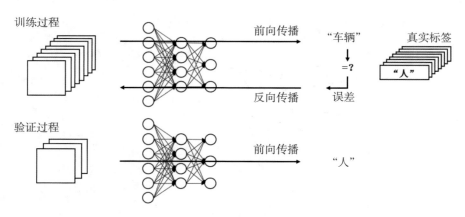

图 8.1.3　神经网络的训练与验证的基本流程

在 x^1 上经过第一层神经元操作可记作 x^2，对应第一层神经元中的参数记为 ω^1；x^2 作为第二层神经元 ω^2 的输入，输出为 x^3……直至第 $L-1$ 层，此时网络输出为 x^L。

在网络训练阶段，整个网络的前向传播以损失函数(即优化目标)作为结束。记 y 为输入 x^1 对应的参考标签，则损失函数可以表示为：

$$z = \mathcal{L}(x^L,\ y) \tag{8.1.1}$$

其中，函数 $\mathcal{L}(\cdot)$ 用来计算预测值与参考值之间的差异。对于不同的任务，损失函数的形式随之改变。经典遥感解译任务是将地物标记为某个特定的类别，可建模为深度学习的分类问题，常采用交叉熵(Cross Entropy)损失函数。它能够度量两概率分布间的差异性信息，二者越相似，交叉熵的值越接近于 0。其数学表达式如下所示：

$$z = - \sum_{i} y_i \log(p_i) \tag{8.1.2}$$

$$p_i = \frac{\exp(x_i^L)}{\sum_{j} \exp(x_j^L)} \tag{8.1.3}$$

式中，$i = 1,\ \cdots,\ C$，C 为分类任务类别数。式(8.1.3)为将神经网络的输出映射成一个概率分布的激活函数 Softmax，主要应用于多分类问题，可将多个神经元的输出映射到(0，1)的区间(图 8.1.4)。让 x^L 经过 Softmax 后，第 c 类地物类别的隶属概率越大越好。

假设网络已训练完成，即参数 $\omega^1,\ \cdots,\ \omega^{L-1}$ 均已收敛到某最优解，可用该网络进行遥感解译预测任务。预测实际上就是一次网络的前向传播，将测试集影像作为输入 x^1 送入网络，利用训练好的参数逐层映射，直至输出 $x^L \in \mathbb{R}^C$。在利用交叉熵损失函数训练所得的网络中，x^L 中每一维表示 x^1 隶属于该类别的后验概率。因此，通过 $\underset{i}{\arg\max}\ x_i^L$ 即可得到测试影像 x^1 对应的预测标记。

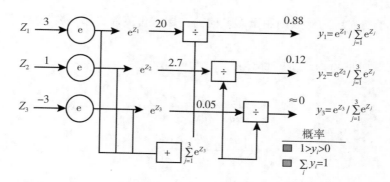

图 8.1.4　Softmax 分类层原理示意图

8.1.3　误差反向传播

误差反向传播算法（Back Propagation，BP）是一种以梯度下降法为基础，旨在最小化损失函数，适用于深度网络模型的学习算法（Werbos，1975）。同时，遥感深度学习往往针对大规模应用问题，因此在梯度下降的基础上，常采用批处理的解决思路。即，在训练阶段从样本整体中选择 n 个样本作为一批（batch）样本，先通过前馈运算做出预测并计算其误差，将误差函数沿着网络连接路径反向传播至模型各层，最后利用梯度下降法沿着所求误差函数的负梯度方向对网络中的逐层参数进行学习和调整，直至更新到网络的第一层。上述一个参数的更新过程称为"批处理过程"（mini-batch）。不同批按无放回抽样、遍历所有训练样本，即称之为"一轮"（epoch）。

下面以一次批处理为例，简述基于经典梯度下降的误差反向传播详细过程。

由式（8.1.1）可知，令某批训练数据前向传播后在 n 个样本上的误差为 z，此时分别计算误差关于当前层参数的导数（式（8.1.4））和误差关于当前层输入的导数（式（8.1.5））：

$$\frac{\partial z}{\partial \boldsymbol{\omega}^L} = 0 \tag{8.1.4}$$

$$\frac{\partial z}{\partial \boldsymbol{x}^L} = \frac{\partial \mathcal{L}}{\partial \boldsymbol{x}^L} \tag{8.1.5}$$

式中，$\mathcal{L}$ 表示最后一层的损失函数。

将 $\mathcal{L}$ 推广到任一层 i，此时关于参数 $\boldsymbol{\omega}^i$ 的导数用于该层参数更新：

$$\boldsymbol{\omega}^i = \boldsymbol{\omega}^i - \eta \frac{\partial z}{\partial \boldsymbol{\omega}^i} \tag{8.1.6}$$

式中，η 是梯度下降的步长（即学习率）。在经典梯度下降时，学习率通常需要人为设定。在最近的一些研究中，也有可以自适应调整学习率的梯度优化器。

同时，关于输入 $\boldsymbol{x}^i$ 的导数则用于误差向前一层进行传播，第 i 层参数更新时需计算 $\dfrac{\partial z}{\partial \boldsymbol{\omega}^i}$ 和 $\dfrac{\partial z}{\partial \boldsymbol{x}^i}$，根据链式法则，可通过下式计算：

$$\frac{\partial z}{\partial \boldsymbol{\omega}^i} = \frac{\partial z}{\partial \boldsymbol{x}^{i+1}} \frac{\partial \boldsymbol{x}^{i+1}}{\partial \boldsymbol{\omega}^i} \tag{8.1.7}$$

$$\frac{\partial z}{\partial \boldsymbol{x}^i} = \frac{\partial z}{\partial \boldsymbol{x}^{i+1}} \frac{\partial \boldsymbol{x}^{i+1}}{\partial \boldsymbol{x}^i} \tag{8.1.8}$$

在由后往前推导时，$\dfrac{\partial z}{\partial \boldsymbol{x}^{i+1}}$ 已经计算得到，$\dfrac{\partial \boldsymbol{x}^{i+1}}{\partial \boldsymbol{\omega}^i}$ 和 $\dfrac{\partial \boldsymbol{x}^{i+1}}{\partial \boldsymbol{x}^i}$ 可经由当前层神经元的非线性映射函数求导获得。在计算出式（8.1.7）和式（8.1.8）后，可经由式（8.1.6）更新第 i 层神经元参数，并将 $\dfrac{\partial z}{\partial \boldsymbol{x}^i}$ 传播到第 $i-1$ 层。如此逐层向前传递，直至更新到第 1 层，即完成一批训练数据驱动下的网络参数更新。

在深度网络的 BP 反向传播过程中，梯度消失和梯度爆炸是在网络训练中容易出现的两个问题。梯度消失（vanishing）和梯度爆炸（exploding）是指求梯度过程中某个值过大过小在链式法则下导致连乘累积放大。梯度消失会导致靠近输入层的隐藏层权值更新缓慢或停止更新，使网络仅等价于后面几层网络的浅层学习；梯度爆炸一般出现在网络层数过深和权值初始化值太大的情况，会引起网络不稳定，最好的结果是无法从训练数据中学习出有用信息，最坏的结果是出现无法再更新的 NaN 参数值。总的来说，目前尚无"最优"的通用优化算法。使用者需要根据网络中神经元的特性、网络结构和迭代优化过程的收敛情况选择恰当的梯度优化算法。另外，从梯度更新速度的角度，在梯度下降算法基础上已有进一步的优化算法研究，包括以下三类：

1）梯度下降法

梯度下降法是最简单也最常用的优化算法。其中，梯度代表函数沿着某一方向取得最大值，下降则代表它沿着梯度的反方向以一定的学习率降低，最终逐渐趋于最优解。目前梯度下降法的延伸算法有批量梯度（Batch Gradient Decent，BGD）、小批量梯度（Mini-BGD）和随机梯度（Stochastic Gradient Decent，SGD（Gardner，1984））下降法三种，三者的核心差别在于权衡了训练时的准确率和效率，因此更新权值时选取的样本数据不同。虽然随机梯度下降法在更新权值时仅采用一个样本，导致其变化范围很大，但是收敛速度快，且通过合理设置参数也能够达到很好的效果，因此随机梯度下降法仍是研究人员最常用的方法。

2）带动量（Momentum）的随机梯度下降法（Qian，1999）

"动量"一词的思想，最初用于模拟物理中动量的概念——积累历史动量来更新当前动量，后被运用于梯度下降法，就如同为下降的方向补充一个惯性，使当前下降梯度与历史梯度产生联系。在训练初期，如果当前梯度与历史梯度方向一致，那么将加速下降的步伐；在训练的中期和后期，如果当前梯度与历史梯度方向不一致，则减缓下降的步伐、减小梯度；并且当梯度为 0、已处于局部最优点时，此法还可以跳出鞍点继续寻找全局最优点。如此有助于加快收敛速度、避免随机梯度下降法在下降时因依赖当前计算的梯度而导致的"Z"字形震荡。

3）自适应学习率梯度下降法

在使用梯度下降法训练的过程中，最重要的问题在于如何收敛至全局最优点，因此选择合适的学习率至关重要。通常训练初期会选择较大的学习率，这样能够使梯度快速下降、迅速收敛至局部最优点附近；但是大学习率将导致模型在最优点附近来回震荡，难以继续下降，因此训练的后期阶段最好采用较小的学习率逐步逼近最优点。针对这个问题，越来越多的自适应学习率梯度下降法被提出，如 AdaGrad（Lydia and Francis，2019）、RMSProp（Tieleman and Hinton，2012）和 Adam（Kingma and Ba，2014）等算法。

8.1.4　深度神经网络使用

1. 网络初始化

通过基于梯度下降思想的 BP 算法，我们从某些初始解出发，迭代寻找最优参数值，神经网络得以进行模型的优化与训练。需要指出的是，深度网络模型复杂度较高，具有多个局部极小值点，而基于梯度下降无法区分局部极值与全局极值点。因此，在实际训练中，我们往往倾向于首先找到一个比较好的初始化参数，使得网络参数通过梯度下降快速收敛到较好的极小值点。

直观上可在神经网络开始计算之前，将所有权值参数和偏移参数随机初始化。然而，若将参数全部设置为 0 或相同常数，会使模型陷入参数停滞、无法训练的状态（即梯度消失）。对此，可采用稀疏初始化的方式，即每个神经元都同下一层固定数目的神经元随机连接，其权重数值由一个小的高斯分布生成，此时可避免出现参数停滞和在网络训练早期出现梯度爆炸。然而，这种初始化方法没有考虑待训练的网络的信息，训练代价大。获取好的初始化参数可从网络非线性映射过程和网络先验信息入手：

（1）先验信息指的是基于预训练（pre-training）网络参数初始化。预训练模型是在大型基准数据集上训练的模型，用于解决相似的问题。由于训练这种模型的计算成本较高，因此，导入已发布的网络参数并使用相应的模型是比较常见的做法。例如，在目标检测任务中，首先要利用主干神经网络（backbone）进行特征提取，常用遥感目标监测的主干一般就是 VGG、ResNet 等神经网络（详见 8.2.3 节），因此在训练一个目标检测模型时，可以使用这些神经网络的预训练权重来将主干的参数初始化，这样在一开始就能提取到比较有效的特征。

（2）当没有预训练网络参数时，需要考虑网络参数的统计分布、非线性映射过程(激活函数)设计专门的数据初始化方案。早期的参数初始化方法普遍是将数据和参数归一化为高斯分布(均值为0，方差为1)，但随着神经网络深度的增加，这种初始化依然存在梯度消失的风险。有学者在实验中发现每层网络输出的方差逐层递减将导致 BP 梯度逐层递减直至消失。基于此，消除梯度消失最理想的情况是每层的输出值(激活值)保持高斯分布。从初始化的角度，在面向线性映射层时，Xavier 初始化方法(Glorot and Bengio，2010)通过将每一层归一化后的参数乘以缩放系数 $1/\sqrt{m}$，（m 是输入参数的个数），可以较好地解决这个问题。然而，深度学习逐层的映射往往都是非线性的，这使得 Xavier 初始化在实际应用中并不理想。针对这个问题，结合图像处理深度网络中常用的非线性激活函数 ReLU，有研究证明将缩放系数调整为 $\sqrt{2}/\sqrt{m}$，可以有效避免梯度消失。该方法被称之为 Kaiming 初始化(He et al.，2015)，是目前在无先验信息时最常用的图像处理深度网络初始化方法。

2. 深度网络的训练模式

传统的遥感图像解译问题往往可以分解为预处理、特征提取和选择、分类器设计等若干步骤。其动机在于将解译这个问题分解为简单、可控且清晰的若干小的步骤依次建模。使用多步骤、多模型解决一个复杂任务的时候，包含以下缺陷：①各个模块训练目标不一致，某个模块的目标函数可能与系统的宏观目标有偏差，系统最终难以达到整体最优；②误差的累积，前一模块产生的偏差可能影响后一个模块；③需要为每个子任务进行数据标注，代价是昂贵的，且易出错。对此，深度学习采取以下两种方式应对：

（1）端到端训练：深度学习可以通过端到端学习实现由原始数据输入直接到结果输出，中间的神经网络自成一体。具体来说，从输入端(输入数据)到输出端会得到一个预测结果，与真实结果相比较会得到一个误差，这个误差会在模型中的每一层传递(反向传播)，每一层的表示都会根据这个误差来做调整，直到模型收敛或达到预期的效果才结束。需要注意的是，端到端训练虽然能应对上述问题，但往往需要大规模训练集才能让其真正发挥作用。同时，端到端训练缺陷在于难以确定模型各"组件"(即隐藏层)对最终目标的贡献，网络的可解释性变差。另外，端到端模型的灵活性低，当原本的多个模块中数据可获取性不同时，将不得不依靠额外模型来协助训练。

（2）冻结训练：当我们已有部分预训练权重，这部分预训练权重所应用的那部分网络是通用的，如骨干网络，那么我们可以先冻结这部分权重的训练，将更多的资源放在训练后面部分的网络参数，这样使得时间和资源利用都能得到很大改善。然后后面的网络参数训练一段时间之后再解冻这些被冻结的部分，这时再全部一起训练，此时占用的显存较大，网络所有的参数都会发生改变。

3. 遥感深度网络的应用模式

常用的深度神经网络中待学习的网络参数往往数以百万计，训练这样的网络需要海量样本。对于样本有限的遥感影像解译而言，常用以下几种方案：

（1）从头训练：根据特定遥感解译需求，当有一定量的训练样本时，定制化地设计一个轻量化的网络结构，此时网络的深度较浅、参数相对较少，利用遥感样本从头训练该网络，用于该遥感影像解译任务。

（2）特征提取：考虑到自然图像和遥感图像的相似性，将已通过海量自然图像训练所得的主干网络(或子网络)作为遥感特征提取算子。由于不需要大量的遥感样本，该方法适用于有限样本/无样本情况下的地物解译，需要在使用时挑选与解译任务尽量契合的自然图像所训练的网络。考虑到影像之间的相似性，目前在厘米到亚米级分辨率的高分辨率多光谱(彩色)机载遥感影像解译中使用较多。

（3）预训练与微调：在大多数的遥感解译中，自然图像在视角、空间细节、光谱成像上均与遥感影像存在差异，在有一定体量的遥感监督样本中，仅将自然图像训练所得网络当作特征提取算子往往并非最优选择。此时，我们常从自然图像训练所得网络的参数出发，将其当作新的初始化参数，利用遥感监督样本继续使用误差反向传播逐层传递优化网络参数，直至收敛。这种方法能够充分利用已有的自然图像训练而来的网络，同时融合遥感解译任务的特点，是目前使用最广泛的技术之一。

8.2　面向地块解译的遥感深度网络

在高分辨率遥感影像中，多种地物的空间排列组合形成了具有不同土地利用功能语义的场景地块。应用高分辨率遥感影像来调查土地利用现状，了解人类活动对国土空间资源造成的变化和影响，对于地球的可持续发展具有重大的战略意义。作为智能化遥感影像解译的一项重要任务，高分辨率遥感影像场景分类是指识别出高分辨率影像中局部区域高层语义类别的任务。这些高层语义类别由人工预先定义，反映了地块场景内容高层次的知识抽象。例如：将一幅高分辨率城市遥感影像划分成居民区、商业区和工业场景这些抽象的语义类别(图8.2.1)。通常，一幅遥感地块场景影像中包含多种地物类型，例如工业区场景中可能包含房屋建筑、道路、树木等一些地物目标。与面向像素/对象的解译任务不同，遥感场景中目标的形式多样、空间分布复杂等因素使得高分辨率遥感场景分类成为一项具有挑战性的任务。

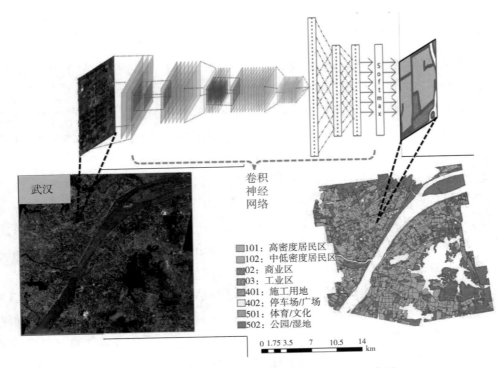

图 8.2.1 基于卷积神经网络的高光谱场景分类示意图

　　高分辨率遥感影像场景识别方法的核心在于建立影像底层特征到高层场景语义之间的映射关系。其中，底层是指对场景类别不敏感的像素颜色、形状、纹理或者光谱信息；中层是指影像局部地块中底层特征的聚合、统计分布，能够反映地表的空间排列信息，但仍与感兴趣的场景语义不直接相关；高层语义则直接反映场景功能。同时，场景语义是地表局部区域内的地物空间排列，精细的空间分辨率放大了地物的多样性和可变性，底层特征到高层特征之间存在语义鸿沟。针对上述问题，卷积神经网络（Convolutional Neuron Network，CNN）由其所具有的局部性（locality）和空间不变性（spatial invariance）／平移等效性（translation equivariance）、空间层次化聚合的特点，在遥感场景分类中发挥出巨大的应用能力，成为目前最主流的场景解译网络之一。

　　本节将首先介绍卷积神经网络结构、经典卷积神经网络，然后介绍一个使用卷积神经网络进行高分辨率城市功能区分类的案例。

8.2.1 卷积神经网络结构

卷积神经网络(Convolution Neural Network，CNN)因其卷积神经元(即卷积层)设计契合了图像组织信息的特点，成为遥感图像解译的重要技术。卷积神经网络通常主要由输入层、卷积块(conv block)、全连接层和输出层构成。

在层次化的卷积网络中，用变量指代对应层的输入，可以简化描述。其中，输入影像常被设置为三维张量 $x^0 \in \mathbb{R}^{H^0 \times W^0 \times D^0}$，其中 0 表示第 0 层(即网络输入)，$H^0$，$W^0$ 和 D^0 分别表示输入影像的高度、宽度和特征通道。特别地，全色影像 $D^0 = 1$；多(高)光谱影像 $D^0 \geqslant 3$。此外，网络的第 l 层也可用同样的方式进行描述。值得注意的是，在常用的工程实践中，由于采用了批处理的训练策略，网络第 l 层输入是一个四维张量 $x^l \in \mathbb{R}^{N \times H^l \times W^l \times D^l}$，其中 H^l 和 W^l 大小相同，均为 2 的指数幂(如 $2^9 = 512$)，N 是每一批的样本数。为便于描述，第 l 层输出记作 $y^l = x^{l+1} \in \mathbb{R}^{N \times H^{l+1} \times W^{l+1} \times D^{l+1}}$。

全连接层(详见图 8.1.1)对多个卷积块运算后所得的高阶特征进行非线性组合，从而将分布式的特征表达映射到样本空间，通过输出层 Softmax 函数(详见图 8.1.4)完成从输入图像到语义标签的映射。

顾名思义，卷积神经网络中的核心部件为中间级联的多个卷积块。每一个卷积块堆叠一个(或多个)卷积运算、非线性激活函数、批归一化变换和池化运算，下面将一一介绍。

8.2.2 卷积块的基本组件

1. 卷积运算

卷积运算(Convolution，简称 Conv)是卷积神经网络中最基础的操作，使用卷积核处理输入图像，能够更加全面、深入地获取图像的信息。对图像矩阵和卷积核矩阵逐元素相乘再求和，即卷积的运算过程。在计算机中，图像以 2D 矩阵的形式数字化存储，对应 2D 卷积运算的数学表达式如下，可抽象为两个二维函数在空间上滑动、相会的过程：

$$(x \otimes g)(u, v) = \sum_i \sum_j x_{(i, j)} g_{(u-i, v-j)} \tag{8.2.1}$$

式中，$x \in \mathbb{R}^2$ 表示输入的二维图像；$g \in \mathbb{R}^2$ 表示使用的卷积核，$u \leqslant i$，$v \leqslant j$。

从图像模式匹配的角度来看，图像具有局部特性，其某一部分的统计特性，也即该部分具有的模式，会与其他部分有所不同。因此，可使用较小尺寸的卷积核对各个图像区域进行运算，从而探测不同区域内是否存在目标特性。可认为每个卷积核代表一种图像模式，卷积运算计算每个位置与该模式的相似程度，或者说每个位置具有该模式的分量有多少，当前位置与该模式越像，响应越强。如此，即可得到该特征模式对应的特征映射

(feature map),从而实现对输入图像的特征提取。以图 8.2.2 为例,对于输入影像坐标为左上角的[1,2;1,1]和右下角的[1,3;2,2],经过核参数为[1,1;2,2]的 2D 卷积运算后,输出值分别为 7 和 12,说明输入影像的左上角与卷积模板的相似程度比右下角与卷积模块的相似程度低。

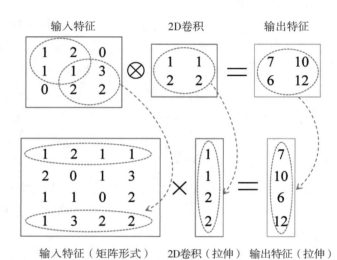

图 8.2.2　从模板匹配(上)和特征映射(下)的角度看 2D 卷积过程

从特征映射的角度来看,卷积过程是在图像每个位置进行线性变换映射成新值的过程。将卷积核看成权重,若拉成向量记为 $\boldsymbol{w}$,图像对应位置的像素拉成向量记为 $\boldsymbol{x}$,则该位置卷积结果为 $y = \boldsymbol{w}^\mathrm{T}\boldsymbol{x} + b$,即实现了从输入特征 $\boldsymbol{x}$ 到 y 的映射。如图 8.2.2 所示,输入影像可以拉成一个 4×4 的输入矩阵,将一个尺寸为 2×2 的卷积核对应 4×1 的核向量,卷积运算过程就可以表述为线性变换。从这个角度看,深度网络中的多层卷积是在进行逐层映射,整体构成一个复杂函数,训练过程是在学习每个局部映射所需的权重,可以看成函数拟合的过程。

在遥感影像中,输入往往包含多个光谱波段(通道)。2D 卷积中每一个通道(光谱)的像素值与对应卷积核通道的数值进行卷积,因此每一个通道会对应一个输出卷积结果,多个卷积结果对应位置累加求和,得到最终的卷积结果。上述过程可表示为:

$$y_{(u,v)} = \sum_{d=0}^{D} \sum_{i=0}^{H} \sum_{j=0}^{W} x_{(i,j,d)}\, g_{(u+i,v+j,d)} \tag{8.2.2}$$

式中,$x \in \mathbb{R}^{H \times W \times D}$ 表示输入的多波段图像;$g \in \mathbb{R}^{k_1 \times k_2 \times D}$ 表示使用的卷积核,u,v 为卷积结果 y 的位置坐标,满足:

$$0 \leqslant u < H - k_1 + 1 \tag{8.2.3}$$

$$0 \leq v < W - k_2 + 1 \tag{8.2.4}$$

2D 卷积还有一些常用的参数需要加以说明：对第 l 层卷积运算而言，若将输入的三维张量尺寸表示为 $(H^l,\ W^l,\ C^l)$，将该层输出的三维张量形状表示为 $(H^{l+1},\ W^{l+1},\ C^{l+1})$，其中 H^{l+1} 与 W^{l+1} 可由式(8.2.5)与式(8.2.6)求得：

$$H^{l+1} = \mathrm{floor}\left(\frac{H^l + 2 \times \mathrm{padding}_H - \mathrm{dilation}_H \times (\mathrm{Ksize}_H - 1) - 1}{\mathrm{stride}_H} + 1\right) \tag{8.2.5}$$

$$W^{l+1} = \mathrm{floor}\left(\frac{W^l + 2 \times \mathrm{padding}_W - \mathrm{dilation}_W \times (\mathrm{Ksize}_W - 1) - 1}{\mathrm{stride}_W} + 1\right) \tag{8.2.6}$$

其中，padding 表示填充参数，通常设定为卷积核的半径，以保留图像边缘信息；dilation 表示膨胀参数，用以将经典 2D 卷积拓展为扩张卷积(Dilated Convolution，又叫作空洞卷积或膨胀卷积)，指的是卷积核中值之间的间距。扩张卷积的作用在于在不丢失分辨率的情况下扩大感受野；调整扩张率获得多尺度信息。但是对于一些很小的物体，本身就不要那么大的感受野，这就不那么友好了。关于扩张卷积更详细的内容，感兴趣的读者可以参考 Yu 和 Koltun(2015)的论文。经典 2D 卷积中，膨胀系数设置为 1，即不膨胀。Ksize 为卷积核尺寸，也称为感受野的大小，是该层输出的像素点在输入矩阵上映射的区域大小，可指定为小于输入尺寸的任意值，通常取 3×3 或 5×5 的小尺寸，通过逐层堆叠使简单模式组合得到复杂的特征；卷积步长 stride 表示卷积运算相邻两次滑动之间的步距，通常取值为 1。C^{l+1} 等于该层卷积核的总数。

图 8.2.3 以 RGB 图像为例展示一次 2D 卷积过程。输入包含 3 个通道，分别表示 R、G、B 三原色的像素值，记为 $x \in \mathbb{R}^{5 \times 5 \times 3}$，3 个通道，每个通道的宽为 5，高为 5。卷积核只有 1 个，卷积核通道为 3，每个通道的卷积核大小仍为 3×3，padding 为 0，stride 为 1，dilation 为 1。卷积过程如图 8.2.3 所示，每一个通道的像素值与对应卷积核通道的数值进行卷积，因此每一个通道会对应一个输出卷积结果，三个卷积结果对应位置累加求和，得到最终的卷积结果。

由于一个卷积核反映的是影像局部区域的某一种模式，在实际工程应用中，我们往往在一个卷积层中使用多个卷积核。图 8.2.3 中黄色的块状部分表示一个卷积核，黄色块状是由三个通道堆叠在一起表示的，每一个黄色通道与输入卷积通道分别进行卷积，每一个卷积核的通道数量必须要与输入通道数量保持一致，图片组这里只是堆叠放在一起表示而已。那么，如果要卷积后也输出多通道，增加卷积核的数量即可，示意见图 8.2.4。

卷积层的目的是通过对输入数据应用卷积运算来学习特征映射，每个卷积神经元只处理其感受野视域范围内的数据。在卷积神经网络中，感受野(Receptive Field)的概念是卷积网络的每一层输出的特征图上的每个位置在上一层特征图上映射的区域大小，即卷积网络的特征能"看到"的区域的大小。每一层的特征图的某个位置，都是由上一层的特征图的

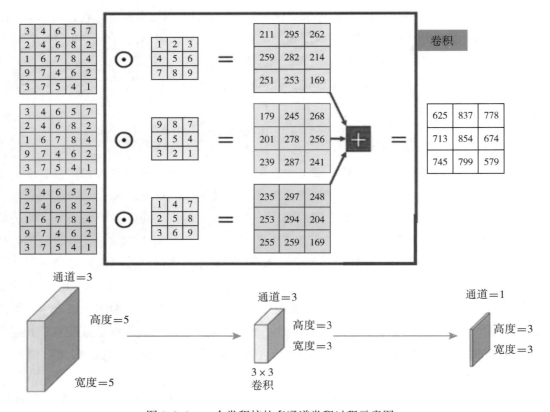

图 8.2.3　一个卷积核的多通道卷积过程示意图

固定位置计算出来的，这个固定位置就是感受野。一般而言，网络越深，感受野越大，对分类而言网络性能越好。

感受野的计算公式如下：

$$\mathrm{RF}_{l+1} = \mathrm{RF}_l + (\mathrm{Ksize} - 1) \times \mathrm{dilation}_{l+1} \times \mathrm{stride}_l \qquad (8.2.7)$$

式中，RF_{l+1} 表示感受野的大小；RF_l 表示上一层的感受野的大小；Ksize 表示当前层的卷积核大小；$\mathrm{dilation}_{l+1}$ 表示当前层卷积的扩张率；stride_l 表示上一层卷积的步长。

如图 8.2.5 所示，7×7 大小的原始图像，经过 Ksize = 3×3，stride = 1 的卷积后，输出特征图大小为 5×5，其感受野为 1+(3−1)×1×1=3。再经过 Ksize = 3×3，stride = 1 的卷积，输出特征图大小为 2×2，感受野大小为 3+(3−1)×1×1=5。从这个例子我们可以看到，小卷积核通过多层叠加能以更少的参数（如叠加两个 3×3，参数量为 9）取得与大卷积核（如一个 5×5，参数量为 25）同等规模的感受野。此外，叠加多层小卷积能加深网络容量（model capacity）和复杂度（model complexity）。

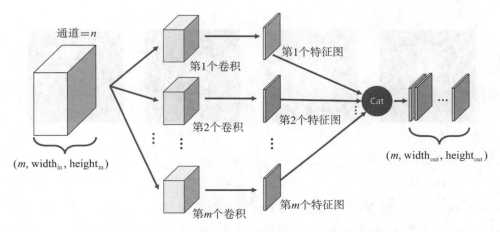

图 8.2.4　多个卷积核的多通道卷积过程示意图

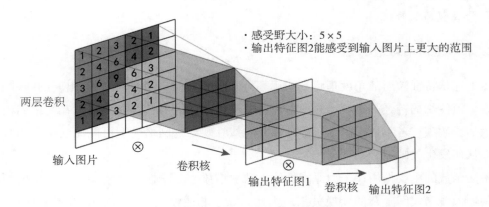

· 感受野大小：5×5
· 输出特征图2能感受到输入图片上更大的范围

图 8.2.5　用图形理解感受野的概念

　　然而，有研究发现并不是感受野内所有像素对输出向量的贡献相同，在很多情况下感受野区域内像素的影响分布是高斯分布（Luo et al.，2016），有效感受野（Effective Receptive Field，ERF）仅占理论感受野的一部分，且高斯分布从中心到边缘快速衰减。如图 8.2.6 所示为卷积神经网络在 CIFAR 10（图幅大小 32×32）和 Cam Vid（图幅大小 512×512）上经过训练前后的有效感受野。其中，有效感受野指的是能对待处理像元起到影响的空间范围（如图 8.2.6 中非黑色区域）。图 8.2.6 使用卷积神经网络分别在自然图像识别任务 CIFAR 10（可类比于遥感场景分类）和自然图像语义分割任务 Cam Vid（可类比于遥感影像土地覆盖分类）时的典型有效感受野。

　　这点其实也很好理解，以图 8.2.5 微型的多层卷积为例，我们来分析第 1 层，图中的数字标出了 Ksize＝3×3，stride＝1 卷积操作对每个输入值的使用次数，很明显越靠近感受

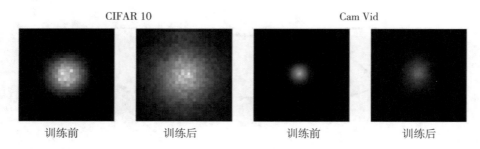

图 8.2.6　卷积神经网络在 CIFAR 10 的有效感受野（Luo et al.，2016）

野中心的值被使用次数越多，越靠近边缘的值使用次数越少。5×5 输入是特殊情况刚好符合高斯分布，3×3 输入时所有值的使用次数都是 1，大于 5×5 输入时大部分位于中心区域的值使用次数都是 9，边缘衰减到 1。每个卷积层都有这种规律，经过多层堆叠，总体感受野就会呈现高斯分布。

2. 非线性激活函数

由上述从特征映射的角度理解卷积运算可知，卷积仅实现了输入-输出间的线性变换，而深度学习使用的神经网络模型之所以具备非线性表达能力，实则是因为在网络结构中补充了激活函数项。若不使用激活函数，仅具有线性映射的网络模型可能无法学习到数据的规律，从而发生欠缺拟合的现象。

激活函数的主要作用在于为原本的线性映射增添了非线性的建模能力，使得模型能够学习到输入输出之间复杂的变换关系。为此，除了非线性之外，激活函数还应具有单调、可微及输出值范围有限等特性。目前，常用的激活函数有 Sigmoid 函数、线性整流函数（ReLU）等。

1）Sigmoid 函数

Sigmoid 函数也被称为逻辑激活函数（Logistic Activation Function），是第一个在神经网络中被广泛使用的激活函数。Sigmoid 激活函数 $\sigma(z)$ 的数学表达式为：

$$\sigma(z) = \frac{1}{1 + \exp(-z)} \tag{8.2.8}$$

Sigmoid 激活函数的几何图像如图 8.2.7 所示，可见其具有指数函数形状，能够在保留数据完整性的同时，剔除因极值或异常值导致的数据偏移的计算。Sigmoid 激活函数将变量映射到[0，1]范围内，0 对应于神经元的"抑制状态"、1 对应于神经元的"兴奋状态"，具有平滑稳定的优点。Sigmoid 函数的导数为 $\sigma(z)(1 - \sigma(z))$，在反向传播中易于求导。

然而，观察图 8.2.7(a)可见，Sigmoid 函数在两端大于 5(或小于-5)的区域梯度非常平缓，将带来"梯度饱和"的问题，使得在误差反向传播过程中导数处于该区域的误差很难被传递到前层。此外，Sigmoid 函数均值不为 0，其导数总是 >0。假设最后整个神经网络的输出是正数，那么网络参数的梯度就是正数；反之，假设输入全是负数，网络参数的梯度就是负数。造成的问题就是，优化过程呈现"Z"字形(zig-zag，见图 8.2.7(b))，因为网络参数要么只能往下走(负数)，要么只能往右走(正的)，导致优化的效率十分低下。

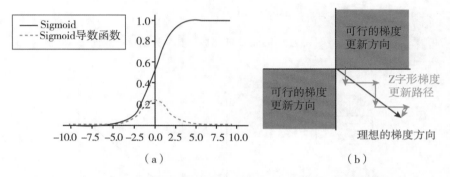

图 8.2.7　Sigmoid 激活函数与其导数函数(a)与梯度更新方向示意图(b)

2)tanh 函数

tanh 函数(如图 8.2.8 所示)是在 Sigmoid 函数基础上为解决均值问题提出的激活函数：

$$\sigma(z) = \frac{1}{1 + \exp(-z)} - 0.5 \qquad (8.2.9)$$

由式(8.2.9)可见，tanh 函数为 Sigmoid 函数"下移"0.5 个单位而来，其函数输出相应的均值为 0。同时注意到，"下移"的操作并不会改变其导数的形状，因此 tanh 函数仍然容易发生"梯度饱和"的问题。

3)线性整流函数

为了克服 Sigmoid 函数和 tanh 函数的上述缺陷，Nair 和 Hinton(2010)将线性整流函数(Rectified Linear Unit，ReLU，也称为修正线性单元)作为激活函数。ReLU 模仿了生物神经元的稀疏特性，仅当输入值高于一定阈值时才执行对连接节点的激活。ReLU 激活函数的数学表达式较为简单，如式(8.2.10)所示：

$$\mathrm{relu}(z) = \max(0, z) \qquad (8.2.10)$$

ReLU 激活函数与其梯度的几何图像为：

相比 Sigmoid 和 tanh 函数，ReLU 函数对负值输入的单向抑制简单高效，但也面临着神经元节点失活等问题。即 ReLU 对于小于 0 的这部分卷积结果的响应为 0，使得这部分

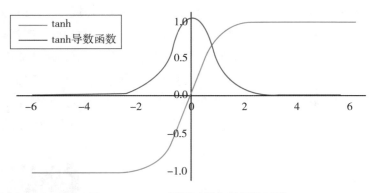

图 8.2.8 tanh 激活函数与其导数函数

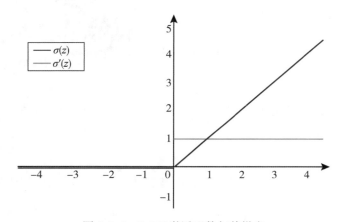

图 8.2.9 ReLU 激活函数与其梯度

将无法影响网络训练。为了缓解这个问题,有学者相继提出了 Leaky ReLU(Maas et al.,2013),参数化 ReLU(He et al.,2015),随机化 ReLU(Xu et al.,2015),指数化线性单元(ELU)(Clevert et al.,2015),高斯误差线性单元(GELU)(Hendrycks and Gimpel,2016)等多种改进的激活函数。上述 ReLU 的变种各有其优缺点,感兴趣的读者可以根据参考文献进一步阅读学习。总的来讲,在影像处理领域,目前 ReLU 仍然是最主流的激活函数,是经典深度卷积神经网络架构中不可或缺的一环。

4)归一化指数函数

归一化指数函数更常用的称呼是 Softmax 函数,其本质是通过映射实现输入 K 维实数向量与另一目标 K 维实数向量之间的转换。最终所得向量中,任意元素的取值范围都介于(0,1)区间内,并且全部加和后得 1。Softmax 激活函数的数学表达式为:

$$\text{softmax}(z_i) = \frac{e^{z_i}}{\sum_{k=1}^{K} e^{z_i}} \qquad (8.2.11)$$

我们将式（8.2.11）与 Sigmoid 函数表达式（8.2.8）对比可见，Softmax 函数可作为 Sigmoid 函数的引申，它将网络输出层从原本"非此即彼"的二元映射，升级为能够推断出多种属性的分类器件，一定程度上开阔了激活函数的应用范围。

激活函数对于神经网络模型理解复杂的情境具有不可或缺的作用，定义与选择合适的激活函数也是人们较为关注的研究领域。但具备非线性映射的能力只能使得神经网络拥有正确映射的可能，真正要实现这种映射，还需要输出值与真值无限逼近。

3. 批归一化

我们知道网络一旦训练起来，参数就要发生更新，除了输入层的数据外（我们已经预先为每个样本归一化），后面网络每一层的输入数据分布是一直在发生变化的。因为在训练的时候，前面层训练参数的更新将导致后面层输入数据分布的变化。以网络第二层为例：网络的第二层输入，是由第一层的参数和输入影像计算得到的，而第一层的参数在整个训练过程中一直在变化，因此必然会引起后面每一层输入数据分布的改变。由于网络参数始终处于不断变化之中，每一层的输入也不断变化，参数又需要调整以适应新的输入数据的分布，这种现象被称为协变量移位（Covariate Shift）。

最初协变量移位是指在迁移学习中，或者在训练集和测试集分布不一致的情况下，如用数据集 A 训练模型，在数据集 B 上应用模型，如果数据集 A 与 B 的分布相似，则模型效果较好。如果数据集 A 与 B 的分布不一致，一种解决方法是使用转换 T，$B \times T = A$，把 B 转换成类似 A 的数据，使得 B 使用模型时效果更好。在神经网络内部也是如此，它的每一层都可以看成一个模型，模型输入的分布越稳定，模型训练效果就越好，这样网络内部的参数就不用因为输入的不同反复调整。

批归一化（Batch Normalization，BN）就是要解决在训练过程中，中间层数根据分布发生改变的情况，由于这种移位发生在网络中间层，我们将其称之为"内部协变量移位（Internal Covariate Shift）"。BN 的基本原理是将每层的概率分布转化成正态分布来避免参数摄动（Ioffe and Szegedy，2015），是一种能够加速神经网络收敛性与提升模型稳定性的算法。当训练网络模型时，在模型的每个卷积运算层后增加批次归一化操作，可以通过规范整个网络的激活来防止训练状态陷入"非线性饱和状态"（Bulo et al.，2018）。此外，使用批归一化的方法能获得更快的学习速率，从而生成具有更好泛化能力的模型。

在网络训练阶段，批归一化操作的流程如算法 8.1 所示：

算法 8.1　批归一化算法 BN

输入：批处理输入集合为 $S = \{x_1 x_2 \cdots x_m\}$，其中 $x_i = \{x_i^{(1)} x_i^{(2)} \cdots x_i^{(k)}\}$ 包含 k 个通道

输出：规范化后的网络响应 y

1：$\mu_B = \dfrac{1}{m} \sum\limits_{i=1}^{m} x_i$ // 计算批处理数据均值向量

2：$\sigma_B^2 = \dfrac{1}{m} \sum\limits_{i=1}^{m} (x_i - \mu_B)^2$ // 计算批处理数据方差

3：$x^{(k)} = \dfrac{x^{(k)} - \mu_B^{(k)}}{\sqrt{(\sigma_B^{(k)})^2 + \varepsilon}}$ // 逐个通道进行归一化

4：$y^{(k)} = \gamma^{(k)} x^{(k)} + \beta^{(k)}$ // 逐个通道进行尺度变换和偏移

5：**Return** 学习的参数 γ 与 β

我们进一步分析 BN 每一步操作的作用。首先，已有研究证明白化数据可加速模型训练，白化一般指将数据转换成均值为 0，标准差为 1，且元素之间相关性低的数据。然而，通过简单的归一化操作之后，数据的内容就被改变了，这可能引起一些问题，例如在归一化后使用 Sigmoid 激活函数，归一化可能将数据转换到非线性函数的线性段之内(Sigmoid 在 0 附近的小区域内几乎是线性函数，这样归一化就把非线性转换变成了线性转换)。为解决此问题，保持网络的非线性表达能力，BN 引入了参数 γ 与 β，分别用于缩放和平移(类似于一个普通的线性层)。此外，如果没有这个线性层，BN 将退化为普通的标准化，这样在训练过程中，网络各层的参数虽然在更新，但它们的输出分布却几乎不变(始终均值为 0，标准差为 1)，不能进行有效训练。此时，该操作相当于为每一层自适应学习了一个均值为 β，标准差为 γ 的高斯分布。值得注意的是，当批归一化导致特征分布被破坏或网络泛化能力下降时，可将 γ 与 β 分别设置为数据的均值和标准差，此时可以恢复原始输入值。

除了缓解 Internal Covariate Shift 现象外，BN 还有以下几个优点：

(1)BN 可以缓解非线性激活函数的饱和问题。

我们以 Sigmoid 激活函数为例来进行分析。假设网络某一层可表示为 $y = \sigma(Wx)$，其中 x 是网络输入，W 是待学习的网络参数，σ 是激活函数，y 是网络输出。当 Wx 的绝对值增大到一定程度时，其导数 $\sigma'(Wx)$ 趋近于 0(随着 $|Wx|$ 越大，$\sigma(Wx)$ 的变化越不明显)，这就意味着除非 Wx 足够小，否则调参将非常慢，即梯度消失问题。之前常用 ReLU 激活函数、调整参数初值、降低学习率等方法缓解这一问题，现在用 BN 将其分布固定下来，则能更有效地解决此问题。

（2）BN 可以支持网络训练使用更高的学习率。

在传统的深度网络中，较高学习率往往引起梯度爆炸、梯度消失，或者陷入局部最小值。BN 防止了小的改变通过多层网络传播被放大的问题。

较大的学习速率会放大网络参数，在反向传播过程中放大梯度，导致模型爆炸。而 BN 处理可使反向传播不受参数缩放的影响。假设参数被放大了 a 倍：$BN(Wx) = BN((aW)x)$。求导过程中：

$$\frac{\partial BN((aW)x)}{\partial x} = \frac{\partial BN(Wx)}{\partial x}$$

$$\frac{\partial BN((aW)x)}{\partial(aW)} = \frac{1}{a}\frac{\partial BN(Wx)}{\partial W}$$

(8.2.12)

由式（8.2.12）可见，加入 BN 层，缩放不影响梯度传播，能使参数更稳定地增长。

通过上述过程，可以在训练阶段对同一批数据求解 γ 和 β，进而进行归一化操作。在网络预测阶段，我们通常在使用模型训练时就记录下每个批次下的 γ 和 β，待训练完毕后，我们在整个训练样本上估计 γ 和 β 的期望值，作为我们进行预测时 BN 的方差和均值。

在卷积神经网络中，一般将 BN 加在线性映射和激活函数之间。其原因在于线性映射的输入 x 也是之前层非线性函数的输出，其分布在训练过程中不断改变，相对来说，线性映射后的输出 Wx 更加对称，更近似高斯分布，对其做归一化的效果也更好。由图 8.2.2 可知，卷积也可以看作线性映射，卷积运算对不同的位置做相同的特征映射，卷积层的归一化也同理，对每个批次中的每个空间区域做同样的归一化处理。因此，可以对每一个局部区域训练 γ 和 β，替代对整个层的批次训练 γ 和 β。此外，在本书下文中，不加特殊说明时，一个卷积层通常指的是一组卷积运算、BN 归一化和 ReLU 的叠加。

4. 池化运算

在卷积层中提取得到图像特征后，池化层会对输出的特征映射进行特征遴选和信息萃取，直观而言也即是通过降采样操作达到压缩数据、减少参数及预防过拟合的目的。通过对卷积后的特征映射进行池化处理，能够在保留原始图像深层特征的同时，过滤图像中的噪声数据和冗余信息，并提升模型的尺度不变性、旋转不变性及泛化能力等。池化层仅对特征映射的尺寸进行缩小，不改变通道数，数学运算表达式如下：

$$X_j^{l+1} = down(X_j^l)$$

(8.2.13)

式中，down( ) 代表池化函数；X_j^l 和 X_j^{l+1} 分别代表第 l 层输入和输出的特征映射。

若将输入的三维向量形状表示为 (H^l, W^l, C^l)，该层输出的三维向量形状表示为 $(H^{l+1}, W^{l+1}, C^{l+1})$。其中 C^{l+1} 等于该层卷积核的总数，H^{l+1} 与 W^{l+1} 可由式（8.2.14）与式（8.2.15）求得：

$$H^{l+1} = \text{floor}\left(\frac{H^l + 2 \times \text{padding}_H - \text{Ksize}_H}{\text{stride}_H} + 1\right) \qquad (8.2.14)$$

$$W^{l+1} = \text{floor}\left(\frac{W^l + 2 \times \text{padding}_W - \text{Ksize}_W}{\text{stride}_W} + 1\right) \qquad (8.2.15)$$

式中，padding 表示填充参数；Ksize 为 2D 池化尺寸；stride 为 2D 最大池化计算的步长。常用的 2D 池化中，池化尺寸与步长相等，均设置为 2，padding 采用扩充边缘 1 个像素补 0 的操作，使得输出特征尺寸为输入特征尺寸的一半。

常用的池化计算有最大池化和平均池化(如图 8.2.10 所示)。最大池化选取感受野区域内的最大值作为前向过程的池化结果；梯度通过此最大值进行反向传播。平均池化在前向传播过程中，计算感受野区域中的平均值作为池化后的值；在反向传播过程中，梯度平均分配到各个位置。两种方法的计算方式示意图如图 8.2.10 所示：

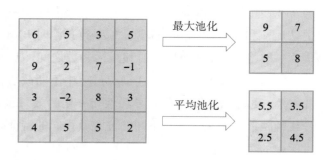

图 8.2.10　池化计算示意图，池化核尺寸和步长均为 2

由此可见，最大池化法的优点在于能够较好地学习到图像的边缘和纹理信息，而平均池化法能够减小数据偏移、保留整体信息，有利于提升模型鲁棒性。值得注意的是，在遥感影像解译中，池化层可能导致空间信息的损失，这种暴力降低在计算力足够的情况下不是必须的，在网络设计中要根据具体的解译任务进行调节。

综上，一个卷积块由多个卷积层、BN 层、非线性激活层和池化层组成。其中，BN 层和非线性激活层不会改变特征的尺寸，而卷积层和池化层均能实现输入输出之间空间尺寸的变换。例如，当卷积和池化层的步长设置大于 1 时，可以实现空间信息的聚合；当步长尺寸小于 1 时，输出特征的尺寸将被放大，实现空间信息内插。此时卷积又被称作转置卷积(Transposed Convolution 或者 Fractionally-strided Convolution(Radford et al.，2015))，池化又被称作上采样层(upsampling)，常用最近邻上采样或双线性内插法实现。转置卷积和上采样常被用于语义分割网络中(详见 8.3.1 节)。在遥感场景语义解译中，一个卷积块通常会实现输入到输出间成 2 倍或 4 倍下采样。通过堆叠多个卷积块，实现空间信息从局部到全局的层次化抽取。此外，在常用的工程实践中，我们往往会选择对边缘填充的操作以确保输入–输出特征之间尺寸按照 2 的指数幂取值。

8.2.3　主流的卷积神经网络

深度网络的训练需要大量的标签样本，因此遥感影像解译常用海量自然图像训练的网络作预训练网络。目前主流的卷积神经网络(CNNs)，比如 VGG，ResNet 都是由输入层(影像)、多个级联的卷积块(conv block)、全连接层和输出层组合而来。

1. VGG

VGG 由牛津大学计算机视觉组和 Google DeepMind 公司共同研发(Zhang et al.，2015)，该网络泛化性能很好，容易迁移到其他的图像识别项目上，可以下载 VGG 训练好的参数进行很好的初始化权重操作，很多卷积神经网络都是以该网络为基础。VGG 网络的特点如下：

(1)结构简洁。VGG 由 5 层卷积层、3 层全连接层、Softmax 输出层构成，层与层之间使用最大池化分开，所有激活单元都采用 ReLU 函数。

(2)小卷积核和多卷积子层。VGG 使用多个较小卷积核(3×3)的卷积层代替一个卷积核较大的卷积层，一方面可以减少参数，另一方面相当于进行了更多的非线性映射，可以增加网络的拟合/表达能力。VGG 通过降低卷积核的大小(3×3)，增加卷积子层数来达到同样的性能。

(3)小池化核。VGG 全部采用 2×2 的池化核。

(4)通道数多。VGG 网络第一层的通道数为 64，后面每层都进行了翻倍，最多到 512个通道，通道数的增加，使得更多的信息可以被提取出来。

(5)层数更深、特征图更宽。使用连续的小卷积核代替大的卷积核，网络的深度更深，并且对边缘进行填充，卷积的过程并不会降低图像尺寸。

(6)全连接转卷积(测试阶段)。在网络测试阶段将训练阶段的三个全连接替换为三个卷积，使得测试得到的全卷积网络因为没有全连接的限制，因而可以接收任意宽或高的输入。

VGG 版本很多(见表 8.2.1)，常用的是 VGG-16(即表 8.2.1 中的版本 D)，网络结构如图 8.2.11 所示，表 8.2.1 列出了其每层的具体信息和输入–输出的特征维度。除池化和Softmax 层外，VGG-16 由 16 层卷积/全连接层构成，所有的卷积核都使用 3×3 的大小，池化都使用大小为 2×2 的最大池化，卷积层深度依次为 64 →128 →256 →512 →512("→"表示转换)。将输入空间大小为 224×224×3 的彩色图像输入 VGG-16，经过 5 个阶段的卷积块之后得到 7×7×512 的立体特征，将该立方体拉平成 1×25088 的向量，再经过 3 个全连接层，最终输出一个 1000 维的向量，用以表征整张彩色图像的特征。此外，我们也可以看到，随着网络的逐渐加深，感受野逐渐变大，能够实现场景从空间局部到全局信息的提取。

表 8. 2. 1　常用 VGG 网络的结构设置

ConvNet Configuration					
A	A-LRN	B	C	D	E
11 weight layers	11 weight layers	13 weight layers	16 weight layers	16 weight layers	19 weight layers
输入（224×224RGB 图像）					
conv3-64	conv3-64 **LRN**	conv3-64 **conv3-64**	conv3-64 conv3-64	conv3-64 conv3-64	conv3-64 conv3-64
maxpool					
conv3-128	conv3-128	conv3-128 **conv3-128**	conv3-128 conv3-128	conv3-128 conv3-128	conv3-128 conv3-128
maxpool					
conv3-256 conv3-256	conv3-256 conv3-256	conv3-256 conv3-256	conv3-256 conv3-256 **conv1-256**	conv3-256 conv3-256 **conv3-256**	conv3-256 conv3-256 conv3-256 **conv3-256**
maxpool					
conv3-512 conv3-512	conv3-512 conv3-512	conv3-512 conv3-512	conv3-512 conv3-512 **conv1-512**	conv3-512 conv3-512 **conv3-512**	conv3-512 conv3-512 conv3-512 **conv3-512**
maxpool					
conv3-512 conv3-512	conv3-512 conv3-512	conv3-512 conv3-512	conv3-512 conv3-512 **conv1-512**	conv3-512 conv3-512 **conv3-512**	conv3-512 conv3-512 conv3-512 **conv3-512**
maxpool					
FC-4096					
FC-4096					
FC-1000					
Softmax					

在最后 3 个全连接层中间，还插入了随机失活（dropout）（Srivastava et al.，2014）层作为网络训练的正则化方法。随机失活的操作方式为：对于某层的每个神经元，在训练阶段均以概率 δ 随机将该神经元权重置为 0，测试阶段所有神经元均呈激活状态，但其权重需乘以（$1-\delta$）以保证训练和测试各自权重拥有相同的期望。随机失活可以看作隐式地在整个网络架构上学习了多个子网络，并在测试阶段将多个子网络集成，可以有效地提升网络的泛化能力。

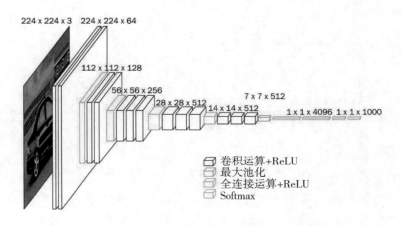

图 8.2.11　VGG-16 的网络结构示意图（Zhang et al.，2015）

评价模型除了解译精度以外，还有以下 2 个指标：①参数个数，它反映所占内存大小；②前向传播时所需的计算力，它反映对硬件如 GPU 性能要求的高低。FLOPs（Floating Point Operations），意指浮点运算数，是用来衡量算法/模型的复杂度的指标。在实际工程应用中，常用 GFLOPs（1 GFLOPs=10^9 FLOPs）。

我们以 VGG-16 中所涉及的各网络层为例，以一张输入影像为计算单元，来介绍 FLOPs 的计算方法，其中 Ksize 为卷积核/池化尺寸（为简单计，均指正方形核），C、H 和 W 分别表示特征的通道数、高度和宽度；l 和 $l+1$ 分别表示输入和输出。

（1）卷积层：通过卷积核在特征图上进行乘加运算，每移动一次窗口，即计算一个输出特征图的点，就需要做 Ksize×Ksize×C^l 次乘法和 Ksize×Ksize×C^l-1 次加法，要做 W^{l+1}×H^{l+1}×C^{l+1} 次乘法和加法，再加上 W^{l+1}×H^{l+1}×H^{l+1} 个偏置（即 bias），则 FLOPs=（$2×C^l$×Ksize$^2-1$）×H^{l+1}×W^{l+1}×C^{l+1}。

（2）非线性激活层：ReLU 函数是对输入的特征图逐点进行一次比较，则 FLOPs=H^l×W^l×C^l；Sigmoid 函数每进行一次函数运算就有+、-、e^x 和倒数共四个运算操作，则它的 FLOPs 是 ReLU 的四倍。

表 8.2.2　VGG-16 网络架构、参数、感受野与计算复杂度

	操作类型	层次别称	参数信息	感受野	输入特征维度	输出特征维度	参数量	FLOPs*
1	2D卷积运算+BN+ReLU	conv1_1	$f=3; p=1; s=1; d=64$	3	224×224×3	224×224×64	$64×(3×3×3)+2×b$	86704128
2	2D卷积运算+BN+ReLU	conv1_2	$f=3; p=1; s=1; d=64$	5	224×224×64	224×224×64	$64×(3×3×64)+2×b$	1849688064
	2D最大池化	pool1	$f=2; s=2$	6	224×224×64	112×112×64	0	3211264
3	2D卷积运算+BN+ReLU	conv2_1	$f=3; p=1; s=1; d=128$	10	112×112×64	112×112×128	$128×(3×3×64)+2×b$	924844032
4	2D卷积运算+BN+ReLU	conv2_2	$f=3; p=1; s=1; d=128$	14	112×112×128	112×112×128	$128×(3×3×128)+2×b$	1849688064
	2D最大池化	pool2	$f=2; s=2$	16	112×112×128	56×56×128	0	1605632
5	2D卷积运算+BN+ReLU	conv3_1	$f=3; p=1; s=1; d=256$	24	56×56×128	56×56×256	$256×(3×3×128)+2×b$	924844032
6	2D卷积运算+BN+ReLU	conv3_2	$f=3; p=1; s=1; d=256$	32	56×56×256	56×56×256	$256×(3×3×256)+2×b$	1849688064
7	2D卷积运算+BN+ReLU	conv3_3	$f=3; p=1; s=1; d=256$	40	56×56×256	56×56×256	$256×(3×3×256)+2×b$	1849688064
	2D最大池化	pool3	$f=2; s=2$	44	56×56×256	28×28×256	0	802816
8	2D卷积运算+BN+ReLU	conv3_1	$f=3; p=1; s=1; d=512$	60	28×28×256	28×28×512	$512×(3×3×256)+2×b$	924844032
9	2D卷积运算+BN+ReLU	conv3_2	$f=3; p=1; s=1; d=512$	76	28×28×512	28×28×512	$512×(3×3×512)+2×b$	1849688064
10	2D卷积运算+BN+ReLU	conv3_3	$f=3; p=1; s=1; d=512$	92	28×28×512	28×28×512	$512×(3×3×512)+2×b$	1849688064
	2D最大池化	pool3	$f=2; s=2$	100	28×28×512	14×14×512	0	401408
11	2D卷积运算+BN+ReLU	conv4_1	$f=3; p=1; s=1; d=512$	132	14×14×512	14×14×512	$512×(3×3×512)+2×b$	462422016
12	2D卷积运算+BN+ReLU	conv4_2	$f=3; p=1; s=1; d=512$	164	14×14×512	14×14×512	$512×(3×3×512)+2×b$	462422016

续表

	操作类型	层次别称	参数信息	感受野	输入特征维度	输出特征维度	参数量	FLOPs[*]
13	2D 卷积运算+BN+ReLU	conv4_3	$f=3$; $p=1$; $s=1$; $d=512$	196	14×14×512	14×14×512	512×(3×3×512)+2×b	46242016
	2D 最大池化	pool4	$f=2$; $s=2$	212	14×14×512	7×7×512	0	200704
14	全连接层+ReLU	mlp1	$fd=4096$	224	7×7×512	1×1×4096	7×7×512×4096	102760488
	随机失活	—	$\delta=0.5$	224	1×4096	1×4096	0	0
15	全连接层+ReLU	mlp2	$d=4096$	224	1×4096	1×4096	4096×4096	16777216
	随机失活		$\delta=0.5$	224	1×4096	1×4096	0	0
16	全连接层	mlp3	$d=C$	224	1×4096	1×1×C	4096×C	4096×C
	损失函数层	Softmax	Softmax+Cross-entropy		1×1×C	—		

其中, f 为卷积核/池化核尺寸, s 为步长, d 为通道数, p 为填充参数, b 为批次数, C 为类别数; 表中同样颜色的数字表明其对应关系;

* 表示在深度学习平台底层优化下, 卷积 $FLOPs = (C^l \times Ksize^2 - 1) \times H^{l+1} \times W^{l+1} \times C^{l+1}$, 且不需要代价来计算池化层;

参数个数: 所有输入特征累加 ≈96MB; 总计算复杂度 ≈15.5 GFLOPs。

（3）池化层：池化核在每个通道独立进行，由于池化就是比较大小或者是求均值，则在一个输入特征通道上池化层的运算次数为：Ksize×Ksize×H^{l+1}×W^{l+1}。有 C^l 个特征通道，则一共有 Ksize^2×H^{l+1}×W^{l+1}×C^l 次运算。

（4）全连接层：将其当成是全局卷积，则 FLOPs = 2×C^l×C^{l+1}×H^{l+1}×W^{l+1}。

综上所述，只要知道神经网络各个层的前向传播计算方式，就能得到其 FLOPs。在实际工程应用中，考虑到 FLOPs 是理论复杂度，我们往往还给出训练、推理所需要的实际时间耗费，来评估网络的实际计算复杂度。从表 8.2.2 中可以看到，仅输入一张 224×224×3 大小的影像，一次前向传播的计算量就高达 15.5 GFLOPs，说明网络的复杂度相较于非深度的机器学习方法已经不可同日而语，需要具有大算力在并行计算模式下来支持。

2. ResNet

神经网络的深度（depth）和宽度（width）是表征网络复杂度的两个核心因素，其中深度指的是网络的层数，宽度指的是该层网络上神经元的个数。如，VGG-16 的深度是 16，其第一层的网络宽度为 64。理论和实验表明，深度在增加网络复杂性方面更加有效，这也是大量的网络设计想方设法增加网络深度的原因。然而，随着继续增加网络的深度，训练数据的误差没有降低反而升高（He et al.，2016）。这一现象如图 8.2.12 所示，使用 20 层和 56 层的常规卷积网络在 CIFAR 10 上的训练错误率（图(a)）和测试错误率（图(b)）与我们的直觉相悖，因为如果一个浅层神经网络可以被训练到某一个不错的解，那么在它基础上的深层网络至少表现应该也可以，而不是更差。

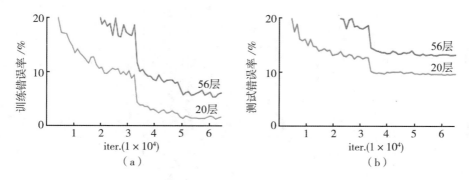

图 8.2.12　训练错误率（图(a)）和测试错误率（图(b)）（He et al.，2016）

深度残差网络 ResNet（He et al.，2016）就是在这个背景下被提出的。在卷积块的基础上，ResNet 设计短路机制（shortcut）加入残差单元（图 8.2.13）：即将主分支上经过一系列卷积层之后得到的特征矩阵与输入的特征矩阵相加（主分支和跳跃连接的特征矩阵形状要一致），再经过 ReLU 激活函数。残差学习模块有两个分支：①左侧的残差函数（即

$F(x)$）；② 右侧的对输入的恒等映射（即 x）。经过这个残差单元的输出记为 $H(x)$。残差单元就是将求解 $H(x)$ 转换为求解 $F(x)$：$F(x) = H(x) - x$。

看上去这个转换有些多余，下面我们举个例子来说明残差映射的作用。假设现在网络达到某一个深度的时候，网络性能已经达到最优状态了，此时网络错误率最低，再往下加深网络的话就会出现退化问题（即错误率上升）。现在更新下一层网络的权值的难度很大，因为理想情况下权值得让下一层网络同样也是最优状态才行。此时，采用残差网络就能很好地解决这个问题：为了保证下一层的网络状态仍然是最优状态，只需要令 $F(x) = 0$。因为 x 是当前输出的最优解，为了让它成为下一层的最优解，只要让 $F(x) = 0$ 就行了。在实际的网络训练中，虽然 x 很难达到最优，但是总会有那么一个时刻它能够无限接近最优解。此时也只用小小地更新 $F(x)$ 部分的权重值就行，不用像普通卷积块那样"大动干戈"，这也就是残差网络何以大放异彩的原因。通过不断堆叠这个残差单元，就可以得到最终的 ResNet 模型。应当注意到，ResNet 网络具有较深的网络结构，会遇到梯度消失、梯度爆炸等问题，因此在卷积映射后采用 BN 操作。

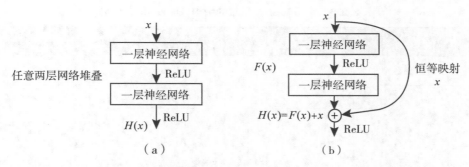

图 8.2.13　普通卷积模块（a）与残差学习模块（b）（He et al.，2016）

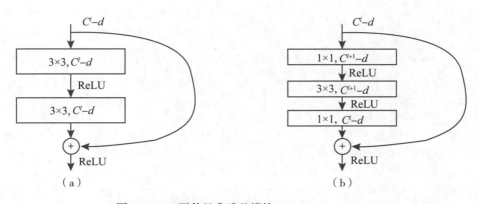

图 8.2.14　两种经典残差模块（He et al.，2016）

理论上我们可以在不降低网络解译性能的前提下无限堆叠残差模块而得到非常深的残差网络结构,常用的 ResNet 有 18、34、50、101 和 152 层的 5 种结构(表 8.2.3)。不同网络的差别首先在于一个残差组(residual block)中所包含的残差单元个数和类型有所不同。图 8.2.14 展示了两种形式的参考模型,其中图(a)包含 2 个 3×3 卷积的残差组块,称之为基本残差块,但是随着网络深度的进一步增加,这种模块在实践中并不十分有效。图(b)中的模块被称为"瓶颈残差模块(bottleneck)",一次由 1×1,3×3 和 1×1 卷积组成的三层卷积的残差组。其中 1×1 卷积能够对通道数起到降维或者升维的作用,可使 3×3 的卷积在相对低的通道维度的输入上进行,可提高计算效率。此外,为了在更深的网络结构下减少参数,ResNet 在残差卷积块中取消最大池化,改用 stride = 2 的 3×3 卷积做下采样(简称 stride 3×3 卷积),并用全局平均池化替换了全连接层。为保持网络层的复杂度,ResNet 各卷积块在映射时,当特征映射大小降低一半时,特征映射的数量增加一倍。将输入空间大小为 224×224 的彩色图像输入 ResNet,经过 5 个(残差)卷积块,最终输出一个 1000 维的向量,用以表征整张彩色图像的特征。表 8.2.3 中列举了几种不同深度的 ResNet。

表 8.2.3　常用 ResNet 网络的结构(He et al., 2016)

网络层名称	输出的尺寸	18-layer	34-layer	50-layer	101-layer	152-layer
conv1	112×112	7×7,64,stride 2				
conv2_x	56×56	3×3 max pool, stride 2				
conv2_x	56×56	$\begin{bmatrix}3\times3,64\\3\times3,64\end{bmatrix}\times2$	$\begin{bmatrix}3\times3,64\\3\times3,64\end{bmatrix}\times3$	$\begin{bmatrix}1\times1,64\\3\times3,64\\1\times1,256\end{bmatrix}\times3$	$\begin{bmatrix}1\times1,64\\3\times3,64\\1\times1,256\end{bmatrix}\times3$	$\begin{bmatrix}1\times1,64\\3\times3,64\\1\times1,256\end{bmatrix}\times3$
conv3_x	28×28	$\begin{bmatrix}3\times3,128\\3\times3,128\end{bmatrix}\times2$	$\begin{bmatrix}3\times3,128\\3\times3,128\end{bmatrix}\times4$	$\begin{bmatrix}1\times1,128\\3\times3,128\\1\times1,256\end{bmatrix}\times4$	$\begin{bmatrix}1\times1,128\\3\times3,128\\1\times1,256\end{bmatrix}\times4$	$\begin{bmatrix}1\times1,128\\3\times3,128\\1\times1,256\end{bmatrix}\times8$
conv4_x	14×14	$\begin{bmatrix}3\times3,256\\3\times3,256\end{bmatrix}\times2$	$\begin{bmatrix}3\times3,256\\3\times3,256\end{bmatrix}\times6$	$\begin{bmatrix}1\times1,256\\3\times3,256\\1\times1,1024\end{bmatrix}\times6$	$\begin{bmatrix}1\times1,256\\3\times3,256\\1\times1,1024\end{bmatrix}\times23$	$\begin{bmatrix}1\times1,256\\3\times3,256\\1\times1,1024\end{bmatrix}\times36$
conv5_x	7×7	$\begin{bmatrix}3\times3,512\\3\times3,512\end{bmatrix}\times2$	$\begin{bmatrix}3\times3,512\\3\times3,512\end{bmatrix}\times3$	$\begin{bmatrix}1\times1,512\\3\times3,512\\1\times1,2048\end{bmatrix}\times3$	$\begin{bmatrix}1\times1,512\\3\times3,512\\1\times1,2048\end{bmatrix}\times3$	$\begin{bmatrix}1\times1,512\\3\times3,512\\1\times1,2048\end{bmatrix}\times3$
	1×1	average pool, 1000-d fc, softmax				
FLOPs		1.8×10^9	3.6×10^9	3.8×10^9	7.6×10^9	11.3×10^9

图 8.2.15 展示了 ResNet34、VGG-19 和无残差单元的 34 层卷积网络（记为 34-layer plain）的模型对比。由图可见，若去掉短路机制，ResNet 等价于更深的 VGG 网络，只不过 ResNet 以全局平均池化替代了 VGG 网络结构中的全连接层，可在大大减少参数量的同时（ResNet-34：3.6GFlops，VGG-19：29.96GFlops）降低过拟合风险。

8.2.4　基于卷积神经网络的遥感地块场景解译

卷积神经网络是一种针对图像识别的"端到端"的解译技术，能够逐层地对输入图像进行特征映射，网络中的每一层变换都是对上一层输出特征的更高一层的知识推理与抽象，网络层数越深，对应的输出特征越抽象，描述能力越强。在基于卷积神经网络的遥感图像解译中，常用方法是利用自然图像与高分辨率遥感图像在底层视觉属性上的相似性，将在大规模自然图像中预训练得到的深度卷积网络采用预训练-微调的方式迁移到要识别的遥感场景中。具体技术流程如下：

（1）数据预处理：考虑到遥感场景分类是面向局部区域的解译技术，我们通常以一定的空间重叠度将高分辨率遥感影像裁剪成与预训练网络输入空间尺寸一致的若干影像块。重叠区域的标记可以通过众数投票来缓解制图结果的马赛克现象。以 VGG 网络为例，每张影像块大小为 224×224×B，B 指影像的波段数。预处理中，可根据解译任务的特点选择数据增强和归一化的方式。

（2）网络微调：若待解译图像为真彩色影像，VGG 的网络输入层保持不变，否则网络输入层数与遥感影像保持一致，以随机初始化的方式增补或删除对应的第一组卷积核的通道。训练中，根据遥感影像与自然图像的相似性程度与监督样本的规模，从后往前设定需要更新的网络参数。

（3）场景识别：利用训练好的网络对待标记影像块逐个识别，然后按照裁剪顺序将标签赋予影像块所在的位置，对于重叠区域用众数投票得到最终标签。

案例 8.2.1 一种利用多分支卷积神经网络进行城市局部分区制图的方法

我们首先介绍了城市局部气候分区制图的分类体系，然后介绍使用多分支的卷积神经网络模型进行特征学习，光谱-角度特征融合以及城市局部气候分区的方法，最后用实验分析可行性和有效性。

1. 城市局部气候分区的分类体系

城市化会导致土地利用和土地覆盖的变化，自然地物会被不透水层、建筑物等人造地物取代。城市土地覆盖的类型对当地气候具有显著影响，其中一种就是城市热岛效应。城市热岛效应是城区温度明显高于其周边郊区的现象。然而，城区和郊区往往没有明确的界

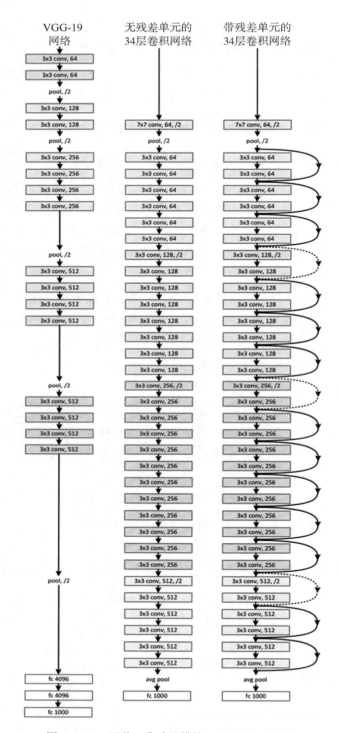

图 8.2.15 两种经典残差模块(He et al., 2016)

限(Stewart and Oke,2012),为了解决这个问题,Stewart 等(2012)提出了局部气候分区(Local Climate Zone,LCZ)的城市场景分类体系,以细致地描述城市中的人工建筑区和自然地表覆盖,其制图结果可用于城市规划和气候建模。LCZ 根据地表覆盖、空间结构、建筑材料和人类活动划分类别,一共包含 17 个类,包括 10 个人工建筑区类别和 7 个自然地物类(如表 8.2.4 所示)。

表 8.2.4 城市局部气候分类典型示例(Stewart and Oke,2012)

建筑类型	描述	自然类型	描述
LCZ 1 密集高层建筑	高于 10 层的密集建筑区,多为不透水地表,植被少,建筑材料为混凝土、钢、砖石或玻璃	LCZ A 茂密树林	茂密的落叶或常绿树木。如天然林、苗圃或城市公园
LCZ 2 密集中层建筑	3~9 层的密集建筑区,多为不透水地表,植被少,建筑材料为混凝土、石材、砖或瓦	LCZ B 稀疏树林	稀疏的落叶或常青树木,如天然林、苗圃或城市公园
LCZ 3 密集低层建筑	1~3 层的密集建筑区,多为不透水地表,植被少,建筑材料为混凝土、石材、砖或瓦	LCZ C 灌木或矮树	地表覆盖为裸土或沙地的稀疏灌木或农田
LCZ 4 开阔高层建筑	高于 10 层的开阔建筑区,多为不透水地表,植被少,建筑材料为混凝土、钢、砖石或玻璃	LCZ D 低矮植被	草地或草本植物,少数木,如天然草地、农田或城市公园
LCZ 5 开阔中层建筑	3~9 层的开阔建筑区,多为不透水地表,植被少,建筑材料为混凝土、钢、砖石或玻璃	LCZ E 裸露岩石或人工地面	岩石或人工硬化地面,少植被,如岩石或交通用地

建筑类型	描述	自然类型	描述
LCZ 6 开阔低层建筑 	1~3层的开阔建筑区，多为不透水地表，植被少，建筑材料为混凝土、木材、石材、砖或瓦	LCZ F 裸土或沙地 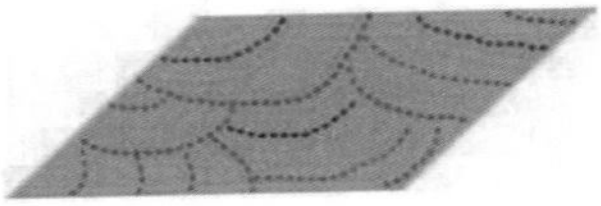	沙漠或裸土，少植被
LCZ 7 轻质低层建筑 	单层的密集建筑区，多为硬土，植被少，材料为木材、茅草和金属板	LCZ G 水体	水域，如海洋、湖泊、河流、水库
LCZ 8 大型低层建筑 	1~3层的开阔大型建筑区，多为不透水地面，植被少，建筑材料为钢、混凝土、金属和石材		
LCZ 9 零散建筑 	稀疏排列的中小型建筑，植被丰富		
LCZ 10 工业厂房 	中低层工业结构，多为不透水地面或硬土，植被少，建筑材料为金属、钢和混凝土		

2. 多分支神经网络

ZY-3 高分辨率多角度数据能提供丰富的光谱、空间和多角度信息。在 ImageNet 等大型数据集上预训练的网络往往只能输入一维的灰度图像或者三维的 RGB 图像，而遥感影像的光谱波段数一般大于 3 个，不能将所有的光谱波段输入迁移网络模型。使用层数较浅的网络结构，可以利用完整的多光谱数据，但是却难以学习和提取到高层语义特征。为了有效地学习和提取光谱、空间和多角度特征，本案例结合迁移网络和较浅层网络的优点，将这两种网络进行融合。三分支网络结构如图 8.2.16 所示。

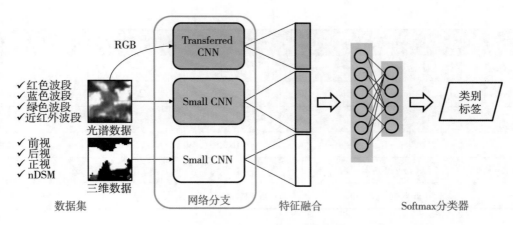

图 8.2.16　三分支网络结构示意图

首先，本案例构建了一个层数较少的神经网络模型 Small CNN（SCNN）来处理超过 3 个波段的影像，其网络结构如表 8.2.5 所示，其中 B 表示输入影像的通道数，C 表示类别的数量。SCNN 是一个有 6 个卷积层的全卷积网络，conv1，conv2 和 conv3 后接的是大小为 2×2 的最大池化层，conv4 后接的是大小为 2×2 的平均池化层，conv5 和 conv6 都是 1×1 的卷积层。每个卷积层后都接一个批标准化层（batch normalization），以提升训练速度，加快收敛过程。SCNN 是一个全卷积网络，能够用卷积实现滑动窗口，从而实现快速大范围制图。实验使用的数据是整幅的 ZY-3 北京数据集（2015 年 9 月 24 日获取），影像的大小为 24000×24000 像素。将正视全色波段与多光谱数据融合，得到 2.5m 分辨率的多光谱影像，可以用于从头训练一个小卷积网络挖掘场景的空间-光谱特征。同时使用前视和正视影像用半全局匹配法生成 DSM，进一步计算出 nDSM，将前视和后视影像分别与正视影像配准，重采样至相同的分辨率，得到四个输入通道的数据，可以用于从头训练一个小卷积网络挖掘场景的三维空间特征。

表 8.2.5　从头训练的小卷积网络结构

层名称	层类型	滤波器大小	滤波器数量	步长
conv1	2D Conv+ReLU+BN	3×3×B	64	1
pool1	2D 最大池化	2×2	—	—
conv2	2D Conv+ReLU+BN	3×3×64	128	1
pool2	2D 最大池化	2×2	—	—
conv3	2D Conv+ReLU+BN	4×4×128	256	1

层名称	层类型	滤波器大小	滤波器数量	步长
pool3	2D 最大池化	2×2	—	—
conv4	2D Conv+ReLU+BN	4×4×256	256	1
pool4	2D 平均池化	6×6	—	—
conv5	2D Conv+ReLU+BN	1×1×256	256	1
conv6	2D Conv+ReLU+BN	1×1×256	C	1
Softmax	Softmax+Cross entropy	1×1×C	—	—

迁移网络(即图 8.2.16 中的 Transferred CNN)的参数用预训练的 CNN 进行初始化。该网络层数较深,能提取高层语义信息。在图像分类和识别领域,已经有一些成功的 CNN 网络结构,如 AlexNet,GoogleNet,VGGNet 等。ImageNet 数据集有超过百万张有明确类别标注的自然图像,类别的数量为 1000,常用于进行深度学习模型的预训练。本案例使用 VGG-16 作为基础模型,先在 ImageNet 上进行预训练,然后再用遥感影像的 RGB 通道作为输入进行参数迁移。将预训练后的 VGG-16 的 13 个卷积层用于参数迁移,然后加上一个全局平均池化层和一个全连接层,以适应新的数据和分类任务。在实际操作中把全连接层改为卷积核大小为 1×1 的卷积层,以适应不同大小的输入图像。把 TCNN 和 SCNN 学习和提取到的特征堆叠起来,后面接一个 1×1 卷积层对这些特征进行组合,并用 Softmax 层产生各类别的概率。

表 8.2.6 展示了使用不同分支网络进行分类的各类别精度、OA 和 Kappa 值。可以看出所有方法的 Kappa 系数均在 0.8 以上,表明用卷积神经网络进行 LCZ 分类的有效性。首先将多光谱小卷积网络和多角度小卷积网络进行对比,说明光谱信息能反映地物的光谱反射特性,对自然地物的区分有重要作用。例如,多光谱小卷积网络的 LCZ B,LCZ D 和 LCZ E(即稀疏树木,低矮植被和岩石)类别精度比多角度小卷积网络分别高出 14.7%,10.5% 和 16.6%。除此之外,光谱信息也能用于区分不同材质和颜色的建筑类别,如 LCZ 7 轻质建筑区,这个类别在北京样区中主要是亮蓝的建筑,多光谱小卷积网络的 LCZ 7 分类精度达到了 87.8%,比多角度小卷积网络高出 19.4%。多角度小卷积网络的输入数据是多角度影像和 nDSM,没有光谱和颜色信息,在大部分类别上表现比多光谱小卷积网络差,但在 LCZ 1 和 LCZ 2(即紧凑高层和紧凑中层建筑区)这两个类别上,其精度比多光谱小卷积网络分别高出 6.4% 和 17.4%,可以看出三维数据在区分不同高度建筑上的优势。

表 8.2.6　多分支融合的 LCZ 场景分类精度对比

	仅用多光谱分支	仅用多角度分支	仅用迁移网络	三个分支融合的网络
LCZ 1 紧密高层建筑区	0.771	0.835	0.681	0.797
LCZ 2 紧密中层建筑区	0.690	0.864	0.813	0.837
LCZ 3 紧密低层建筑区	0.976	0.818	0.951	0.997
LCZ 4 开放高层建筑区	0.912	0.806	0.880	0.906
LCZ 5 开放中层建筑区	0.914	0.834	0.970	0.937
LCZ 6 开放低层建筑区	0.891	0.671	0.765	0.968
LCZ 7 轻质建筑区	0.878	0.684	0.599	0.931
LCZ 8 重工业区	0.930	0.923	0.974	0.962
LCZ A 密集林区	0.940	0.911	0.994	1.000
LCZ B 稀疏林区	0.971	0.824	0.932	0.944
LCZ D 低矮植被	0.992	0.887	0.976	1.000
LCZ E 岩石/道路	0.819	0.653	0.862	0817
LCZ F 裸土与沙地	1.000	0.994	0.999	1.000
LCZ G 水域	1.000	1.000	0.999	1.000
OA	0.908	0.837	0.887	0.940
Kappa	0.901	0.824	0.878	0.935

　　将三维数据和光谱数据进行融合的结果，表明多光谱信息和多角度信息是互补的，将这两种信息结合起来对提升 LCZ 分类精度有很大帮助。此外，所提出的多分支网络能结合从头训练小卷积网络和迁移学习网络的优点，即能从超过 3 个波段的多光谱和多角度影像上提取信息，又能通过参数微调从层数较深的迁移学习网络中提取高层次抽象语义特征。

　　图 8.2.17 展示了北京数据集的全景影像，以及采用多分支融合场景解译对应的分类图。可以观察到，分类结果比较合理。网络所分出的主要地物是紧密的高层、中层和低层建筑区；在二环到四环的区域内有大量建筑区，最中间的老城区主要是紧凑底层建筑，再往外是各种高度的紧凑建筑区，中心城区的建筑分布比周边更加密集。

（a）北京RGB影像　　　　　　　（b）北京LCZ制图结果

■ 紧密高层建筑区　■ 紧密中层建筑区　■ 紧密低层建筑区　■ 开放高层建筑区　■ 开放中层建筑区

■ 开放低层建筑区　■ 轻质建筑　　　■ 重工业区　　　　■ 岩石/道路　　　■ 密集林区

■ 低矮植被　　　　■ 稀疏林区　　　■ 裸土与沙地　　　■ 水域

图 8.2.17　利用 ZY-3 号多角度多光谱影像进行北京 LCZ 制图的结果

8.3　面向遥感像元解译的语义分割网络

语义分割是机器学习领域的经典问题，旨在对图像中每一个像素点依据其颜色、纹理、结构信息进行语义识别，这与面向像素分类的遥感影像解译不谋而合。近年来，遥感传感器性能的提升带动航空和卫星影像的空间分辨率不断提高，空间细节的语义类别和空间定位的潜力随之增长，推动遥感影像地物语义分割在城市规划、灾害评估、智慧城市建设等多个领域都具有广泛的应用。

8.3.1　编码-解码框架的语义分割网络

与之前用于场景分类的深度网络不同，语义分割网络通常采用编码-解码结构实现影像中每一个像素从输入数据到语义标签的映射（如图 8.3.1 所示）。具体来说，编码器的任务是在给定输入影像后，通过神经网络学习得到输入图像的特征图谱；而解码器则在编码器提供特征图后，逐步实现像素级高空间分辨率语义特征挖掘，将其通过 Softmax 将像素级语义特征映射成一个概率的分布，实现地物像素级类别标注，也就是分割。

编码-解码结构

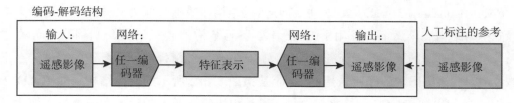

图 8.3.1　编码-解码架构

1. 编码-解码语义分割网络架构

编码-解码网络架构由以下三部分组成：

1）编码器

深度卷积神经网络能够实现对输入图像进行逐层的知识推理与抽象，常被用于组成编码器。与用于场景解译的深度卷积网络不同的是，编码器将全连接层取消，在挖掘语义信息的同时保留图像的空间结构。例如，在使用 VGG 网络做编码器时，删除最后三个全连接层。编码过程每经过一个卷积块，空间尺度下降一半，通过五个卷积块可将大小为 224×224×3 的遥感图像逐步映射为 7×7×512 的语义特征。在常用的工程实践中，我们通常将主流的卷积神经网络中全连接之前的网络层作为语义分割的编码器，可以实现特征的层次化抽取。

2）解码器

由于编码过程会伴随着空间分辨率的下降，此时设计解码器将语义特征恢复至输出数据对应的空间分辨率。我们注意到，前述的卷积神经网络大多通过步长大于 1 的卷积或池化实现空间尺度逐层降低。对此，在解码器上对称地采用上采样（upsampling，如双线性内差）或者步长小于 1 的分步卷积（fractionally strided convolution，又称转置卷积、反卷积）映射，实现逐层空间分辨率提升。经过解码之后，输出的语义特征为 224×224×C，其中 C 表示通道数。

3）像素级解译

在编码-解码过程实现地物像素级特征映射的基础上，语义分割需要学习像素级的密集预测。具体来说，设计像素级损失函数（如像素级交叉熵损失）分别对每个像素解码向量的类预测进行评估。然后，兼顾不同像素解译的重要性，对所有参与评估像素的所得损失进行加权平均。换句话说，输入为 224×224×3 的影像时，场景解译将输出 1 个类别标签，语义分割将在每一个像素上都输出一个类别标签，即 224×224 的类别标记。

2. UNet

UNet(Ronneberger et al.，2015)是编码-解码结构在遥感影像语义分割中应用最为广泛的基础网络结构。广义上，采用了 U 型编码-解码结构的卷积语义分割网络均可称之为 UNet，可根据具体的遥感解译任务在编码、解码和像素级解译端设计合适的变体。在不加具体说明时，遥感图像解译所采用的 UNet 是指图 8.3.2 所示的网络结构。如图 8.3.2 所示，UNet 的编码器与 VGG 网络类似，每一组卷积块包括两个卷积层和一个最大池化，池化核为 2，即每经过一个池化层就空间降尺度到原来的 1/2 幅面，整个编码过程包括四次空间降尺度；UNet 解码时每上采样一次就和编码部分对应的通道进行相同尺度融合，这里使用跳跃连接来连接编码器中较早的卷积层和解码器中的卷积层。跳过连接可以细化分段地图，因为来自较早解码器层的特征地图携带更丰富的空间位置信息，该信息补偿了由于分辨率降低而造成的一些信息损失。

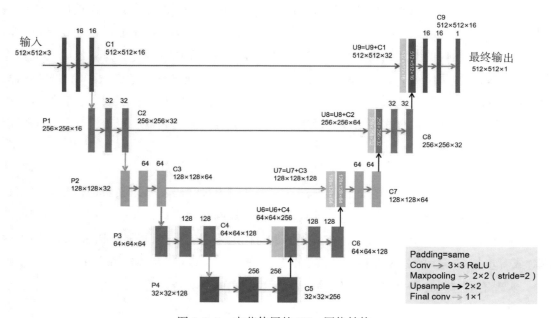

图 8.3.2　本节使用的 UNet 网络结构

UNet 的最后一层通过一个 1×1 卷积将通道数变成期望的类别数，再经过像素级交叉熵进行密集标签预测。UNet 解码端的特殊结构意味着它添加了更多的特征通道，允许原图像纹理信息在高层中进行传播，可以联合解码端高层语义和编码端低层的细粒度表层信息，很好地符合了分割任务对于这两方面信息的需求。

由于 UNet 不包含全连接层，理论上可以接收任意尺寸大小的输入影像。在实际中，考虑到计算机内存负担和编码过程空间降尺度倍数（如图 8.3.2 所示从 512 降到 32，降尺度倍数为 16），我们往往以固定大小（如图 8.3.2 所示的 512×512）的空间滑动窗口将影像切片，其中滑动步长小于窗口大小，保证相邻切片之间存在空间重叠，以避免由切片导致空间结构破坏、产生解译的马赛克现象。通常空间重叠经验设置为大于 2×降尺度倍数。

8.3.2　高分辨率语义分割网络

1. 高分辨率网络设计思想

相较于自然图像而言，遥感影像的空间分辨率低、对地物位置精度的要求高，同时同类地物间的空间尺度差异大。我们注意到：①编码器浅层具有较高分辨率，但语义表征能力较弱；②虽然解码端通过融合底层-高层特征尽量还原地物空间细节，但编码下采样过程中的细节损失始终是不可逆的；③其多尺度融合是在不同感受野和不同语义层次下的表征融合，对层次化编解码过程中中间层的相互融合与促进尚有不足。因此，高分辨率语义分割网络（HRNet）（Sun et al.，2019）这种在整个过程中特征图始终保持高分辨率的网络架构，在遥感影像语义分割中广受欢迎。总的来讲，HRNet 从高分辨率子网作为第一阶段开始，逐步增加高分辨率到低分辨率的子网（gradually add high-to-low resolution subnetworks），形成更多的阶段，并将多分辨率子网并行连接。在整个过程中，HRNet 通过在并行的多分辨率子网络上反复交换信息来进行多尺度的重复融合。HRNet 的结构设计理念如下：

（1）始终保持高分辨率表征的结构设计；
（2）提高高分辨率表征的语义表达能力；
（3）融合相同语义层次的多分辨率特征；
（4）充分的多尺度表征融合；
（5）综合考虑网络计算量和参数量来设计不同规模的模型。

2. 高分辨率网络（HRNet）

HRNet 最初是针对人体姿态估计任务（Sun et al.，2019）来设计的。它参考常用的卷积神经网络结构，主要由三部分组成：stem 部分（在网络最开始的几个卷积层，常用于实现输入影像的空间快速下采样，这里实现的是 4 倍下采样），网络主体部分和任务头（即主体结构与分类器之间的部分）。我们注意到，HRNet 与基于编码-解码的网络的主要不同之处在于一直保持高分辨率对语义分割任务的收益，即保持高分辨率还是恢复高分辨率的不同。值得指出的是，遥感语义分割对空间定位的要求更苛刻，我们将在下节案例中探讨

stem 模块在遥感语义分割任务中的表现。在不加以特殊说明时，我们沿用经典的 HRNet，依然保有 stem 模块，并接下来主要介绍网络的主体结构。

保持高分辨率表征：实现高分辨率表征，直觉上的操作就是在网络主体过程中不对表征做任何的下采样操作，即串联多个步长为 1 的卷积层来直接提取深度语义信息，而不是仅作为图像浅层特征信息的补充，我们将这个部分称为保持高分辨率表征的子网络(图 8.3.3(a))。

并联多分辨率子网络：在这个自网络基础上，网络还需要处理不同尺度大小的地物，兼顾空间上下文信息以充分获取全局和局部信息。对此，HRNet 引入了中低分辨率的子网络(图 8.3.3(b))。为了保持分辨率，HRNet 采用多尺度分支并行的结构。以高分辨率子网作为第一阶段，逐步增加高分辨率到低分辨率的子网，形成新的阶段，并将多分辨率子网做并行连接。这样后一阶段并行子网的分辨率会由前一阶段的分辨率和一个更低的分辨率组成。同时，为了兼顾模型参数量和计算量，缓解表征在分辨率降低过程中的损失，在特征变换过程中，采用分辨率降低 1/2 则通道数加倍的策略。

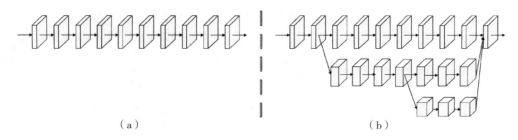

（a）　　　　　　　　　　　　　　　（b）

图 8.3.3　多支路高分辨率网络示意图(Sun et al.，2019)

重复多尺度融合：在图 8.3.3(b)所示的并联多支路结构中，不同尺度的特征仅在最后输出时存在信息交互，网络主体的中间阶段并没有充分利用不同于一层次的信息。对此，进一步在并行子网中引入交换单元，每个子网重复接收来自其他并行子网的信息。这样做的好处在于，网络可以在不同感受野位置上对多尺度表征进行充分融合，也可以在不同语义层次上对多尺度表征实现充分融合，让不同尺度的表征不断相互促进，以进一步提高彼此的表达能力。从具体实现来说，记输入为 m 个尺度的特征图(X_1，X_2，$\cdots$，X_m)，输出是 n 个对应尺度的特征图(Y_1，Y_2，$\cdots$，Y_m)，其分辨率和宽度与输入特征图相同。每个输出都是输入特征图的融合：$Y_k = \sum^m a(X_i，k)$，跨阶段的交换单元会有一个额外的输出特征图：$Y_{m+1} = a(Y_m，m+1)$。如图 8.3.4 所示，融合函数 $a(X_i，k)$ 可以表示为：①同分辨率的层直接复制；②需要升分辨率的使用最近邻域上采样，再经过 1×1 卷积将通道数统一；③需要降分辨率的使用 strided 3×3 卷积。

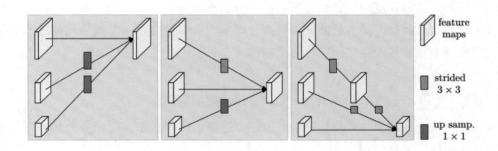

图 8.3.4　聚合函数映射（Sun et al.，2019）

任务头：HRNet 将不同分辨率下的特征通过 1×1 卷积实现通道数对齐，采用最近邻插值将低分辨率特征采样到最高分辨率，多尺度特征间做对应像素相加，最后通过 1×1 卷积将网络输出特征的通道数变换到类别数。

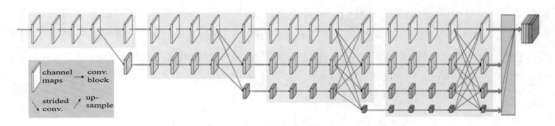

图 8.3.5　省略了 stem 的 HRNet 网络架构（Sun et al.，2019）

利用上述关键模块，HRNet 的网络架构如图 8.3.5 所示。HRNet 遵循 ResNet 的设计规则，将深度分配到每个阶段，并将通道数量分配到每个分辨率。HRNet 包含了四个并行子网的四个阶段，如表 8.3.1 所示，其分辨率逐步降低至一半，相应的宽度（通道数）增加到两倍。在整个网络结构中，深度为 79 层。4 个分辨率子网络所采用的通道数为 C，常设置为 32 或 48（分别对应 HRNet-W32 和 HRNet-W48）。第一阶段有 4 个残差单元，每个残差单元与 ResNet-50 相同，都是由一个宽度为 64 的 bottleneck 构成，然后进行一次 stride 3×3卷积，将特征图的宽度减小到 C。第二、第三、第四阶段分别包含 1、4、3 个交换块。一个交换块包含 4 个残差单元，其中每个单元在每个分辨率中包含 2 个 3×3 的卷积，和同分辨率的交换单元。综上所述，共有 8 个交换单元，即共进行 8 次多尺度融合。在第四阶段后，通过融合函数 $a(X_i, k)$ 将多尺度信息聚合到最高分辨率，利用像素级交叉熵预测语义分割结果。

HRNet 融合相同深度和相似级别的低分辨率特征图来提高高分辨率的特征图的表示效果，并进行重复的多尺度融合，是并行连接高分辨率与低分辨率网络，而不是像之前的方法那样串行连接。因此，其方法能够保持高分辨率，而不是通过一个低到高的过程恢复分辨率，因此预测结果可能在空间定位上更精确。

案例 8.3.1 基于 HRNet 和 UNet 的建设用地批后实施监测

建设用地批准后地块主要包括建筑、道路、推填土三种状态，使用高分辨率遥感影像可以近实时地提取地物的语义属性，能够努力消化批而未供、供而未用和用而未尽的土地，进一步促进土地资源集约利用。下面我们以建设用地批后实施监测为例，展示基于 UNet 和 HRNet 在遥感影像地物分类中的应用。Luojia-BUT 数据集覆盖中国有代表性的地理区域 6 个：安徽、陕西、海南、新疆、甘肃、青海部分区域。影像包含 RGB 三个波段，分辨率包含 0.8m、1m、2m，并将数据集裁剪至 512×512，其中随机选取 41973 张用于训练，4418 张用于测试。

实验测试了两种语义分割网络架构，其中 UNet 的具体网络结构如图 8.3.2 所示，即包括使用 VGG-16 的前 5 组卷积块作为编码器，使用步长为 2 的最大池化进行编码过程的下采样，采用对应的 5 组卷积块进行解码，解码时每上采样一次就和编码部分对应的通道进行相同尺度融合，使用跳跃连接来连接编码器中较早的卷积层和解码器中的卷积层。本实验采用经典的 HRNet-W48，网络结构如表 8.3.1 所示。

表 8.3.1　HRNet 网络结构(Sun et al.，2019)

分辨率	第一阶段	第二阶段	第三阶段	第四阶段
4×	$\begin{bmatrix}1\times1,64\\3\times3,64\\1\times1,256\end{bmatrix}\times4\times1$	$\begin{bmatrix}3\times3,C\\3\times3,C\end{bmatrix}\times4\times1$	$\begin{bmatrix}3\times3,C\\3\times3,C\end{bmatrix}\times4\times4$	$\begin{bmatrix}3\times3,C\\3\times3,C\end{bmatrix}\times4\times3$
8×		$\begin{bmatrix}3\times3,2C\\3\times3,2C\end{bmatrix}\times4\times1$	$\begin{bmatrix}3\times3,2C\\3\times3,2C\end{bmatrix}\times4\times4$	$\begin{bmatrix}3\times3,2C\\3\times3,2C\end{bmatrix}\times4\times3$
16×			$\begin{bmatrix}3\times3,4C\\3\times3,4C\end{bmatrix}\times4\times4$	$\begin{bmatrix}3\times3,4C\\3\times3,4C\end{bmatrix}\times4\times3$
32×				$\begin{bmatrix}3\times3,8C\\3\times3,8C\end{bmatrix}\times4\times3$

注：[.]表示残差单元的具体构成；[.]外第一个数字代表参数端元重复次数，第二个数字表示模块重复次数；C 表示参数单元输出通道数。

实验使用权重衰减为 10^{-4} 的 AdamW 优化器来优化模型。使用交叉熵损失函数，初始学习率设置为 0.0001，并采用余弦退火衰减策略。批处理大小设置为 6，最大 epoch（训练轮数）为 120。同时，对影像进行归一化正则化处理，使用水平翻转、垂直翻转、随机角度旋转、颜色抖动等数据增强方式。

对于每个类别，我们使用提取结果与参考地物范围的交并比来评价精度。使用平均交并比和平均 F1 指数去评估模型的整体表现。这些指标值在[0，1]之间，值越高表示提取效果越好。表 8.3.2 列出了两种语义分割网络在 Luojia-BUT 数据集上的实验精度，图 8.3.6 展示了两个局部示例。整体来看，采用两种语义分割模型均能得到良好的监测效果。其中，建筑和道路效果更好，推填土因其内部地表复杂，训练样本较另外两类难以获取，颜色与背景（如裸土、自然地表）等存在一定程度的混分（如图 8.3.6 所示），提取效果相对较差。对比 UNet 和 HRNet-W48 可见，高分辨率网络在各个指标上精度均有提升，其中在更具空间细粒度、上下文多尺度性的道路和推填土上相对增益更多，表明高分辨率网络架构能够较好地处理空间定位和多尺度的问题。

表 8.3.2　UNet 和 HRNet-W48 在 Luojia-BUT 数据集上的精度对比

方法	逐类地物 IoU/%			整体评价/%	
	建筑	道路	推填土	MIoU	平均 F1 指数
UNet	68.57	53.11	23.40	48.36	62.89
HRNet-W48	69.51	55.75	27.54	50.94	65.60

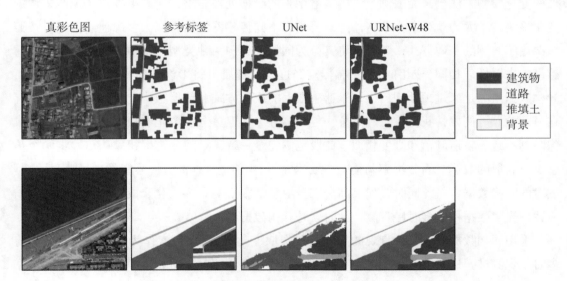

图 8.3.6　在 Luojia-BUT 数据集上对 UNet 和 HRNet-W48 进行验证

8.4　面向地表时序检测的变化检测网络

遥感影像变化检测旨在比较同一地理区域不同时刻拍摄的两幅(或者多幅)影像,获取地物前后状态的变化信息。面对海量、多源、异构的遥感数据,传统的解译方法一般通过人工手动设计特征挖掘图像信息,需要丰富的专家知识和图像先验信息,工作效率低、易受主观条件影响,不利于在实际场景中应用。而人工智能、多源数据融合等技术,则给发展自动遥感影像变化检测技术提供了重要保障。

多时序遥感变化检测基本流程遵循以下范式:①多时序遥感影像预处理,经过大气校正、辐射校正、图像配准等步骤后得到大小相同、空间位置对应的时序遥感影像对;②生成差异图或变化信息,用来表征不同时刻获取的影像的变化情况;③采用分类算法对变化信息进行分析,确定地表真实发生变化的区域,得到最终的变化检测结果。根据检测目的的不同,变化检测任务又分成三类:①判断是否发生了变化;②判断发生了什么类型的变化;③判断变化过程以及分析变化轨迹。基于此,本章从多源影像对比、变化类型识别和时序特征挖掘三个方面,介绍遥感变化检测的深度神经网络。

8.4.1　判断地表是否发生变化的深度网络

随着遥感技术的快速发展,遥感影像的数据类型也逐渐丰富,传统针对单一传感器影像的变化检测方法已经无法满足人们日益增长的数据处理需求,面向多种遥感观测来源的变化检测技术尤为重要。本节将遥感观测来自不同传感器的数据视为多源遥感数据。按照多源遥感观测的获取方式,又可以将其分为同构和异构两种类型。其中,同构数据是指遥感影像来自性质相同(或相似)的传感器,经过预处理后可将影像看作同源数据对来使用;异构数据指的是经过预处理后,多景遥感数据的成像方式、数据结构、属性、维度依然存在显著差异。例如,我们注意到高分一号和高分二号卫星全色多光谱相机所拍摄的影像成像时刻一致、轨道倾角和高度相似、波段范围完全一致,空间分辨率相差4倍。将两个传感器所获取的数据空间分辨率调整至一致(如采用4倍上采样高分一号影像),则可认为是成对的同构数据。与此同时,如果高分三号卫星搭载C频段多极化合成孔径雷达数据要与前述的光学数据构成多时序观测,此时就是异构数据对。

采用同构数据时,一种直观的方式是以提取变化/未变化像素作为二类分类任务,将多时序观测堆叠送入上一小节的语义分割模型进行变化检测(图8.4.1(a))。这种方法在网络早期即嵌入多时序观测信息(常被称作多时序影像"早期融合,early fusion"),并利用神经网络逐层提取多时序观测的差异信息。

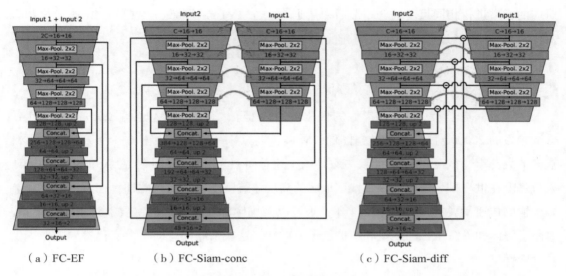

（a）FC-EF　　　　（b）FC-Siam-conc　　　　（c）FC-Siam-diff

图 8.4.1　判断地表是否发生变化的深度网络框架（Daudt et al.，2018）

在实际的变化检测任务场景中，用户往往只关注部分感兴趣的语义变化。例如，在城市建设用地检测中，用户希望变化检测模型对建筑、推填土和道路的变化敏感，同时抑制植被季节性差异和成像条件差异的响应。对此，另一类变化检测网络（常被称作多时序影像"后期融合，late fusion"）是先提取地物的语义，然后将语义差分信息分配到场景中（图8.4.1（b）和8.4.1（c））。具体来说，后期融合方法通常包括三个模块：

模块 1：编码器提取地物语义特征。如图 8.4.1（b）和（c）所示，对于两个时序的输入影像，我们构造两个编码器分别提取地物的语义信息。值得注意的是，如果双时序影像为同构影像对，此时两个编码器可以设计为结构相同、参数权值共享的网络模块。我们将这部分编码器称为孪生网络（Siamese Neural Network）。孪生网络的优点在于能够使得网络层更加关注多时序共有的信息（如地物的语义）、抑制非共有信息（如成像的差异）、增大训练规模并加快网络收敛速度。如果双时序影像为异构影像对，此时两个编码器则需要分别进行训练，可将其称为伪孪生网络（Pseudo Siamese Network）。

模块 2：多时序语义信息合成。图 8.4.1（b）和（c）分别展示了两种语义合成的方式：①对应尺度差分能够直接突出同构影像对在同一个抽象尺度上的差异信息；②对应尺度堆叠将多时序影像对的语义信息留存，语义差异信息的提取则提交至下一个解码模块来执行。

273

模块 3：解码器分配地物语义变化。与 UNet 网络结构类似，设计解码器将语义差异特征恢复至输出数据对应的空间分辨率。解码时每上采样一次就和多时序语义信息合成部分对应的通道进行相同尺度融合。最后一层通过一个 1×1 卷积将通道数变为 2（即变化和未变化两类），再经过像素级交叉熵进行密集标签预测。

案例 8.4.1 基于无人机航拍影像的双时刻变化检测

实验选取基于无人机航拍影像的变化检测数据集。该数据集包含了 2007—2014 年在香港拍摄的 20000 对 0.5m 的航空图像，香港长期以来一直是中国南方一个繁荣的、人口众多的大都市。截至 2014 年年底，香港的土地总面积为 1106.66km^2，总人口约为 720 万，人口密度在世界排名第三，导致城市地区的高层建筑密度非常高。此外，在沿海经济和航海运输的快速发展下，2007—2014 年，香港以及国际和亚太地区的主要航运枢纽的港口、海路、海洋和沿海工程的建设和维护量迅速增加。这些条件都有助于为变化检测工作提供充分的样本。

表 8.4.1　各模型精度评价

	FC-EF	FC-Siam-conc	FC-Siam-diff
F1	0.751	0.781	0.762
Kappa	0.658	0.703	0.696

我们使用 F1 指数和 Kappa 系数作为评价指标。经过测试，如表 8.4.1 所示，FC-EF 的 F1 为 0.751，Kappa 为 0.658；FC-Siam-conc 的 F1 为 0.781，Kappa 为 0.703；FC-Siam-diff 的 F1 为 0.762，Kappa 为 0.696。整体而言，考虑到变化检测本身就较为困难，3 种模型的变化检测结果都较好地完成了变化检测任务，而采用后期融合方法的后两种模型的结果要明显优于采用早期融合方法的 FC-EF 的结果，这是因为编码模块能够提取地物的语义特征用以约束变化检测的结果。如图 8.4.2 所示，可以发现 FC-Siam-diff 结果中错误的部分多呈现为遗漏，这是因为模型会对双时相特征做差，差异不够大的部分可能得到极小值，进而形成空洞；FC-Siam-conc 结果中错误的部分多呈现为虚警，这主要是因为变化检测任务中常见的样本不平衡现象，即不变区域往往远大于变化区域造成的，此外，编码器提取的特征由于缺少监督信息约束，较难反映地表真实情况，也可能导致虚警。这提示我们，在变化检测任务中需要重视类别不平衡造成的影响，按照各种地类的分布情况为其设定不同的损失权重。

时相1真彩色图　时相2真彩色图　变化标签　FC-EF　FC-Siam-conc　FC-Siam-diff

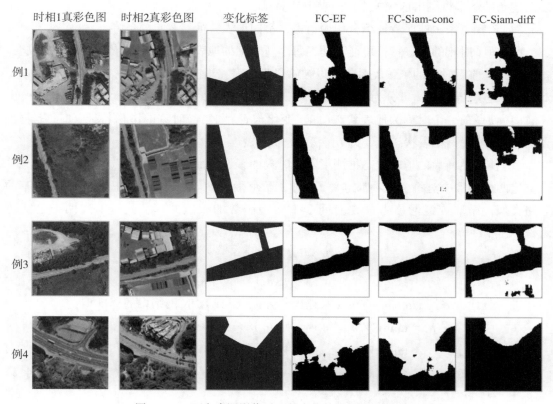

图 8.4.2　面向多源影像对比的变化检测网络进行验证

8.4.2　识别变化类型的深度网络

识别变化类型，即在检测出变化和未变化的基础上，还要提供地物发生了什么到什么的变化(from-to)，所得变化图中每个唯一值(即每一类标签)都代表一种地物变化类型。与 8.4.1 节中类似，在面向同构遥感数据对时，可以将每一种变化类型作为一个待分类的语义类别，将多时序观测堆叠送入 8.3 节中语义分割模型，训练所得网络即可进行变化类型的识别。然而，在更一般的场景下，考虑到变化检测前后时刻之间存在明显序依赖关系，引入循环神经网络(Recurrent Neural Network，RNN)(Elman，1990)可以对其建模。

1. 循环递归神经网络

根据前后时刻的依赖关系 dependence，遥感影像后时刻特征的条件概率可以表达为 $p(\pmb{x}_t | \pmb{x}_{t-1}, \text{dependence})$，其中 $\pmb{x}$ 表示影像特征，t 表示时刻。当存在多时序观测时，通

过上述条件概率将得出依赖关系的一些基本特征：

（1）依赖关系由前序特征综合作用所得，不同地表特征对其贡献各异；

（2）每个时刻的依赖特征可能不同，每个新时刻的地表状态都会对依赖关系造成改变。

据此，前后时刻的依赖关系也可以被解释为地表在当前时刻的状态。此时目标就成了对地表状态进行建模，可分为两步：

（1）使用前一个时刻的地表状态（如：变化与否）和当前时刻的影像特征（如：地物覆盖）得出当前时刻地表状态 $\boldsymbol{h}_t$，即 $\boldsymbol{h}_t \leftarrow f_t(\boldsymbol{x}_t, \boldsymbol{h}_{t-1})$；

（2）使用更新后的地表状态推测下一个时刻的影像特征 $\boldsymbol{x}_{t+1} \leftarrow g_t(\boldsymbol{h}_t)$。

这两个步骤中对每个时刻都定义了 f 和 g 两个函数。与 CNN 在空间上采用权值共享的思路类似，循环神经网络考虑在时间步上实现函数的权值共享，此时上述两个公式可写作：

$$\boldsymbol{h}_t \leftarrow f(\boldsymbol{x}_t, \boldsymbol{h}_{t-1})$$
$$\boldsymbol{x}_{t+1} \leftarrow g(\boldsymbol{h}_t) \tag{8.4.1}$$

进一步地，采用 tanh 和 softmax 来建模 f 和 g，得到 RNN 网络中的标准型：

$$\begin{aligned}\boldsymbol{h}_t &= \tanh(\boldsymbol{W}_h\boldsymbol{h}_{t-1} + \boldsymbol{W}_x\boldsymbol{x}_t + \boldsymbol{b}_h)\\ &= \tanh(\boldsymbol{W}_H[\boldsymbol{h}_{t-1}, \boldsymbol{x}_t] + \boldsymbol{b}_h)，其中 \boldsymbol{W}_H = [\boldsymbol{W}_h^{\mathrm{T}}, \boldsymbol{W}_x^{\mathrm{T}}]^{\mathrm{T}}\\ p(\boldsymbol{x}_{t+1}|\boldsymbol{x}_t, \boldsymbol{h}_t) &= \mathrm{softmax}(\boldsymbol{W}_o\boldsymbol{h}_t + \boldsymbol{b})\end{aligned} \tag{8.4.2}$$

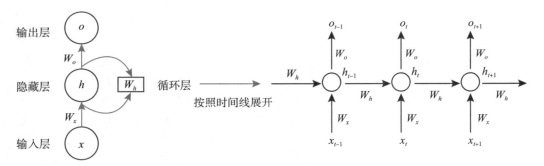

图 8.4.3　RNN 模型结构图

图 8.4.3 展示了 RNN 模型的前向传播过程，可见网络参数将在多个时间步上反复调用，这预示着 RNN 的反向更新也将比较复杂。为了说明这个问题，我们假设 RNN 的输入为三个时序的观测序列，对应隐藏状态计算公式可以表示为：

$$\boldsymbol{z}_1 = \boldsymbol{W}_h\boldsymbol{h}_0 + \boldsymbol{W}_x\boldsymbol{x}_1 + \boldsymbol{b}_h$$
$$\boldsymbol{h}_1 = \tanh(\boldsymbol{z}_1)$$

$$z_2 = W_h h_1 + W_x x_2 + b_h$$
$$h_2 = \tanh(z_2)$$
$$z_3 = W_h h_2 + W_x x_3 + b_h \qquad (8.4.3)$$
$$h_3 = \tanh(z_3)$$

此时，采用链式法则对式(8.4.3)中的参数进行求导：

$$\frac{\partial h_3}{\partial W_h} = \frac{\partial h_3}{\partial z_3}\left(h_2 + \frac{\partial z_3}{\partial h_2}\frac{\partial h_2}{\partial z_2}\frac{\partial z_2}{\partial W_h} \right)$$

$$= \frac{\partial h_3}{\partial z_3}\left(h_2 + \frac{\partial z_3}{\partial h_2}\frac{\partial h_2}{\partial z_2}\left(h_1 + \frac{\partial z_2}{\partial h_1}\frac{\partial h_1}{\partial z_1}\frac{\partial z_1}{\partial W_h} \right) \right)$$

$$= \frac{\partial h_3}{\partial z_3}h_2 + \frac{\partial h_3}{\partial z_3}\frac{\partial z_3}{\partial h_2}\frac{\partial h_2}{\partial z_2}h_1 + \frac{\partial h_3}{\partial z_3}\frac{\partial z_3}{\partial h_2}\frac{\partial h_2}{\partial z_2}\frac{\partial z_2}{\partial h_1}\frac{\partial h_1}{\partial z_1}h_0$$

$$= \frac{\partial h_3}{\partial z_3}h_2 + \frac{\partial h_3}{\partial z_3}\frac{\partial z_3}{\partial h_2}\frac{\partial h_2}{\partial z_2}h_1 + \frac{\partial h_3}{\partial z_3}\frac{\partial z_3}{\partial h_2}\frac{\partial h_2}{\partial z_2}\frac{\partial z_2}{\partial h_1}\frac{\partial h_1}{\partial z_1}h_0$$

$$= \frac{\partial h_3}{\partial z_3}\sum_{j=0}^{2}\left(\prod_{i=j+1}^{2}\frac{\partial z_{i+1}}{\partial h_i}\frac{\partial h_i}{\partial z_i} \right)h_j \qquad (8.4.4)$$

$$\frac{\partial h_3}{\partial W_x} = \frac{\partial h_3}{\partial z_3}x_3 + \frac{\partial h_3}{\partial z_3}\frac{\partial z_3}{\partial h_2}\frac{\partial h_2}{\partial z_2}x_2 + \frac{\partial h_3}{\partial z_3}\frac{\partial z_3}{\partial h_2}\frac{\partial h_2}{\partial z_2}\frac{\partial z_2}{\partial h_1}\frac{\partial h_1}{\partial z_1}x_1$$

$$= \frac{\partial h_3}{\partial z_3}\sum_{j=1}^{3}\left(\prod_{i=j+1}^{2}\frac{\partial z_{i+1}}{\partial h_i}\frac{\partial h_i}{\partial z_i} \right)x_j \qquad (8.4.5)$$

上式中，$\frac{\partial z_{i+1}}{\partial h_i}$ 和 $\frac{\partial h_i}{\partial z_i}$ 反复出现在连乘项中，则网络在某一个时刻的提取发生过大或过小时，就容易出现梯度爆炸或梯度消失的问题。在实际应用中，梯度爆炸可采用梯度截断的方式将其缩减到给定的数值，而梯度消失的问题则会使得长时序的特征无法被有效利用。针对这个问题，一个有效的解决方法就是长短期记忆(Long Short Term Memory，LSTM)网络(Hochreiter and Schmidhuber，1997)。

2. 长短期记忆网络(LSTM)

LSTM 通过设置多个门控函数来解决梯度爆炸和消失问题，其网络结构如下：

在任一时刻 t，LSTM 网络输入端为当前时刻的影像特征 x_t 和前一时刻隐含状态 h_{t-1}。LSTM 第一步与 RNN 类似，即利用 x_t 和 h_{t-1} 计算临时记忆(称为细胞状态，cell)：

$$\tilde{c}_t = \tanh(W_c[h_{t-1}, x_t] + b_c) \qquad (8.4.6)$$

与 RNN 不同的是，所得 $\tilde{c}_t$ 不立即作为隐含层状态输出，而将其与前一个时刻细胞状态做逐通道加权融合得到 c_t，再经过 tanh 函数非线性激活并加权得到当前时刻隐含状态 h_t：

$$c_t = G_f \cdot c_{t-1} + G_i \cdot \tilde{c}_t$$
$$h_t = G_o \cdot \tanh(c_t) \tag{8.4.7}$$

其中，G_i，G_f 和 G_o 就是 LSTM 网络中的三个门(gate)，用于控制特征的通过率，其计算方式为：

$$G_i = \sigma(W_i[h_{t-1}, x_t] + b_i)$$
$$G_f = \sigma(W_f[h_{t-1}, x_t] + b_f)$$
$$G_o = \sigma(W_o[h_{t-1}, x_t] + b_o) \tag{8.4.8}$$

式中，G_i，G_f 和 G_o 分别被称为输入门(input gate)，遗忘门(forget gate)和输出门(output gate)。其中，$\sigma(\cdot)$ 是指 Sigmoid 激活函数，可将门控输出约束在 0 到 1 之间，使其承担控制搭配项进入下一阶段的信息量。G_i 对应当前时刻计算所得的细胞值，G_f 对应上一时刻的细胞值，而 G_o 对应融合后信息的通过量。至此，得到了 LSTM 的模型标准结构，如式(8.4.9)所示：

$$[\tilde{c}'_t, G'_i, G'_f, G'_o] = [W_c, W_i, W_f, W_o]^T[h_{t-1}, x_t] + [b_c, b_i, b_f, b_o]^T$$
$$[G_i, G_f, G_o] = \sigma([G_i, G_f, G_o])$$
$$c_t = G_f \cdot c_{t-1} + G_i \cdot \tanh(\tilde{c}'_t)$$
$$h_t = G_o \cdot \tanh(c_t) \tag{8.4.9}$$

要看 LSTM 是如何解决梯度爆炸和梯度消失的问题，要看其反向传播过程。我们以 $c_t = G_f \cdot c_{t-1} + G_i \cdot \tilde{c}_t$ 的梯度更新为例来分析：

$$\frac{\partial c_t}{\partial c_{t-1}} = G_f + \frac{\partial G_f}{\partial c_t}c_{t-1} + \frac{\partial G_i}{\partial c_{t-1}} \cdot \tilde{c}_t + G_i\frac{\partial \tilde{c}_t}{\partial c_{t-1}}$$
$$= G_f + \sigma'_f W_f \cdot G_o^{t-1}\tanh'(c_{t-1}) \cdot c_{t-1} +$$
$$\sigma'_i W_i \cdot G_i^{t-1}\tanh'(c_{t-1}) \cdot \tilde{c}_t + G_i \cdot (\tanh'(\tilde{c}'_t)W_c \cdot G_o^{t-1}\tanh'(c_{t-1})) \tag{8.4.10}$$

由式(8.4.10)可见，第二到第四项都包含了非线性层的导数。由于这些导数均为不大于 1 的数，随着时序增加，这三项的数值将会不断减小。于是，LSTM 克服这个问题的关键就在于式(8.4.10)的第一项，即遗忘门的输出值上。当遗忘门输出为 1 时，网络将完全记住前面时刻传来的信息，那么反向传播的梯度就会被保留下来；当遗忘门输出为 0 时，网络将完全忘记前面时刻传来的信息，此时梯度会像 RNN 一样不断衰减。结合前向传播和后向更新可知，遗忘门决定了历史时刻传递过来信息的比例(式(8.4.8))，也控制着反向传回历史时刻信息的梯度（式（8.4.10）），这也是"遗忘门"名字的由来。根据对式（8.4.8）的分析，我们将 c_t 叫作长时序记忆输出，根据对式（8.4.10）的分析，将更侧重前一个时刻状态信息作用的 h_t 叫作短时序记忆输出，即为 LSTM 名称的由来。LSTM 的网络结构如图 8.4.4 所示。

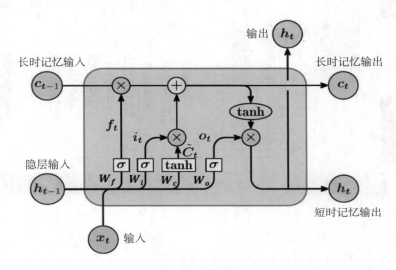

图 8.4.4　RNN 模型结构图

LSTM 是一种非常经典的 RNN 网络，将多时序的信息从前往后依次输入网络中来学习时序依赖关系，可以看作一种处理序列数据的串行网络结构。LSTM 根据历史信息推出后时序信息，但有时候只看历史数据是不够的，双向 LSTM（Bi-LSTM）（Hochreiter，1998）同时将序列信息从前网络、从后往前学习，可以获得更为稳健的长时序信息。此外，考虑到 LSTM 结构比较复杂，其中遗忘门是最重要的结构，也有研究在保留遗忘门的基础上进行网络的简化，如 Gated Recurrent Unit（GRU）（Cho et al.，2014）。上述 RNN 网络的变种各有其优缺点，感兴趣的读者可以根据参考文献进一步阅读学习。

3. 嵌入变化类型语义的深度学习网络结构

在本节中，我们将变化类型解译任务建模为网络的分支模块，并将其插入上节所讲述的判断地表是否变化的网络结构中（如图 8.4.5 所示）来处理遥感影像的变化类型识别任务，在网络训练中主要包括以下几个模块：

时序-地表语义特征提取模块：如图 8.4.5 左半部分所示，该模块包括 VGG-16 的 13 个卷积层（包括 4 个尺度）实现分层地表语义特征提取，在每个尺度卷积组运算后，将输出按照时间顺序输入 LSTM，输出 H_i^{T} 表征在第 i 个尺度的地表状态（即指向地表是否变化）、

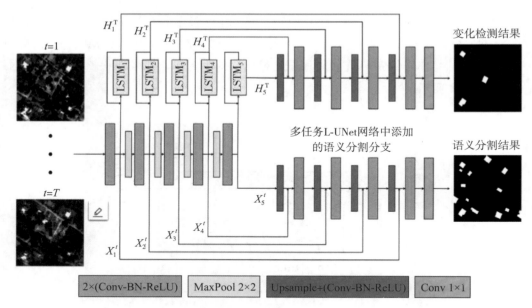

图 8.4.5　面向变化类型识别的多任务深度神经网络(Papadomanolaki et al., 2021)

X_i^t 表征在第 i 个尺度第 t 时刻的地表语义特征(即指向地表覆盖类型)。

　　如图 8.4.5 的右上部分所示,地表变化状态解码模块在各个尺度上与 H_i^T 对称,共同构造类似 UNet 的表征地表变化状态的任务分支,解码时每上采样一次就和 H_i^T 进行相同尺度融合,解码器最后一层通过 1×1 卷积将通道数变成 2(即表征是否变化),再经过像素级交叉熵进行密集标签预测。

　　如图 8.4.5 的右下部分所示,地表覆盖语义解码模块在各个尺度上与 X_i^t 对称,共同构造类似 UNet 的表征任一时刻地表覆盖类型的任务分支,解码时每上采样一次就和 X_i^t 进行相同尺度融合,解码器最后一层通过 1×1 卷积将通道数变成类别数,再经过像素级交叉熵进行密集标签预测;考虑到地表覆盖类型与时间序列无关,多个时刻之间该解码模块权值共享。

　　上述多任务网络框架包括 1 个是否发生变化的解译任务,和 T 个时刻地物类别分类任务,其中 $T \geqslant 2$。在网络训练过程中,我们通过加权组合多个任务的损失函数,通过误差反向传播逐层优化网络参数。在网络推理过程中,我们利用是否发生变化的子任务获取发生变化的位置,并在其位置上利用地物分类子网络分支确定地物发生了什么到什么的变化。

案例 8.4.2　基于星载高分多时序遥感影像的地物变化类型检测

　　实验选取基于高分二号、吉林一号高分遥感数据的建筑物变化检测数据集,数据集由中科新图公司提供,共计 2000 余组分辨率优于 1m 的 512×512 影像。在 3 种情况下进行实验:

①通过上节所述多任务变化检测网络(以下简称 L-UNet)分别得到时相 1、时相 2 分类结果以及变化检测结果;②通过 UNet 分别得到时相 1 和时相 2 分类结果,再将两者叠置分析,得到变化检测结果;③将双时序影像堆叠为 6 维输入 UNet,得到变化检测结果(记为 UNet-conc)。

我们采用 F1 指数作为评价指标,经过测试,如表 8.4.2 所示,L-UNet 的时相 1、时相 2 分类精度分别为 0.767 和 0.748,变化检测精度为 0.613;UNet 的时相 1、时相 2 分类精度分别为 0.748 和 0.729,叠置分析得到的变化检测精度为 0.331;UNet-conc 的变化检测精度为 0.496。对比实验结果可以发现,尽管 UNet 和 L-UNet 在时相 1 和时相 2 的语义分割精度上相差不大,甚至在图 8.4.6(a)数例中前者结果都要优于后者,但变化检测精度

表 8.4.2　各模型精度评价

	时相 1 建筑语义分割	时相 2 建筑语义分割	双时刻建筑变化检测
UNet	0.748	0.729	0.331
UNet-conc	—	—	0.496
L-UNet	0.767	0.748	0.613

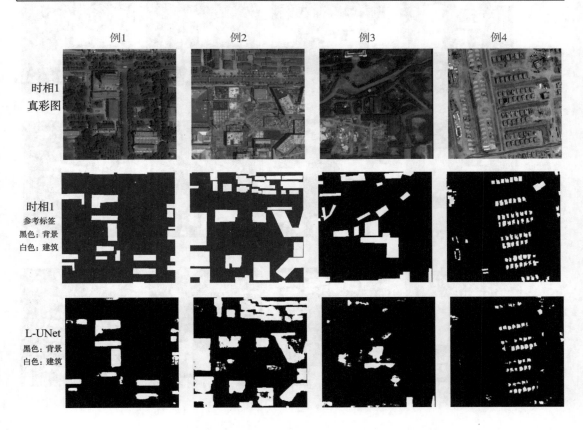

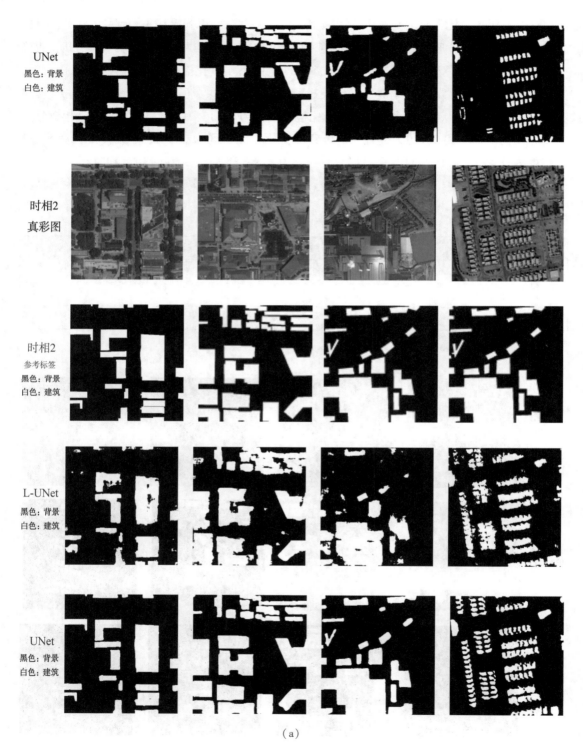

（a）

图 8.4.6　验证多任务变化检测网络对各时刻语义分割的性能

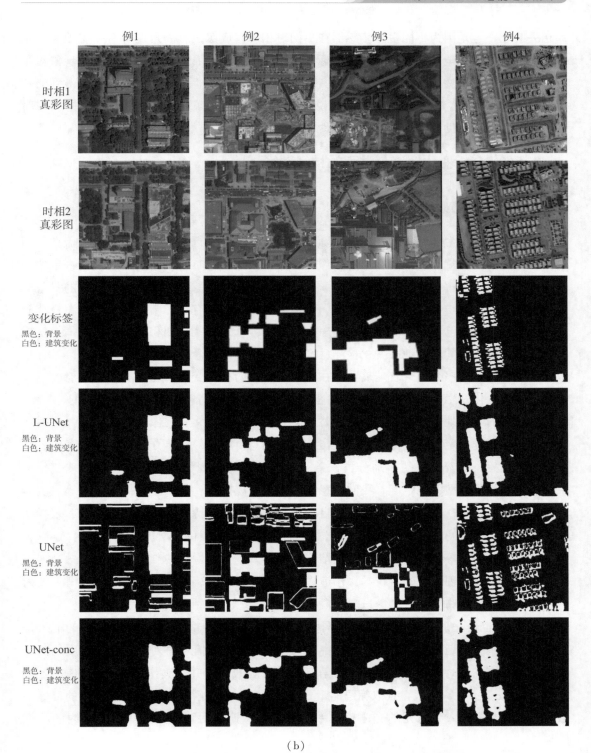

（b）

图 8.4.6　验证多任务变化检测网络对各时刻语义分割的性能

却相去甚远。这是因为不同卫星传感器在不同时相下，成像位置和角度都有一定差异，拍摄的影像并不能完全对齐，使得对应的标签也无法对齐，进而造成虚警，而这一现象对于有较高楼层的建筑物来说尤其严重。此外，简单将数据堆叠后输入 UNet 模型，得到的变化结果 F1 精度要比 L-UNet 差一些，这说明 L-UNet 兼顾数据端时序，并在模型中考虑时序变化的设计，有助于模型取得更好的性能。

8.4.3　分析变化轨迹与过程的神经网络

1. 时间序列遥感解译简介

地表事件的发生和地物的演化，是随着时间的推进而进行的，这使得地表覆盖在时间上具有一定的变化规律。反映在遥感影像上，大多数地物的时间序列波谱表现出一定的物候特性，这有助于解析地物的变化轨迹、速率和变化强度。随着遥感传感器资源的日益丰富，数据的时间分辨率有了显著的提高，常用遥感传感器已有了几十年的积累。海量存储的多时相遥感数据已经满足了建立时间序列的要求，基于这些长期积累的遥感数据，发展相应的遥感影像时间序列地表变化检测已经成为遥感图像解译的一个重要方向。

遥感影像时间序列蕴含着地表地物在固定周期内的状态变化信息，利用它既能检测地物随着物候变化发生的"正常"变化，又能检测由于人为活动、自然灾害等造成的"异常"变化。经典的时序处理方案，即对每个时刻影像分别分类，然后逐像元进行比较，根据地表变化转移矩阵确定各变化像元的地表覆盖转化信息。然而，该类方法的检测精度与分类精度息息相关，随着时序的增加分类误差会累积，容易出现大量的误检、不合理变化结果，并高估变化类型不确定度。我们注意到，在数据规模大、高维度、持续更新等一般时序数据的特点之外，遥感影像时间序列自身具有十分强烈的特殊性，比如不等长、采样间隔不等、固有的时间轴畸变(物候期根据每年的温度等自然条件有所提前或者延迟)、以年为单位的自然周期等，复杂的内部数据结构无疑加大了变化检测的难度。对此，融合人工智能与自然语言处理领域的新技术，构造"序列到序列(seq2seq)"的变化检测模型不失为一种合适的解决策略。

seq2seq 也是一个编码-解码结构的网络，其标准化结构如图 8.4.7 所示。它的输入是一个序列，输出也是一个序列，编码器中将一个可变长度的信号序列变为固定长度的向量表达，序列信息在时间轴上传递，有效信息压缩在隐藏层，并将其作为编码器的输出(图 8.4.7 中用 c 表示)。模型在获取编码向量 c 之后，对 c 进行解码以获取可变长度的目标信号序列。本节中输入为像元的光谱反射率时间序列，输出为该像元在一定时间内的状态序列。

原则上编码器、解码器可以由 CNN，RNN，Transformer(Vaswani et al.，2017)三种结

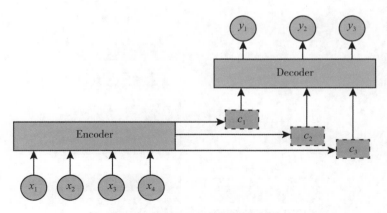

图 8.4.7　seq2seq 的框架示意图

构中的任意一种组合。但在实际的应用过程中，编码器和解码器的结构选择基本是一样的（即编码器选择 CNN，解码器也选择 CNN）。CNN 和 RNN 结构在前文中已有讲述，其中，CNN 主要通过层次化模型空间权值贡献实现数据空间信息的交互，RNN 是 seq2seq 框架提出时采用的经典结构，它是一类用于处理序列数据的神经网络。RNN 不是刚性地记住所有固定长度的序列，而是通过隐藏状态来储存前面时间的信息。在 RNN 中，当前时刻隐层节点的输出会作为下一时刻隐层节点的输入，使其可以保留之前的信息。进一步地，我们希望不同时间步的解码能够依赖于与之更相关的上下文信息，换句话说，解码往往并不需要整个输入序列的信息，而是要有所侧重，即注意力机制。研究表明将注意力机制引入 seq2seq 能增强模型的解译能力，而用注意力机制完全取代循环模块，就得到了基于 Transformer 的 seq2seq 模型。通过对时序输入和输出分别进行位置编码（positional encoding），Transformer 能够充分挖掘长时序的全局信息，易于大规模并行化实现，逐渐成为搭建 seq2seq 模型的首选。

2. Transformer 模型的基本结构

如图 8.4.8 所示，Transformer 完整结构由编码器（图左）和解码器（图右）组成。

1）位置编码（Positional Embedding，PE）

Transformer 最初提出时被用作文本翻译，句子中的每一个单词就是一个瞬时输入信号，需要经过词嵌入（即图 8.4.8 中的输入嵌入特征和输出嵌入特征）转换成表征该单词的特征向量。对于遥感时序影像解译而言，每个时刻的光谱反射率向量即可作为嵌入特征向量。为了使模型能够感知到输入的顺序，可以给每个时刻观测添加有关其在整个时序序列中的位置信息，这样的信息就是位置编码。

理想情况下 PE 的设计应该遵循以下几个条件：

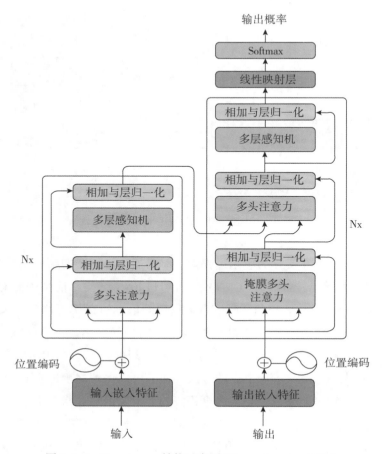

图 8.4.8　Transformer 结构示意图(Vaswani et al., 2017)

(1)为每个时间步输出唯一的编码;

(2)即便整个时序长度不一,两个时间步之间的距离应该是"恒定"的;

(3)模型可以轻易泛化到更长的时序观测上;

(4)PE 必须是确定的。

基于上述原则,Vaswani 等(2017)采用三角函数,并且为了计算方便使用绝对位置编码,即序列中每个位置都有一个固定的位置向量。假设 t 是输入序列的一个位置,$\boldsymbol{p}_t$ 是它对应的编码,d 是编码特征维度。定义 $f: \mathbb{N} \rightarrow \mathbb{R}^d$ 是产生 $\boldsymbol{p}_t$ 的函数,它的形式如下:

$$\boldsymbol{p}_t^{(i)} = f(t)^{(i)} := \begin{cases} \sin(\omega_k t), & \text{如果 } i = 2k, \\ \sin(\omega_k t), & \text{如果 } i = 2k+1, \end{cases} \qquad \text{其中 } \omega_k = \frac{1}{10000^{2k/d}} \qquad (8.4.11)$$

其中,i 是向量索引,引入 k 是为了区分奇偶。由函数定义可以推断出,它的频率随着向量维度递减。它的波长范围是 $[2\pi, 10000 \times 2\pi]$,这意味着它可以编码最长为 10000 的位置(时序数)。当序列超过10000时,可对式(8.4.11)进行相应扩展,即可实现位置编码的唯一确定。PE 可以表示为一个向量,其中每个频率包含一对正弦和余弦。

$$p_t = [\sin(\omega_1 t) , \cos(\omega_1 t) , \sin(\omega_2 t) , \cos(\omega_2 t) , \cdots , \sin(\omega_{d/2} t) , \cos(\omega_{d/2} t)]_{1 \times d}$$

$$(8.4.12)$$

　　将输入向量和位置向量相加得到每个瞬时观测最终的输入。接下来其他的运算和位置编码没关系,如此设计避免使用了 RNN 中循环的方式来嵌入位置信息,可以加快网络的训练。

　　2)Transformer 编码器

　　(1)多头自注意力(Multi-Head Self Attention,MHSA)

　　Transformer 编码器使用 MHSA 来捕获序列信号的全局依赖关系,能够应对更长时序的输入。下面我们以一个双时序遥感影像变化检测为例,先展示一个自注意力的计算过程(如图8.4.9所示),然后将其扩展到多头:

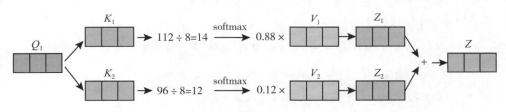

图 8.4.9　时刻 1 输入信号 X_1 的自注意力加权过程

　　①查询-键-值(Q-K-V)三元组计算:首先,编码器中自注意力的输入就是每个时刻的遥感观测特征,即整个模型最初的输入是经过了位置编码的瞬时光谱反射率特征 $X = \{X_1 , X_2\} \in \mathbb{R}^{L \times d}$,其中 L 是时序数,d 是输入特征维度。自注意力顾名思义就是自己和自己计算注意力,即将输入特征向量分别左乘三个尺寸一样的矩阵 W_K , W_Q , W_V,其中 $W_K \in \mathbb{R}^{n \times L}$,得到经过特征变换之后的三个新向量,从不同角度进行对光谱反射率特征的描述,增强模块对多源遥感观测的鲁棒性。图8.4.9中,对于时刻 1 输入 X_1,乘上三个矩阵后分别得到查询(Q_1),键(K_1),值(V_1)向量;对于时刻2输入 X_2,得到 Q_2,K_2,V_2。据此,三元组计算复杂度为 $O(3nd)$。

　　②注意力打分:得分是通过度量查询特征 Q 与键值特征 K 之间的相似程度得到,即计算 Q 与各个时刻 K 向量的点积,其计算复杂度为 $O(n^2)$。以图8.4.9中 X_1 为例,分别将 Q_1,K_1,V_1 进行点积运算,假设分别得到得分 112 和 96。为使模块训练时梯度更新更稳定,将得分分别除以一个特定数值8(即 K 向量维度的平方根,记作 $\sqrt{d}$)。为将自注意力分数标准化,将上述结果送入 Softmax 运算,使其都是正数并且和为 1。Softmax 归一化计算

复杂度为 $O(n^2)$ 。

③注意力加权输出：保持我们想要关注的时刻的特征不变，而掩盖掉那些不相关时刻的特征，将 V_1 和 V_2 向量分别乘上对应 Softmax 运算的输出结果。将带权重的各个 V 向量加起来，至此，产生在这个位置上（第一个时刻）的自注意力层的输出，其余位置的自注意力层输出也是同样的计算方式。加权输出的计算复杂度为 $O(n^2d)$ 。

综上，上述过程总复杂度为 $O(n^2d)$ ，可总结为一个公式来表示：

$$Q,\ K,\ V \leftarrow W_Q X,\ W_K X,\ W_V X$$

$$\text{Attention}(Q,\ K,\ V) = \text{Softmax}\left(\frac{QK^{\mathrm{T}}}{\sqrt{d}}\right)V \tag{8.4.13}$$

④多头注意力：上述计算过程可看作从某一个角度变换后进行注意力加权，那么如果输入能从多个角度进行映射，则可以获得更为全面的注意力加权结果，这就是多头注意力模块的作用图 8.4.9。多头注意力堆叠多个注意力模块，再经过一次线性变换得到最终的结果，对应的计算公式如下：

$$\mathbf{head}_i = \text{Attention}(W_Q^i Q,\ W_K^i K,\ W_V^i V)$$

$$O = W_O \times \text{concat}(\mathbf{head}_1,\ \cdots,\ \mathbf{head}_n) \tag{8.4.14}$$

（2）残差连接和层归一化（Layer Normalization，LN）

受到 ResNet 的启发，Transformer 将经过 MHSA 加权之后的输出信号和输入信号加起来做残差连接，然后用 LN 把神经网络中隐藏层归一为标准正态分布，以起到加快训练速度，加速收敛的作用。

LN 的具体操作是用每一列（即某地块对应的整个时序）的每一个元素（即该地块在某个时刻上的瞬时特征）减去这列的均值，再除以这列的标准差，从而得到归一化后的数值。LN 在一个时刻特征向量的不同维度间进行归一化操作，而非不同时刻之间。这是因为对于序列问题，我们通常是将其一个批次中的样本补全成相同长度的时间序列，通常各个地块样本的时间序列长度都是不同的，当统计到比较靠后的时间片时，批归一化的效果并不好。我们用图 8.4.10 来举例说明，该图中，N 表示一批次中样本个数，C 表示瞬时特征，T 表示时间长度。其中紫色矩阵所代表的样本，为该批次数据中的第 5 个样本，包含 4 个时刻，每个时刻表征为一个 4 维向量。如图 8.4.10 所示，当 $t>4$ 时，这时只有一个样本还有数据，基于这个样本的统计信息不能反映全局分布，所以这时批次归一化（Batch Normalization，BN）的效果并不好。

（3）带残差连接的多层感知机

在经过上述运算后，特征再送入带残差连接和 LN 激活的多层感知机（即图 8.4.8 中的

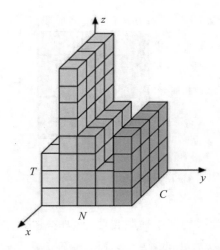

图 8.4.10　BN 可能会由于 batchsize 过小造成的问题示意图

多层感知机)。这里多层感知机采用两组全连接加 ReLU 激活的方式,通过第一组全连接加 ReLU 将特征映射到高维空间,然后再通过第二组全连接加 ReLU 将其降维到低维空间的过程,来学习到更加抽象的特征,使得瞬时观测的表达能力更强,更加能够表示瞬时观测与整个时序中其他时刻观测之间的作用关系。

3)Transformer 解码器

如图 8.4.8 所示,Transformer 解码器从下到上依次是:带掩膜多头自注意力;多头编码-解码注意力和多层感知机。和编码器一样,这三个部分的每一个部分,都有一个残差连接,后接一个 LN。解码器的中间部件并不复杂,大部分在前面编码器里已经介绍,但是由于解码器特殊的功能,在训练时会涉及一些细节。

(1)带掩膜自注意力(Masked Self-Attention)

seq2seq 的解码过程应当是根据已有时刻的观测状态来一步一步预测未来时刻的观测状态。而自注意力中整个时序的状态特征都暴露在解码器中,这显然是不对的,需要屏蔽(mask)未来的信息。

对此,我们在计算注意力时,采用掩膜(mask)将这种时序位置的相关关系表现出来。具体来说,在该模块中,传入的 Q,K,V 三个参数都是解码模型中已经被解析的输入特征。如图 8.4.11 所示。为了计算方便,使用上三角矩阵将实际并不知晓的未来时序的特征屏蔽,并将带填充位置的特征置为 0。

(2)编码-解码注意力(Encoder-Decoder Attention)

该模块的计算和前面自注意力模块很相似,结构也一模一样,唯一不同的是这里的

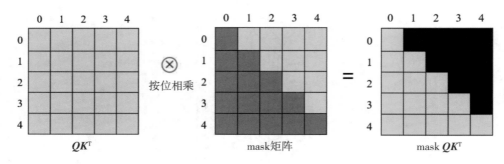

图 8.4.11　利用掩膜屏蔽未来时刻的特征

K，V 为编码器的输出，Q 为解码器中掩膜自注意力的输出。并且在解码器的部分，Q 矩阵是在 6 层解码层中不断发生变化的。K，V 则由编码信息得到，不发生变化。

（3）解码器的训练技巧

因为解码器的输入是上一层的输出和编码器输出的隐层特征，所以在训练时如果采用训练时的输出，则有可能会造成预测越来越偏差参考值的情况，因为偏差会慢慢累积。所以，在训练时，解码器的输入是参考值和编码器输出的隐层特征，这样所有参考值可以同时送进解码器进行训练。

在推断时，解码器的输入是上一层解码器的输出和编码器输出的隐层特征，需要一个个依次送入。

8.5　面向遥感对象解译的目标识别网络

基于遥感影像的目标识别，可以从广阔的视野范围中定位感兴趣的目标，对智慧交通、军事基地侦察等多个实际应用都有非常重要的作用。其中，目标检测是对输入的遥感影像进行分析，预测出感兴趣目标的位置和类别。实例分割是在目标检测框出位置的基础上，进一步用语义分割在不同锚定框内逐像素地勾绘出感兴趣目标的轮廓。深度学习目标识别相对于传统目标识别，在检测精度上有大幅提升，极大地推进了目标识别任务的实际应用。

8.5.1　基于深度卷积网络的目标检测

基于深度学习的目标检测器，依据其算法框架中是否含有区域提案（proposal）这一过程，可以划分为单阶段目标检测算法和两阶段目标检测算法。目前来讲，两类方法各有特点，其中单阶段目标检测算法速度较快，两阶段目标检测算法精度较高，下面我们一一讲述。

1. 两阶段目标检测算法 Faster RCNN

1）Faster RCNN 的网络结构

两阶段目标探测器通常把目标检测任务分解成两个问题：物体类别（分类问题）和物体位置即 bounding box（回归问题）。Faster RCNN（Ren et al.，2015）于 2016 年被提出，是两阶段目标检测的主流方法。首先，分析 Faster RCNN 的网络架构，可知该模型主要包括 4 个模块，如图 8.5.1 所示。

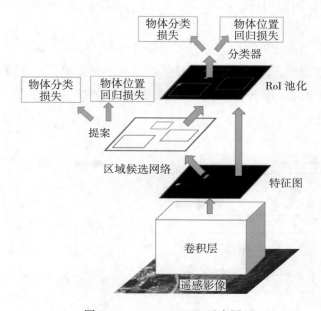

图 8.5.1　Faster RCNN 示意图

（1）首先使用一组基础的卷积层（含激活函数与池化）获取输入图像的特征；作为一种基于 CNN 的方法，Faster RCNN 首先使用 VGG16 提取输入影像的特征图，将被共享用于后续 RPN 层和全连接层。

（2）接着使用区域候选网络（Region Proposal Network，RPN）从所得特征映射中提取候选区域。

RPN 是用于生成区域提案（region proposals）的全卷积子网络。在 RPN 中，输入是整个图像的特征，而输出是目标可能出现的矩形候选区域。RPN 中引入了一个重要的思想"锚点（anchor point）"，即每隔固定的步长在原图上生成一系列矩形框。为适应目标尺寸和大小的不同，生成的锚点也设置为不同的尺寸和大小（如图 8.5.2 所示蓝色框）。RPN 给锚点设置为"目标"或"背景"两类标签，其隶属度概率正比于锚点和理想目标标签之间的面积交并比。RPN 损失函数为锚点识别的交叉熵损失和锚点与理想目标框坐标位置回归损失之间的加权组合。

RPN 的具体步骤如下(如图 8.5.2 所示):

①对于特征图上的每一个点(称之为锚点),生成具有不同尺度和宽高比的锚点框(如图 8.5.2 所示蓝色框),这个锚点框的坐标(x, y, w, h)是在原图上的坐标。

②将这些锚点框输入两个网络层中去,一个用来判断这个锚点框里面的特征图是否属于前景(如图 8.5.2 所示 cls 层),采用交叉熵作为优化目标;另外一个用于输出四个位置坐标(相对于真实物体框的偏移,如图 8.5.2 所示 reg 层),采用 smooth L1 损失作为优化目标。

③前景框提取:用锚点框与样本的标签框计算 IoU,将 IoU 高于某个阈值的锚点框标定为前景框;对于前景框,计算其与真实标签框的 4 个位置偏移,被整合到锚点框的坐标中以得到实际的框坐标。RPN 生成的区域提案就称为感兴趣区域(Region of Interest, RoI)。

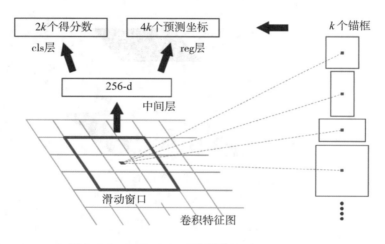

图 8.5.2　Faster RCNN 示意图(Ren et al., 2016)

(3)RoI 池化为每个不同的尺度和长度的感兴趣区域(RoI)从共享卷积层中抽取特征,并重采样到同样的空间尺寸(如 7×7)。

如图 8.5.3 所示,输入影像经过 VGG16 的卷积处理后尺寸缩小为原图的 1/32。若原始图像中的待处理区域大小为 $S_i \times S_i$,则变换至特征映射中对应的区域大小为 $S_z \times S_z$,其中 S_z = round(S_i /32);接着,RoI 池化将其特征映射划分为规定数目共 7×7 份的格网,当 S_z 不能被 7 整除时,同样需要对格网大小近似取整;最终逐格网取最大像素值,得到 7×7 大小的特征映射输出。

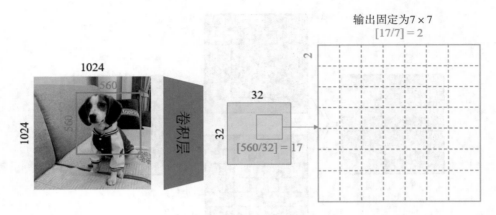

图 8.5.3　RoI 池化示意图

2）Faster RCNN 的优化训练

如图 8.5.1 所示，Faster RCNN 中包括 RPN 和最终目标提取两组优化目标。Faster RCNN 有两种训练方式：四步交替迭代训练和联合训练，其中四步交替迭代训练由于其训练较为稳定，是常用的方式，其步骤如下：

（1）训练 RPN，使用大型数据集预训练模型初始化 VGG16 和 RPN 权重，端到端训练 RPN，用于生成 region proposals；

（2）训练 Fast RCNN，使用相同的预训练模型初始化 VGG16，锁住第 1 步训练好的 RPN 权重，结合 RPN 得到的 proposals 训练 RCNN 网络；

（3）微调 RPN，使用第（2）步训练好的共享卷积和 RCNN，固定共享卷积层；

（4）调优 Fast RCNN，使用第（3）步训练好的共享卷积和 RPN，继续对 RCNN 进行训练微调，训练之后得到最终完整的 Faster RCNN 模型。

2. 单阶段目标检测算法 YOLO 系列

相较于先生成候选区域，再对候选区域进行处理的两阶段探测器方法，单阶段探测器通常直接将图片分成多个子块，然后对子块中的图像进行特征提取并进行置信度和类别判断。经过近年来的发展，YOLO 系列（Redmon et al.，2016）已经成为单阶段目标探测器的主流方法。

如图 8.5.4 所示，YOLO 算法采用一个 CNN 模型实现端到端的检测，先将图片分成 $S×S$ 个单元格，每个单元格会预测 B 个边界框（bounding box）及其置信度（confidence score）和一个类别标签。

置信度包含两个方面，一是这个框中目标存在的可能性大小 Pr（obj），若框中没有目标物，则 Pr（obj）= 0，若含有目标物则 Pr（obj）= 1。二是这个边界框的位置准确度

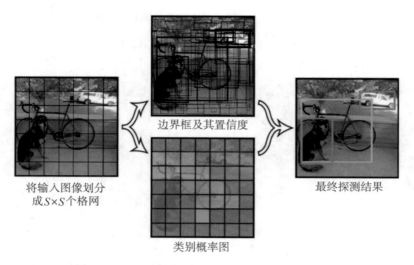

图 8.5.4　YOLO 系列示意图（Redmon et al.，2016）

$IoU_{predict}^{true}$，用预测框与实际框（ground truth）的 IoU（Intersection over Union，交并比）来表征。基于此，置信度可以定义为 $Pr(obj) \cdot IoU_{predict}^{true}$。边界框的大小与位置可以用 4 个值来表征：$x$，$y$，$w$，$h$，其中（$x$，$y$）是边界框的中心坐标，（$w$，$h$）是边界框的宽与高。中心坐标的预测值（$x$，$y$）是相对于每个单元格左上角坐标点的偏移值，$w$ 和 h 是相对于整个图片的宽与高的比例，取值范围均在 $[0，1]$ 以内。这样，每个边界框的预测值实际包含 5 个元素：x，y，w，h，c，其中前 4 个表征边界框的大小与位置，而最后一个值是置信度。一般一个格网会预测多个框，而置信度用来评判哪一个框是最想得到的框。

还有分类问题，对于每一个单元格要给出 C 个类别概率值，以表征由该单元格负责预测的边界框中的目标的类别概率，即各个边界框置信度下的条件概率 $Pr(class_i \mid obj)$，并据此计算各个边界框类别置信度（class-specific confidence scores）：$Pr(class_i \mid obj) \cdot Pr(obj) \cdot IoU_{predict}^{true} = Pr(class_i) \cdot IoU_{predict}^{true}$。边界框类别置信度表征的是该边界框中目标属于各个类别的可能性大小以及边界框匹配目标的好坏。一般会根据类别置信度来过滤网络的预测框。总的来讲，YOLO 的优化目标即为上述分类问题和回归问题的多任务损失组合。

经过多年发展，YOLO 系列存在多个 CNN 网络结构版本（Redmon and Farhadi，2017；Redmon and Farhadi，2018；Bochkovskiy et al.，2020）。概括来讲，包括三个网络模块：①主干卷积层（backbone）：各类卷积网络（如 VGG，ResNet），目的是对原始输入图像做初步的特征提取；②头（head）：获取网络的输出，做出目标边界框和类别标签的预测；③颈结构（neck）：backbone 和 head 之间，用以更好地利用主干网络提取的特征，通过在结构上做"特征的融合"，主要为了解决小目标检测、重叠目标检测等问题。此外，得益于近年来 Transformer 在图像处理领域的突破，也有研究将其与 YOLO 相结合，开发高效可靠的目标探测器(Bochkovskiy et al.，2020)。读者可以根据具体的任务需求，来选择合适的 YOLO 版本。

📚案例 8.5.1　基于两阶段和单阶段算法的遥感影像建筑目标检测

下面我们以建筑目标检测为例，展示两阶段目标检测算法 Faster RCNN 和单阶段目标检测算法 YOLO 在遥感影像地物提取中的应用。实验选取数据科学挑战平台 CrowdAI 于 2018 年发布 Mapping Challenge(官方网站：https：//www.aicrowd.com/challenges/mapping-challenge)时公开的卫星影像建筑分割数据集。该数据集包含 401755 张 300×300 大小的卫星影像，仅包含 R、G、B 三个波段，影像来源于 Google Map，分辨率约为 30cm。其中 280741 张影像作为训练集，60317 张影像作为验证集，60697 张影像作为测试集。训练集和验证集给出了建筑实例的目标框和轮廓标注，采用 MS COCO 格式(https：//cocodataset.org/#format-data)，测试集未给出标注，因此在后续实验中将在验证集上测试精度。

两阶段目标检测算法 Faster RCNN 使用 ResNet101 作为基础模型，后接 FPN 输出了 5 个不同尺度的特征映射，分辨率分别为输入影像的 1/4、1/8、1/16、1/32、1/64。区域候选网络中，将锚点的尺寸设置为 8，包含三种高宽比(0.5，1.0，2.0)，则特征图的每一个像素可以生成 3 个锚点。通过 RoI 池化模块裁剪出感兴趣目标区域的特征图，将其输入分类分支和回归分支共享的两层全连接层，再分别通过一层全连接层预测目标的类别和回归系数。

单阶段目标检测算法 YOLO 包含不同版本，我们综合考虑性能、灵活性与速度选用 YOLOv5。根据模型深度和宽度的不同，官方给出了 YOLOv5n、YOLOv5s、YOLOv5m、YOLOv5l、YOLOv5x 一系列模型，深度和宽度依次增大，我们以 YOLOv5s 为例进行实验。YOLOv5s 的骨干网络由普通卷积块、残差卷积块堆叠而成，通过金字塔池化模块输出多个尺度的特征图，这里选择输出分辨率为原图 1/8、1/16、1/32 的特征图。每个尺度特征图的每一个格网都对应 3 个锚点，头部则逐尺度输出所有锚点的类别概率、目标存在的可能性大小、目标框的中心位置和宽高。由于本实验只设置建筑一个类别，因此不计算分类损失，只计算目标框位置回归损失和目标存在性损失。

我们使用平均准确率(Average Precision，AP)和平均召回率(Average Recall，AR)作为评价指标。AP 和 AR 均为 MS COCO 数据集评价指标(https：//cocodataset.org/#detection-eval)。AP 是在 IoU 阈值在 $0.5 \sim 0.95$ 之间以 0.05 的间隔均匀取值时得到的平均准确率，AP^{50}、AP^{75} 分别代表 IoU 阈值为 0.5 和 0.75 时的准确率。我们通过计算预测的目标框和真值 IoU 是否超过阈值，来判断该目标是否预测正确。AR^1、AR^{10}、AR^{100} 分别代表每幅影像给出 1 个、10 个和 100 个检测目标时的召回率。AP^s/AR^s、AP^m/AR^m、AP^l/AR^l 则分别给出了小(small)、中(medium)、大(large)尺寸目标的准确率和召回率,当目标面积小于 32^2 时为小尺寸,在 $32^2 \sim 96^2$ 之间时为中尺寸,大于 96^2 时为大尺寸。具体说明可参见图 8.5.5。

```
Average Precision (AP):
  AP                    % AP at IoU=.50:.05:.95 (primary challenge metric)
  AP^IoU=.50            % AP at IoU=.50 (PASCAL VOC metric)
  AP^IoU=.75            % AP at IoU=.75 (strict metric)
AP Across Scales:
  AP^small              % AP for small objects: area < 32^2
  AP^medium             % AP for medium objects: 32^2 < area < 96^2
  AP^large              % AP for large objects: area > 96^2
Average Recall (AR):
  AR^max=1              % AR given 1 detection per image
  AR^max=10             % AR given 10 detections per image
  AR^max=100            % AR given 100 detections per image
AR Across Scales:
  AR^small              % AR for small objects: area < 32^2
  AR^medium             % AR for medium objects: 32^2 < area < 96^2
  AR^large              % AR for large objects: area > 96^2
```

图 8.5.5　COCO 精度指标说明

经过测试,Faster RCNN 和 YOLOv5 的目标检测精度如表 8.5.1 所示。

表 8.5.1　CrowdAI 测试集上的目标检测精度

Model	AP	AP^{50}	AP^{75}	AP^s	AP^m	AP^l
Faster RCNN	0.640	0.880	0.751	0.375	0.774	0.806
YOLOv5	0.660	0.887	0.741	0.390	0.798	0.832

Model	AR^1	AR^{10}	AR^{100}	AR^s	AR^m	AR^l
Faster RCNN	0.099	0.600	0.681	0.440	0.818	0.877
YOLOv5	0.103	0.611	0.698	0.462	0.834	0.879

可视化显示置信度大于 0.25 的目标框,得到的结果如图 8.5.6 所示。总体来说,Faster RCNN 和 YOLOv5 都能够比较准确地提取建筑所在的目标框,尤其是中型建筑,位置和大小都与真值非常接近。Faster RCNN 容易遗漏一些小型建筑,而 YOLOv5 相较于 Faster RCNN 对小尺寸的目标更加敏感,例如图 8.5.6(a)~(c)。Faster RCNN 容易混淆目标的整体和局部,例如图 8.5.6(e)中 Faster RCNN 将一栋建筑的一部分预测为一个完整的建筑,图 8.5.6(f)中将两栋相邻建筑预测为一个整体,这种情况下 YOLOv5 预测效果更好。YOLOv5 的这两种优势也体现在精度指标上,其总体的 AP 和 AR 均优于 Faster RCNN 约 0.02。

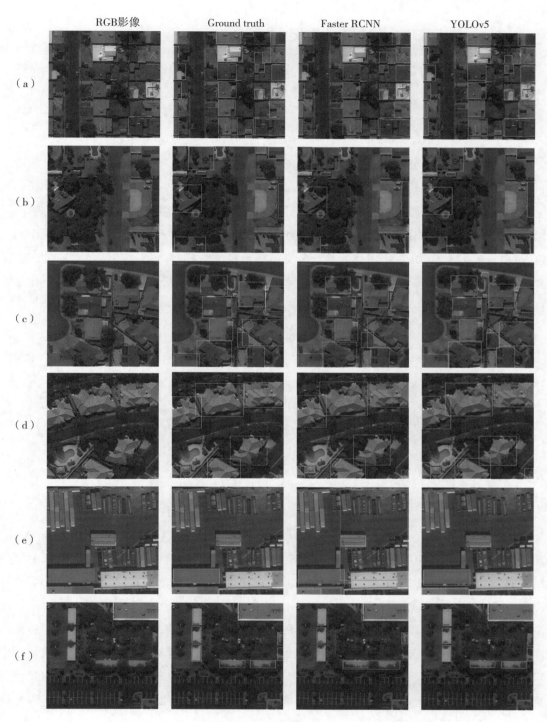

图 8.5.6　在 CrowdAI 数据集上分别测试 Faster RCNN 和 YOLOv5

8.5.2 基于深度卷积网络的实例分割

与目标探测相对应,实例分割也可分为两阶段算法(Mask RCNN)和单阶段算法(SOLO)。

1. Mask RCNN

在两阶段的实例分割方法中,Mask RCNN(He et al.,2017)是在 Faster RCNN 基础上进一步引入语义分割任务(图 8.5.7),Mask RCNN 并未改变 Faster RCNN 的大体框架,与之具有相同的第一阶段,即区域候选网络阶段;而在进行类别推断与位置框定的第二阶段,Mask RCNN 增添了以经典语义分割算法——全卷积网络(Fully Convolutional Networks,FCN)(Long et al.,2015)为主体的并行分支,用于精准预测每个感兴趣区域对应的二值掩膜,整体从分类、回归的双任务架构变为了分类、回归与掩膜分割的三任务架构。相较于 Faster RCNN 而言,主要的改进包括以下三个部分:

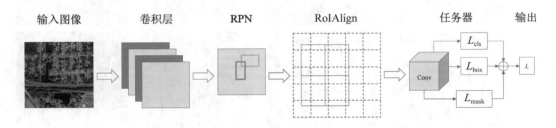

图 8.5.7　Mask RCNN 网络结构示意图

(1)在卷积层中,Mask RCNN 使用拟合能力更强的残差网络 ResNet-101(He et al.,2016)替换原本的 VGG-16 卷积网络,同时引入了具备多尺度特征提取能力的特征金字塔结构(Feature Pyramid Network,FPN),如图 8.5.8(d)所示(Lin et al.,2017),使得 Mask RCNN 的特征提取性能得到显著提升。图 8.5.8 展示了不同金字塔构建方法的效果示意图。在该图中,要素图由蓝色轮廓和更厚的轮廓表示语义更强的功能。其中,图(a)使用图像金字塔构建特征金字塔,每个图像比例独立计算特征,计算代价大;图(b)仅使用金字塔最顶层的特征表示,尺度比较单一,对小目标检测效果比较差;图(c)在不同尺度的特征上分别进行预测,具有多尺度预测的能力,但是尺度之间没有融合;图(d)为 FPN 网络,在多尺度间高效融合。

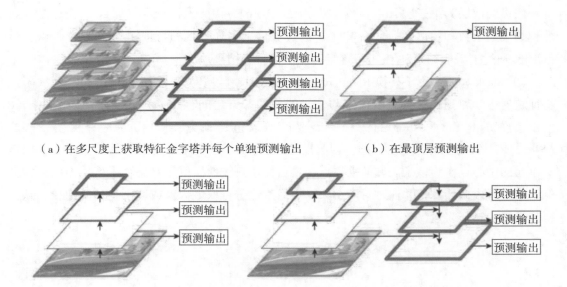

（a）在多尺度上获取特征金字塔并每个单独预测输出　　　　　（b）在最顶层预测输出

（c）特征金字塔向上变换时层次化预测输出　　　　（d）特征金字塔双向特征学习网络

图 8.5.8　FPN 与多种金字塔结构（Lin et al.，2017）

以图 8.5.9 为例展开描述一下 FPN 细节：图中左侧 ResNet-101 主干部分每层的特征图记为 C_i，如 C_3 代表 stride $= 2^3 = 8$ 对应的特征图；图中右侧自上而下的结构每个特征图记为 P_i，如 P_3 代表对应 C_3 大小的特征图。

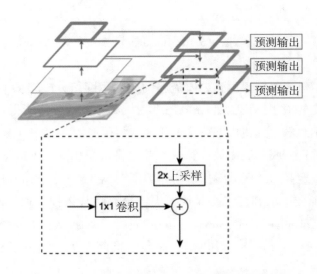

图 8.5.9　FPN 通过逐元素相加来融合多尺度特征

假设当前层为第三层 stride=8，要与 stride=16 的特征进行融合，那么 C_3 先通过 1×1 卷积约束通道数和层达到一致；来自 P_4 通过 2 倍上采样得到的特征图大小和 C_3 一致，最终 P_4 是通过上采样结果和 C_3 进行逐元素相加得到的结果。

（2）Mask RCNN 用于替换 RoI Pooling 层的感兴趣区域对齐方法（RoIAlign），解决了从特征映射中学习到的二值掩膜像素与输入图像的像素之间存在偏移的问题。如图 8.5.10 所示，在原本 RoI Pooling 的流程中需要近似取整的地方，RoIAlign 选择保留 $S_i/32$、$(S_i/32)/7$ 等浮点数形式的区域边界尺寸；接着将每个子区域平均划分为四个单元，取四个单元的中心点作为该子区域的采样点；最后使用双线性插值法对每个子区域内的采样点像素值进行内插计算，并通过对四个采样点像素值进行取最大值或取平均值的池化，从而得到最终的特征表达。

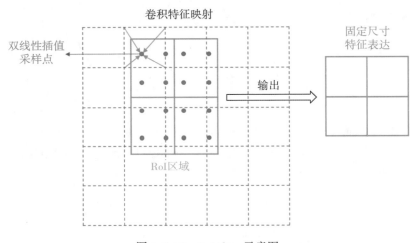

图 8.5.10　RoIAlign 示意图

（3）Mask RCNN 引入了用于预测二值掩膜的全卷积网络分支结构 FCN。对于每个 RoI 区域，掩膜预测分支的输出维度为 $C\times m\times m$。其中 $m\times m$ 表示分割所得 mask 的尺寸，C 则表示地物对应的类别总数目，也即是一个 RoI 区域将生成 C 个区分类别的二值掩膜（class-specific mask）。在进行掩膜预测损失计算时，首先将根据相同于 Faster RCNN 中目标分类分支的预测结果，确定某 RoI 区域对应的物体类别 i，后续仅对该 RoI 生成的第 i 个掩膜定义损失，到交叉熵函数中求其二值交叉熵损失；最终将整体损失取平均，得到所求的平均二值交叉熵损失（average binary cross-entropy loss）。Mask RCNN 使类别检测与掩膜输出两项任务能够更加专注地"各司其职"，避免了类间竞争，提升了模型语义分割的准确度。

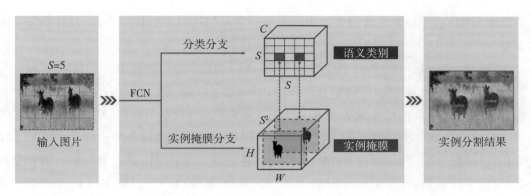

图 8.5.11　SOLO 示意图(Wang et al., 2020)

2. SOLO

受 YOLO 单阶段目标检测器启发, SOLO (Segmentation Objects by Location) (Wang et al., 2020)提出按位置分割的思想, 通过将分割问题转化为位置分类问题, 从而做到不需要锚点, 不需要归一化, 不需要边界框探测的单阶段实例分割。具体做法是: 将图片划分成 $S×S$ 的格网, 如果物体的中心(质心)落在了某个格网中, 那么该格网被称为目标格网, 就有了两个任务:

(1)分类分支(category branch)负责预测该物体语义类别。假设每个格网都只属于一个单独的实例, 如图 8.5.11 上部分支所示, SOLO 对于每个格网会预测 C 维输出, 表示类别隶属概率, C 为类别数。把图像划分为 $S×S$ 个格网, 输出就是 $S×S×C$。

(2)实例掩膜分支(mask branch)负责预测该物体的实例掩膜。如图 8.5.11 下部分支所示, 该分支对每个目标格网产生一个对应的实例掩膜。对于一张输入图像最多会预测 S^2 个目标格网, 将这些 mask 编码成一个 3D 输出的 tensor, 输出有 3 个通道。因此, 实例掩膜分支的输出维度为: $H×W×S^2$, 第 k 个通道对应位置(i, j)的实例分割响应, 其中 $k=i×S+j$。最后, 在语义分类和类别无关掩膜之间建立了一对一的对应关系。

严格意义上来讲, 组合优化上述两个任务, SOLO 是一种单阶段实例分割的思想, 它可以由多种卷积网络来实现, 常用的 SOLO 在骨干网络后面使用了 FPN, 用来应对地物的多尺度性。FPN 的每一层后都接上述两个并行的分支, 进行类别和位置的预测, 每个分支的格网数目相应也不同, 小的实例对应更多的格网。

案例 8.5.2　基于两阶段和单阶段算法的遥感影像建筑实例分割

下面我们以建筑实例分割为例, 展示两阶段实例分割算法 Mask RCNN 和单阶段实例分割算法 SOLO 在遥感影像地物提取中的应用。实验仍选取目标检测实验所用的 CrowdAI 数据集。

两阶段实例分割算法 Mask RCNN 使用 ResNet-101 作为基础模型，后接 FPN 输出了 5 个不同尺度的特征映射，分辨率分别为输入影像的 1/4、1/8、1/16、1/32、1/64。区域候选网络中，锚点的尺寸设置为 8，包含 3 种高宽比 0.5、1.0、2.0，则特征图的每一个像素可以生成 3 个锚点，特征映射经过两层卷积即可分别输出每个锚点的类别隶属概率和目标框回归系数。通过 RoIAlign 模块裁剪出感兴趣目标区域的特征图，并插值到 7×7 大小，将其输入包含 4 层卷积的全卷积网络分支结构 FCN，输出所有类别的二值掩膜。

单阶段实例分割算法 SOLO 同样使用 ResNet-101+FPN 的架构输出了 5 个不同尺度的特征映射，分别输入到分类分支和实例掩膜分支中。将每个尺度的特征图划分为 $S×S$ 个格网，S 分别取 40、36、24、16、12。分类分支中，将某尺度特征图依次输入 7 个卷积块提取分类特征，再通过一个分类卷积层输出 $S×S$ 个格网的分类概率。实例掩膜分支中，将该尺度特征图和格网坐标嵌入拼接后输入 7 个卷积块中，输出 S^2 张 $H×W$ 的实例掩膜预测图（H、W 分别对应尺度特征图的高、宽）。根据真实标注的尺寸和中心落于格网的位置，取对应格网的分类概率和实例掩膜预测图计算损失。

精度评定指标仍选择 MS COCO 数据集评价指标，不同于目标检测的是，我们通过计算预测的实例掩膜和真值 IoU 是否超过阈值，来判断该实例是否预测正确。经过测试，Mask RCNN 和 SOLO 的实例分割精度如表 8.5.2 所示。

表 8.5.2　CrowdAI 测试集上的实例分割精度

Model	AP	AP^{50}	AP^{75}	AP^s	AP^m	AP^l
Mask RCNN	0.579	0.864	0.686	0.308	0.717	0.712
SOLO	0.561	0.799	0.680	0.247	0.731	0.792
Model	AR^1	AR^{10}	AR^{100}	AR^s	AR^m	AR^l
Mask RCNN	0.092	0.553	0.627	0.384	0.766	0.806
SOLO	0.093	0.539	0.602	0.283	0.784	0.855

可视化显示建筑分类概率大于 0.5 的实例，得到的结果如图 8.5.12 所示。中型和大型建筑基本上都能够被完整地提取出来，在没有树木遮挡的情况下，建筑的各种凹凸结构都能够被识别，使得实例分割结果整体上比较贴合真值。对于结构比较简单的建筑，SOLO 处理遮挡的能力比 Mask RCNN 更强，如图 8.5.12(c)所示。用两种方法预测小型建

RGB影像　　　　　实例分割标注　　　　　Mask RCNN　　　　　SOLO

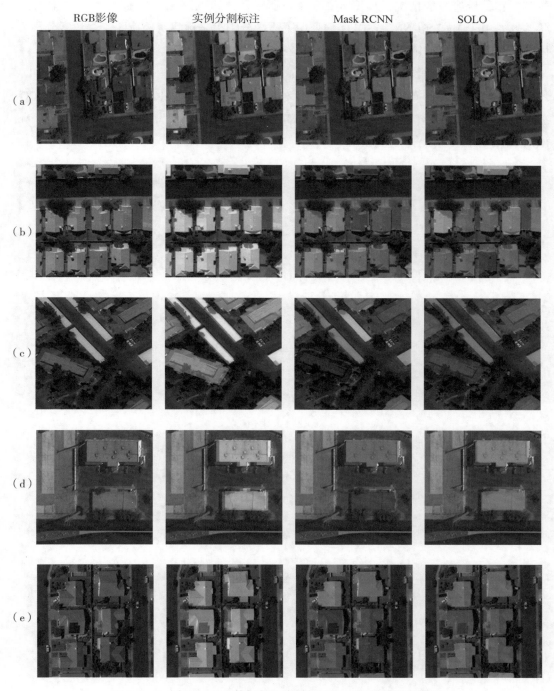

图 8.5.12　在 CrowdAI 数据集上分别测试 Mask RCNN 和 SOLO

筑都存在少量遗漏的情况，如图 8.5.12(a)所示。建筑的拐角往往被预测为光滑的圆弧状，这是由于 Mask RCNN 和 SOLO 均采用了语义分割头来预测实例掩膜，逐像素分割方法内在的局限性使建筑轮廓很难做到和矢量多边形一样的规则。

Mask RCNN 预测结果的精细程度会更高一些，边缘更规则，这也体现在其 AP^s 和 AR^s 均高于 SOLO，虽然 SOLO 预测中、大尺寸建筑的精度比 Mask RCNN 高，但根据 COCO 划分尺度的准则，CrowdAI 数据集中很大一部分建筑都属于小尺寸目标，因此决定了 Mask RCNN 总体的 AP 和 AR 高于 SOLO。

参 考 文 献

[1] Acharyya M, De R K, Kundu M K. Segmentation of remotely sensed images using wavelet features and their evaluation in soft computing framework [J]. IEEE Transactions on Geoscience and Remote Sensing, 2003, 41(12): 2900-2905.

[2] Anwer R M, Khan F S, van de Weijer J, et al. Binary patterns encoded convolutional neural networks for texture recognition and remote sensing scene classification[J]. ISPRS Journal of Photogrammetry and Remote Sensing, 2018, 138: 74-85.

[3] Baret F, Guyot G, Major D J. TSAVI: A vegetation index which minimizes soil brightness effects on LAI and APAR estimation, July 10-14, 1989 [C]. Geoscience and Remote Sensing Symposium, IGARSS'89. 12th Canadian Symposium on Remote Sensing, 1989.

[4] Bateson C A, Asner G P, Wessman C A. Endmember bundles: A new approach to incorporating endmember variability into spectral mixture analysis[J]. IEEE Transactions on Geoscience and Remote Sensing, 2000, 38(2): 1083-1094.

[5] Benediktsson J A, Palmason J A, Sveinsson J R. Classification of hyperspectral data from urban areas based on extended morphological profiles[J]. IEEE Transactions on Geoscience and Remote Sensing, 2005, 43(3): 480-491.

[6] Benediktsson J A, Swain P H, Ersoy O K. Neural network approaches versus statistical methods in classification of multisource remote sensing data[J]. IEEE Geoscience and Remote Sensing, 1990, 28(4): 540-552.

[7] Berman M, Kiiveri H, Lagerstrom R, et al. ICE: A statistical approach to identifying endmembers in hyperspectral images [J]. IEEE Transactions on Geoscience and Remote Sensing, 2004, 42(10): 2085-2095.

[8] Bioucas-Dias J M. A variable splitting augmented Lagrangian approach to linear spectral unmixing, August, 2009 [C]. Workshop on Hyperspectral Image and Signal Processing: Evolution in Remote Sensing, 2009.

[9] Boardman J W, Kruse F A, Green R O. Mapping target signatures via partial unmixing of aviris data [J]. in Proc. Summer JPL Airborne Earth Science Workshop, 1995: 23-26.

305

［10］Bochkovskiy A，Wang C Y，Liao H Y M. Yolov4：Optimal speed and accuracy of object detection［J］. arXiv Prepr. arXiv：2004. 10934，2020.

［11］Bovolo F，Bruzzone L. A detail-preserving scale-driven approach to change detection in multitemporal SAR images［J］. IEEE Transactions on Geoscience and Remote Sensing，2005，43(12)：2963-2972.

［12］Breen E J，Jones R. Attribute openings，thinnings，and granulometries［J］. Computer vision and image understanding，1996，64(3)：377-389.

［13］Breiman L. Random forests［J］. Machine Learning，2001，45：5-32.

［14］Bruzzone L，Bovolo F. A novel framework for the design of change-detection systems for very-high-resolution remote sensing images［J］. Proceedings of the IEEE，2012，101(3)：609-630.

［15］Bruzzone L，Carlin L. A multilevel context-based system for classification of very high spatial resolution images［J］. IEEE Transactions on Geoscience and Remote Sensing，2006，44(9)：2587-2600.

［16］Bulo S R，Porzi L，Kontschieder P. In-place activated batchnorm for memory-optimized training of DNNs，June 18-23，2018［C］. Proceedings of the IEEE Conference on Computer Vision and Pattern Recognition，2018.

［17］Campbell A D，Fatoyinbo L，Goldberg L，et al. Global hotspots of salt marsh change and carbon emissions［J］. Nature，2022：1-6.

［18］Carlson T N，Arthur S T. The impact of land use—land cover changes due to urbanization on surface microclimate and hydrology：a satellite perspective［J］. Global & Planetary Change，2000，25(1)：49-65.

［19］Cavender-Bares J，Schneider F D，Santos M J，et al. Integrating remote sensing with ecology and evolution to advance biodiversity conservation［J］. Nature Ecology & Evolution，2022，6(5)：506-519.

［20］Chan T H，Chi C Y，Huang Y M，et al. A convex analysis-based minimum-volume enclosing simplex algorithm for hyperspectral unmixing［J］. IEEE Transactions on Signal Processing，2009，57(11)：4418-4432.

［21］Chen D，Stow D. The effect of training strategies on supervised classification at different spatial resolutions［J］. Photogrammetric Engineering & Remote Sensing，2002，68(11)：1155-1162.

［22］Chen L C，Papandreou G，Kokkinos I，et al. DeepLab：semantic image segmentation with deep convolutional nets，atrous convolution，and fully connected CRFs［J］. IEEE

Transactions on Pattern Analysis & Machine Intelligence, 2017, 40(4): 834-848.

[23] Cho K, Van Merriënboer B, Gulcehre C, et al. Learning phrase representations using RNN encoder-decoder for statistical machine translation[J]. arXiv Prepr. arXiv1406. 1078, 2014.

[24] Chulhee L, David A L. Feature extraction based on decision boundaries [J]. IEEE Transactions on Pattern Analysis and Machine Intelligence, 1993, 15(4): 388-400.

[25] Clevert D A, Unterthiner T, Hochreiter S. Fast and accurate deep network learning by exponential linear units(elus)[J]. arXiv Prepr. arXiv1511. 07289, 2015.

[26] Comaniciu D, Meer P. Mean shift: A robust approach toward feature space analysis[J]. IEEE Transactions on Pattern Analysis and Machine Intelligence 2002, 24(5): 603-619.

[27] Comon P. Independent component analysis, a new concept? [J]. Signal Processing, 1994, 36(3): 287-314.

[28] Cortes C, Vapnik V. Support vector networks[J]. Machine Learning, 1995, 20: 273-297.

[29] Craig M. Minimum-volume transforms for remotely sensed data[J]. IEEE Transactions on Geoscience and Remote Sensing, 1994, 32(3): 542-552.

[30] Dalla M M, Benediktsson J A, Waske B, et al. Morphological attribute profiles for the analysis of very high resolution images[J]. IEEE Transactions on Geoscience and Remote Sensing, 2010, 48(10): 3747-3762.

[31] Daudt R C, Saux B L, Boulch A. Fully convolutional siamese networks for change detection, October 07-10, 2018[C]. 2018 25th IEEE International Conference on Image Processing(ICIP), 2018.

[32] Definiens A G. Definiens developer 7-user guide. München: Definiens AG 2009, 08-17.

[33] Definiens A. Definiens eCognition developer 8 user guide[J]. Definiens AG, Munchen, Germany, 2009.

[34] Deng C, Wu C. BCI: A biophysical composition index for remote sensing of urban environment[J]. Remote Sensing of Environment, 2012, 127: 247-259.

[35] Elman J L. Finding structure in time[J]. Cognitive Science, 1990, 14(2): 179-211.

[36] Ferreira L G, Huete A, Yoshioka H, et al. Preliminary analysis of MODIS vegetation indices over the LBA sites in the Cerrado region, Brazil, July, 2000 [C]. IEEE International Geoscience & Remote Sensing Symposium, 2002.

[37] Feyisa G L, Meilby H, Fensholt R, et al. Automated water extraction index: A new technique for surface water mapping using Landsat imagery [J]. Remote Sensing of Environment, 2014, 140: 23-35.

[38] Foody G M. Thematic map comparison: evaluating the statistical significance of differences in

classification accuracy [J]. Photogrammetric Engineering & Remote Sensing, 2004, 70 (5): 627-634.

[39] Fukuda S, Hirosawa H. A wavelet-based texture feature set applied to classification of multifrequency polarimetric SAR images[J]. IEEE Transactions on Geoscience and Remote Sensing, 1999, 37(5): 2282-2286.

[40] Fukunaga K, Hostetler L. The estimation of the gradient of a density function, with applications in pattern recognition[J]. IEEE Transactions on information theory, 1975, 21 (1): 32-40.

[41] Fulkerson B, Vedaldi A, Soatto S. Class segmentation and object localization with superpixel neighborhoods, 29 September-02 October, 2009[C]. IEEE 12th International Conference on Computer Vision, 2009.

[42] Gamba P, Dell'Acqua F, Lisini G, et al. Improved VHR urban area mapping exploiting object boundaries[J]. IEEE Transactions on Geoscience and Remote Sensing, 2007, 45 (8): 2676-2682.

[43] Gardner W A. Learning characteristics of stochastic-gradient-descent algorithms: A general study, analysis, and critique[J]. Signal Processing, 1984, 6(2): 113-133.

[44] Genderen J, Lock B F, Vass P A. Remote sensing: statistical testing of thematic map accuracy[J]. Remote Sensing of Environment, 1978, 7(1): 3-14.

[45] Gilabert M A, Piqueras J G, Garcia-Haro J, et al. Designing a generalized soil-adjusted vegetation index (GESAVI), December, 1998 [C]. Remote Sensing for Agriculture, Ecosystems, and Hydrology. SPIE, 1998.

[46] Glorot X, Bengio Y. Understanding the difficulty of training deep feedforward neural networks, March, 2010 [C]. Proceedings of the Thirteenth International Conference on Artificial Intelligence and Statistics, Proceedings of Machine Learning Research. PMLR, Chia Laguna Resort, Sardinia, Italy, 2010.

[47] Haralick R M, Shanmugam K, Dinstein I H. Textural features for image classification[J]. IEEE Transactions on Systems, Man, and Cybernetics, 1973, (6): 610-621.

[48] Harris C, Stephens M. A combined corner and edge detector, August, 1988[C]. Alvey Vision Conference, 1988.

[49] He K, Zhang X, Ren S, et al. Deep residual learning for image recognition, 2016[C]. Proceedings of the IEEE conference on computer vision and pattern recognition, 2016.

[50] He K, Gkioxari G, Dollár P, et al. Mask r-cnn, 2017 [C]. Proceedings of the IEEE International Conference on Computer Vision, 2017.

[51] He K, Zhang X, Ren S, et al. Deep residual learning for image recognition, 2016[C]. Proceedings of the IEEE Conference on Computer Vision and Pattern Recognition, 2016.

[52] He K, Zhang X, Ren S, et al. Delving deep into rectifiers: Surpassing human-level performance on imagenet classification, December 07-13, 2015[C]. Proceedings of the IEEE International Conference on Computer Vision(ICCV), 2015.

[53] Hendrycks D, Gimpel K. Gaussian error linear units (gelus) [J]. arXiv Prepr. arXiv1606. 08415, 2016.

[54] Heydari S S, Mountrakis G. Meta-analysis of deep neural networks in remote sensing: A comparative study of mono-temporal classification to support vector machines[J]. ISPRS Journal of Photogrammetry and Remote Sensing, 2019, 152: 192-210.

[55] Hochreiter S. The vanishing gradient problem during learning recurrent neural nets and problem solutions[J]. International Journal of Uncertainty, Fuzziness and Knowledge-Based Systems, 1998, 6(2): 107-116.

[56] Hochreiter S, Schmidhuber J. Long short-term memory[J]. Neural Computation, 1997, 9 (8): 1735-1780.

[57] Hong D, Yokoya N, Xia G S, et al. X-ModalNet: A Semi-Supervised deep cross-modal network for classification of remote sensing data[J]. ISPRS Journal of Photogrammetry and Remote Sensing, 2020, 167: 12-23.

[58] Huang X, Huang J, Wen D, et al. An updated MODIS global urban extent product (MGUP) from 2001 to 2018 based on an automated mapping approach[J]. International Journal of Applied Earth Observation and Geoinformation, 2021, 95: 102255.

[59] Huang X, Wen D, Li J, et al. Multi-level monitoring of subtle urban changes for the megacities of China using high-resolution multi-view satellite imagery[J]. Remote Sensing of Environment, 2017, 196: 56-75.

[60] Huang X, Wen D, Xie J, et al. Quality assessment of panchromatic and multispectral image fusion for the ZY-3 satellite: From an information extraction perspective[J]. IEEE Geoscience and Remote Sensing Letters, 2013, 11(4): 753-757.

[61] Huang X, Yang J, Wang W, et al. Mapping 10m global impervious surface area(GISA-10m)using multi-source geospatial data[J]. Earth System Science Data, 2022, 14(8): 3649-3672.

[62] Huang X, Yuan W, Li J, et al. A new building extraction postprocessing framework for high-spatial-resolution remote-sensing imagery [J]. IEEE Journal of Selected Topics in Applied Earth Observations and Remote Sensing, 2016, 10(2): 654-668.

[63]Huang X, Zhang L, Li P. Classification of very high spatial resolution imagery based on the fusion of edge and multispectral information[J]. Photogrammetric Engineering & Remote Sensing, 2008, 74(12): 1585-1596.

[64]Huang X, Zhang L. A multidirectional and multiscale morphological index for automatic building extraction from multispectral GeoEye-1 imagery[J]. Photogrammetric Engineering & Remote Sensing, 2011, 77: 721-732.

[65]Huang X, Zhang L. Morphological building/shadow index for building extraction from high-resolution imagery over urban areas[J]. IEEE Journal of Selected Topics in Applied Earth Observations and Remote Sensing, 2011, 5(1): 161-172.

[66]Huang X, Lu Q, Zhang L, et al. New post-processing methods for remote sensing image classification: a systematic study [J]. IEEE Transactions on Geoscience and Remote Sensing, 2014, 52(11): 7140-7159.

[67] Huang X, Zhang L. An adaptive mean-shift analysis approach for extraction and classification from urban hyperspectral imagery[J]. IEEE Transactions on Geoscience and Remote Sensing, 2008, 46(12): 4173-4185.

[68] Huang X, Zhang L. An SVM ensemble approach combining spectral, structural, and semantic features for the classification of high-resolution remotely sensed imagery [J]. IEEE Transactions on Geoscience and Remote Sensing, 2013, 51(1): 257-272.

[69]Huang G, Liu Z, Van Der Maaten L, et al. Densely connected convolutional networks, July 21-26, 2017[C]. Proceedings of the IEEE Conference on Computer Vision and Pattern Recognition, 2017.

[70]Huang X, Hu T, Li J, et al. Mapping urban areas in china using multisource data with a novel ensemble SVM method[J]. IEEE Transactions on Geoscience and Remote Sensing, 2018, 56(8): 4258-4273.

[71]Huck A, Guillaume M, Blanc-Talon J. Minimum dispersion constrained nonnegative matrix factorization to unmix hyperspectral data [J]. IEEE Transactions on Geoscience and Remote Sensing, 2010, 48(6): 2590-2602.

[72]Huete A R. A soil-adjusted vegetation index(SAVI)[J]. Remote Sensing of Environment, 1988, 25(3): 295-309.

[73] Ioffe S, Szegedy C. Batch normalization: Accelerating deep network training by reducing internal covariate shift, June, 2015 [C]. In: International Conference on Machine Learning, 2015.

[74]Jackson Q, Landgrebe D A. Adaptive Bayesian contextual classification based on Markov

310

random fields[J]. IEEE Transactions on Geoscience and Remote Sensing, 2002, 40(11): 2454-2463.

[75] Ji S, Chi Z, Xu A, et al. 3D convolutional neural networks for crop classification with multi-temporal remote sensing images[J]. Remote Sensing, 2018, 10(2): 75.

[76] Jiang Z, Huete A, Didan K, et al. Development of a two-band enhanced vegetation index without a blue band[J]. Remote Sensing of Environment, 2008, 112.

[77] Jing X, Gerke M, Vosselman G. Building extraction from oblique airborne imagery based on robust facade detection[J]. ISPRS Journal of Photogrammetry & Remote Sensing, 2012, 68: 56-68.

[78] Johnson B, Xie Z. Classifying a high resolution image of an urban area using super-object information[J]. ISPRS Journal of Photogrammetry and Remote Sensing, 2013, 83: 40-49.

[79] Jordan C F. Derivation of leaf-area index from quality of light on the forest floor[J]. Ecology, 1969, 50(4): 663-666.

[80] Kearney M S, Rogers A S, Townshend J R G, et al. Developing a model for determining coastal marsh " health ", September, 1995[C]. Third Thematic Conference on Remote Sensing for Marine and Coastal Environments, Seattle, Washington, 1995.

[81] Kettig R L, David A L. Classification of multispectral image data by extraction and classification of homogeneous objects[J]. IEEE Transactions on Geoscience Electronics, 1976, 14(1): 19-26.

[82] Kingma D P, Ba J. Adam: A method for stochastic optimization[J]. arXiv Prepr. arXiv1412. 6980, 2014.

[83] Kaufman Y J, Tanre D. Atmospherically resistant vegetation index (ARVI) for EOS-MODIS[J]. IEEE Trans Geosci Remote Sens, 1992, 30(2): 261-270.

[84] Lacaux J P, Tourre Y M, Vignolles C, et al. Classification of ponds from high-spatial resolution remote sensing: Application to Rift Valley Fever epidemics in Senegal[J]. Remote Sensing of Environment, 2007, 106(1): 66-74.

[85] Lee T, Kim T. Automatic building height extraction by volumetric shadow analysis of monoscopic imagery[J]. International Journal of Remote Sensing, 2013, 34(16): 5834-5850.

[86] Li G, Li L, Zhu H, et al. Adaptive multiscale deep fusion residual network for remote sensing image classification[J]. IEEE Transactions on Geoscience and Remote Sensing, 2019, 57(11): 8506-8521.

[87] Li J, Bioucas-Dias J M. Minimum volume simplex analysis: A fast algorithm to unmix

hyperspectral data, July 07-11, 2008［C］. IEEE International Geoscience and Remote Sensing Symposium, 2008.

［88］Li J, Zhang H, Zhang L. Efficient superpixel-level multitask joint sparse representation for hyperspectral image classification［J］. IEEE Transactions on Geoscience and Remote Sensing, 2015, 53(10): 5338-5351.

［89］Lin T Y, Dollár P, Girshick R, et al. Feature pyramid networks for object detection, July 21-26, 2017［C］. Proceedings of the IEEE Conference on Computer Vision and Pattern Recognition, 2017.

［90］Liu C, Shao Z, Chen M, et al. MNDISI: A multi-source composition index for impervious surface area estimation at the individual city scale［J］. Remote Sensing Letters, 2013, 4 (8): 803-812.

［91］Liu Y, Meng Q, Zhang L, et al. NDBSI: A normalized difference bare soil index for remote sensing to improve bare soil mapping accuracy in urban and rural areas［J］. Catena. 2022, 214: 10626.

［92］Long J, Shelhamer E, Darrell T. Fully convolutional networks for semantic segmentation, June 07-12, 2015［C］. Proceedings of the IEEE Conference on Computer Vision and Pattern Recognition, 2015.

［93］Lu H, Plataniotis K N, Venetsanopoulos A N. MPCA: Multilinear principal component analysis of tensor objects［J］. IEEE transactions on Neural Networks, 2008, 19(1): 18-39.

［94］Luo W, Li Y, Urtasun R, et al. Understanding the effective receptive field in deep convolutional neural networks［J］. Advances in neural information processing systems, 2016, 29.

［95］Lydia A, Francis S. Adagrad—an optimizer for stochastic gradient descent［J］. International Journal Information and Computing Science, 2019, 6(5): 566-568.

［96］Maas A L, Hannun A Y, Ng A Y. Rectifier nonlinearities improve neural network acoustic models, June, 2013［C］. Proceedings of International Conference on Machine Learning, 2013.

［97］Mallat S G. A theory for multiresolution signal decomposition: the wavelet representation［J］. IEEE Transactions on Pattern Analysis and Machine Intelligence, 1989, 11(7): 674-693.

［98］Marpu P R, Pedergnana M, Dalla Mura M, et al. Automatic generation of standard deviation attribute profiles for spectral—spatial classification of remote sensing data［J］. IEEE Geoscience and Remote Sensing Letters, 2012, 10(2): 293-297.

［99］Matasci G, Longbotham N, Pacifici F, et al. Understanding angular effects in VHR imagery and their significance for urban land-cover model portability: A study of two multi-angle in-track image sequences[J]. ISPRS Journal of Photogrammetry and Remote Sensing, 2015, 107: 99-111.

[100] Mcfeeters S K. The use of the Normalized Difference Water Index (NDWI) in the delineation of open water features[J]. International Journal of Remote Sensing, 1996, 17 (7): 1425-1432.

[101] Mehul P S, Wang Z, Shalini G, et al. Complex wavelet structural similarity: A new image similarity index[J]. IEEE Transactions on Image Processing, 2009, 18(11): 2385-2401.

[102] Meher S K, Shankar B U, Ghosh A. Wavelet-feature-based classifiers for multispectral remote-sensing images[J]. IEEE Transactions on Geoscience and Remote Sensing, 2007, 45(6): 1881-1886.

[103] Mei S, He M, Zhang Y, et al. Improving spatial-spectral endmember extraction in the presence of anomalous ground objects[J]. IEEE Transactions on Geoscience and Remote Sensing, 2011, 49(11): 4210-4222.

[104] Miao L, Qi H. Endmember extraction from highly mixed data using minimum volume constrained nonnegative matrix factorization [J]. IEEE Transactions on Geoscience and Remote Sensing, 2007, 45(3): 765-777.

[105] Myint S W, Lam N S N, Tyler J M. Wavelets for urban spatial feature discrimination[J]. Photogrammetric Engineering & Remote Sensing, 2004, 70(7): 803-812.

[106] Nair V, Hinton G E. Rectified linear units improve restricted boltzmann machines, 2020[C]. Proceedings of the 27th International Conference on Machine Learning (ICML-10), 2010.

[107] Nascimento J M P, Dias J M B. Vertex component analysis: A fast algorithm to unmix hyperspectral data[J]. IEEE Transactions on Geoscience and Remote Sensing, 2005, 43 (4): 898-910.

[108] Nataliia K, Mykola L, Sergii S, et al. Deep learning classification of land cover and crop types using remote sensing data[J]. IEEE Geoscience and Remote Sensing Letters, 2017, 14(4): 778-782.

[109] Nieto-Hidalgo M, Gallego A J, Gil P, et al. Two-stage convolutional neural network for ship and spill detection using SLAR images [J]. IEEE Transactions on Geoscience and Remote Sensing, 2018, 56(9): 5217-5230.

[110] Ouma Y O, Ngigi T G, Tateishi R. On the optimization and selection of wavelet texture for feature extraction from high—resolution satellite imagery with application towards urban—

tree delineation[J]. International Journal of Remote Sensing, 2006, 27(1): 73-104.

[111]Ouma Y O, Tetuko J, Tateishi R. Analysis of co-occurrence and discrete wavelet transform textures for differentiation of forest and non-forest vegetation in very-high-resolution optical-sensor imagery[J]. International Journal of Remote Sensing, 2008, 29(12): 3417-3456.

[112]Pacifici F, Longbotham N, Emery W J. The importance of physical quantities for the analysis of multitemporal and multiangular optical very high spatial resolution images[J]. IEEE Transactions on Geoscience and Remote Sensing, 2014, 52(10): 6241-6256.

[113]Papadomanolaki M, Vakalopoulou M, Karantzalos K. A deep multitask learning framework coupling semantic segmentation and fully convolutional LSTM networks for urban change detection[J]. IEEE Transactions on Geoscience and Remote Sensing, 2021, 59(9): 7651-7668.

[114]Pearson R L, Miller L D. Remote mapping of standing crop biomass for estimation of productivity of the shortgrass prairie[J]. Remote Sensing of Environment, VIII, 1972.

[115]Perez L, Wang J. The effectiveness of data augmentation in image classification using deep learning[J]. arXiv preprint arXiv: 1712. 04621, 2017.

[116]Perona P, Malik J. Scale-space and edge detection using anisotropic diffusion[J]. IEEE Transactions on Pattern Analysis and Machine Intelligence, 1990, 12(7): 629-639.

[117]Pesaresi M, Benediktsson J A. A new approach for the morphological segmentation of high-resolution satellite imagery[J]. IEEE transactions on Geoscience and Remote Sensing, 2001, 39(2): 309-320.

[118]Plaza A, Martínez P, Pérez R, et al. Spatial/spectral endmember extraction by multidimensional morphological operations[J]. IEEE Transactions on Geoscience and Remote Sensing, 2002, 40(9): 2025-2041.

[119]Plumbley M D. Algorithms for non-negative independent component analysis[J]. IEEE Transactions on Neural Networks and Learning Systems, 2003, 14(3): 534-543.

[120]Qi J, Chehbouni A, Huete A R, et al. A modified soil adjusted vegetation index[J]. Remote Sensing of Environment, 1994, 48(2): 119-126.

[121]Qian N. On the momentum term in gradient descent learning algorithms[J]. Neural Networks, 1999, 12(1), 145-151.

[122]Qin R. Rpc stereo processor (Rsp)—a software package for digital surface model and orthophoto generation from satellite stereo imagery[J]. ISPRS Annals of Photogrammetry, Remote Sensing and Spatial Information Sciences, 2016, 3: 77-82.

[123]Radford A, Metz L, Chintala S. Unsupervised representation learning with deep